HZ BOOKS

华章图书

一本打开的书，一扇开启的门，
通向科学殿堂的阶梯，托起一流人才的基石。

www.hzbook.com

Serverless
Engineering
Practice

From the Beginning
To the Advanced

Serverless
工程实践

从入门到进阶

刘宇 著

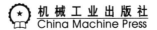

机械工业出版社
China Machine Press

图书在版编目（CIP）数据

Serverless 工程实践：从入门到进阶 / 刘宇著 . -- 北京：机械工业出版社，2021.7
ISBN 978-7-111-68623-1

I. ① S… II. ① 刘… III. ① 移动终端 - 应用程序 - 程序设计 IV. ① TN929.53

中国版本图书馆 CIP 数据核字（2021）第 129999 号

Serverless 工程实践：从入门到进阶

出版发行：机械工业出版社（北京市西城区百万庄大街 22 号 邮政编码：100037）
责任编辑：杨绣国　栾传龙　　　　　　　　　　责任校对：马荣敏
印　　刷：中国电影出版社印刷厂　　　　　　　版　　次：2021 年 7 月第 1 版第 1 次印刷
开　　本：186mm×240mm　1/16　　　　　　　印　　张：26.5
书　　号：ISBN 978-7-111-68623-1　　　　　　定　　价：129.00 元

客服电话：（010）88361066　88379833　68326294　　　投稿热线：（010）88379604
华章网站：www.hzbook.com　　　　　　　　　　读者信箱：hzit@hzbook.com

云计算被认为是 21 世纪初最具颠覆性的技术，云计算的出现改变了传统的 IT 架构和运维方式。以容器、微服务为代表的技术架构更是在各个层面不断升级云服务的技术能力，它们将应用和环境中的很多通用能力变成了一种服务。而 Serverless 架构的出现，同样带来了跨越式的变革。早在 2012 年，Ken Form 在文章 *Why The Future of Software and Apps is Serverless* 中提出了这样的观点：即使云计算已经逐渐兴起，但是大家的工作还是围绕着服务器。不过这不会持续太久，云应用正在朝着无服务器方向发展，这将对应用程序的创建和分发产生重大影响。正是这篇文章，将 Serverless 这个词带进了大众的视野，也奠定了 Serverless 的最终目标和方向。随后，2014 年 Amazon 发布了 AWS Lambda，2017 年阿里云发布了函数计算，将 Serverless 提高到一个全新的高度，使其从学术真正走向云服务商业落地。

Serverless 为云上运行的应用程序提供了一种全新的系统架构。基于 Serverless 开发一个应用，可以解决大多数用户和开发者关心的问题。缩短开发周期，开发者无须考虑如何搭建服务器、数据库与文件系统，无须考虑如何配置网络、负载均衡；降低运维成本，无须考虑计算存储网络资源的弹性、资源运维问题；开发者唯一需要关心的就是与企业自身发展强相关的业务逻辑的开发整合。此外，毫秒级时间粒度的按需计费更是大幅度降低了企业在云资源上的投入成本。

由此，Serverless 以其快速交付、智能弹性、高可用性、低成本等核心价值，成为云计算中一股新生力量，获得无数开发者的青睐。阿里云所提供的函数计算（FC）和 Serverless 应用引擎（SAE），就是非常典型的通用型 Serverless 平台，同时结合 Serverless 工作流、Serverless Devs 等生态产品帮助开发者快速落地。从应用场景来看，Serverless 的架构理念几乎可以应用于所有的应用程序开发，如小程序、电商大促、大数据 ETL、音视频转码、AI 算法、游戏、文件实时处理、物联网数据处理、开放服务平台、微服务等；从生态融合和发展角度来看，Serverless 将持续与容器、微服务等生态融合，一方面降低开发者使用 Serverless 技术的门槛，另一方面也将促进传统应用的云原生化。

作为一项新兴技术，Serverless 在发展和落地的过程中会遇到很多难题。但不可否认的是，随着用户心智的逐渐建立与产品能力的逐渐完善，用户使用 Serverless 架构，能够在可靠性、成本和研发运维效率等方面获得显著受益，将会有越来越多的成功案例涌现出来。石墨文档基于 Serverless 架构有效解决了性能瓶颈，闲鱼通过 Serverless 实现云端一体化编程模式提高了研发效率，口袋奇兵基于 Serverless 架构大幅提升了资源利用率，世纪联华更是全面升级到了 Serverless 架构，享受 Serverless 带来的技术红利。而在阿里集团的"双 11"大促中，Serverless 也逐渐成为"技术焦点"之一。与过去 11 年的"双 11"都不同的是，继天猫"双 11"核心系统全面上云后，2020 年阿里巴巴基于数字原生商业操作系统实现了全面云原生化，Serverless 也迎来了首次在"双 11"核心场景下的规模化落地。越来越多的成功案例预示着 Serverless 将扛起新一代云计算范式的大旗，逐渐成为企业数字化转型架构革新的首选。

作为 Serverless 领域的产品经理与布道师，刘宇在 Serverless 架构领域深耕数年，通过对 Serverless 架构的认知与经验，为读者带来从基础理论出发，到上手入门，再到项目实战的全面介绍。期望这本相对全面且实用性较高的技术书能帮助更多人了解 Serverless。

蒋江伟（小邪）

阿里巴巴合伙人 / 集团高级研究员 / 云智能基础产品事业部负责人

早在 2009 年，加州大学伯克利分校预测云计算将会蓬勃发展。企业无须自建机房，可以按需使用近乎无限的云端计算资源，IT 成本显著降低。云计算所释放的技术红利吸引越来越多的企业从"云下"搬到了"云上"。然而，大部分客户在使用云服务时，仍会面对复杂的运维和部分资源闲置的问题，无法做到真正的按需付费，云计算的优势并未发挥到极致。

2015 年 AWS 推出了 Lambda 服务，2017 年阿里云推出了函数计算（Function Compute），将云计算的使用界面上移，彻底解决了这一问题。Serverless 架构凭借其快速交付、智能弹性、低成本这三大核心价值，将开发人员从繁重的手动资源管理和性能成本优化中解放出来，就像数十年前汇编语言演变为高级语言的过程一样，再一次让工程师的生产力爆发。2019 年伯克利分校再次预测，Serverless 将取代 Serverful 计算，成为云计算的新范式。

2021 年初，50% 的 AWS 容器客户使用了 Lambda，且这些客户每天调用函数的次数是两年前的 3.5 倍，在 Azure 中使用 Azure Function 的客户从 20% 增长到了 36%，而 Google 中已经有 25% 的客户在使用 Cloud Function 了，它们的快速增长得益于产品技术的成熟和整个行业的成熟。再看中国市场的 Serverless 领域的发展，在 CNCF 2021 年发布的《2020 年 CNCF 中国云原生调查报告》中我们看到，31% 的组织在生产中使用 Serverless 技术，41% 在评估，12% 计划在未来 12 个月内使用，其中阿里云函数计算更是以 33% 的用户占比成为国内最受欢迎的 Serverless 产品。

如今，Serverless 已经不再局限应用于耦合性低、非核心的边缘应用或离线任务上，已经有不少企业将 Serverless 应用于人工智能，用 Serverless 架构实现每日数十亿次的个性化图片处理，综合成本下降 35%；世纪联华将交易系统、会员系统、库存系统、后台系统和促销模块等核心应用均部署在 Serverless 架构上，平滑支撑大促等突发流量业务；作为 Serverless 的引领者与实践者，阿里巴巴集团的淘宝、支付宝、钉钉、语雀、闲鱼等都已经规模化使用 Serverless 架构。Serverless 正通过不断提升研发效能，缩短研发周期，助力业务快速迭代，赋能企业业务创新。

　　本书是刘宇的第二本 Serverless 书。作为 Serverless 架构的布道师、阿里云函数计算的产品经理，刘宇在本书中由浅入深引领读者走进 Serverless 的世界。本书以云计算 Serverless 架构的发展历程为引子，引出对 Serverless 架构知识的介绍，再结合丰富的行业实战案例，对于读者学习和应用 Serverless 架构颇有借鉴意义。

丁　宇

阿里巴巴集团研究员 / 阿里云云原生应用平台负责人

Foreword 序 三

　　CNCF（云原生计算基金会）会定期进行社区调研，以便更好地了解开源技术和云原生技术的应用情况。在 2020 年的调研中我们发现，Serverless 是一个可以肯定的发展趋势，有很大的增长空间。

　　在使用 Serverless 的用户中，45% 使用托管平台，20% 使用可安装软件。在通过"托管平台"使用 Serverless 的组织中，阿里云函数计算是最受欢迎的解决方案，受到了 33% 用户的青睐，另有 18% 的用户使用 AWS Lambda。总体来说，随着新的解决方案出现，用户会更多选择 Serverless。

　　通过可安装软件使用 Serverless 的组织中，29% 会使用 Knative，比上次调查的 22% 有所增长。Knative 超过 Kubeless，Kubeless 的使用量从 29% 下降到 11%，沙箱项目 Virtual Kubelet 以 9% 的份额位居第三。

　　希望您可以通过阅读本书来掌握 Serverless 相关知识，并开启您在这一领域的职业生涯。

陈泽辉 Keith Chan

CNCF（云原生计算基金会）中国区总监

序 四 *Foreword*

云计算提供了便捷的计算，其技术形态飞速发展。很多人认为，Serverless 架构会引领云计算的下一个十年，其发展、更新和迭代的速度自然也不甘示弱。Serverless 架构带着众人的期许不断前行，但相关学习资料少、实践案例少，很多新手在入门时无法厘清概念，也不知道 Serverless 架构适用于什么场景。

作为 Serverless 架构的布道师，作者刘宇在 Serverless 架构领域深耕多年。本书从基础理论到上手入门，再到领域实战、项目实战，为读者展示了相对全面且实用性较高的 Serverless 技术。希望本书可以帮助更多人了解 Serverless，入门 Serverless。

窦 勇

国防科技大学教授 / 国家自然科学基金杰出青年基金获得者

Serverless 架构从概念的提出到现在已经有 8 年的时间了。在这段时间内，Serverless 架构受到过质疑，也得到过信任与追捧。但是无论如何，在如今云计算的领域中，Serverless 架构无疑是备受关注的。一方面，Serverless 天然的分布式理念可以让部署在其上的业务代码具备极致的弹性能力；另一方面，Serverless 按量付费的模型符合绿色计算的思想，不仅可以节约使用者的成本，也可以进一步利用计算资源，提高其使用率。

在学术界，加州大学伯克利分校的学者在 2019 年发文断言：Serverless 将会成为云时代默认的计算范式，将会取代 Serverful 计算，也意味着服务器 – 客户端模式的终结。在工业界，Serverless 凭借其核心价值，也得到了大规模的应用。Gartner 也曾表示，Serverless 计算是一种新兴的软件架构模式，有望让企业不需要配置和管理基础设施，并对 Serverless 架构寄予厚望。

其实，就目前来看，Serverless 其实还是较新的概念，Serverless 本身及 Serverless 生态还有着很大的发展空间和成长机会。我们相信，在不久的将来，Serverless 架构会成为更多企业的首选，会催生更多业务创新，会在降本提效的道路上不断创造新的突破。同时 Serverless 架构也会进一步通过产学结合的方式，在形态、性能上有新的演进，有更大的进步。

任何一个新鲜事物的出现，都会有一个被接受、被学习的过程，最终才会被应用。Serverless 架构也不例外，通过过去这些年的不断发展，Serverless 架构已经逐渐从"被接受"走向了"被学习"和"被应用"。但是，就目前来看，Serverless 架构的相关学习资料、落地案例及实战方案并不完善。本书从全局角度出发，较为全面地介绍了 Serverless 知识体系，内容涵盖 Serverless 的基本知识、通过开源项目构建 Serverless 平台、Serverless 架构的工业化产品，以及 Serverless 架构在各种领域的应用、实战案例。本书既有基础理论，也有方法指导，更包含丰富的实战案例，是一本 Serverless 领域值得关注和阅读的技术书。

卜佳俊

浙江大学研究生院副院长 / 计算机学院教授 / 博士生导师 /

国家"万人计划"科技创新领军人才

　　云计算的发展是迅速的，从 2009 年到今天，云计算不断推陈出新。在从 IaaS 到 PaaS 再到 SaaS 的过程中，去服务器化越来越明显。时至今日，Serverless 架构成了众人关注的新焦点，其去服务器化已经上升到了一个新的高度。相对于 Serverful 而言，Serverless 强调的是 Noserver 的心智。所谓的 Noserver，不是说脱离了服务器或者说不需要服务器，而是意味着去除有关对服务器运行状态的关心和担心。Serverless 凭借其天然具备的弹性能力及按量付费的模型、快速交付的特性，将我们带到了云计算发展的转折点。

　　在 Serverless 架构下，应用的开发流程被极大地缩减：用户只需要关注自身的业务代码即可，由云厂商提供其他所有功能的架构，开发者可以在极短时间内完成高并发、高可用、低成本的业务上线。这样的全新开发范式，代表了云计算的巨大进步与飞跃。这个架构抽象出了硬件、基础架构、应用平台和操作系统等几个维度，使开发人员可以将精力完全放在产品创新上。Serverless 架构可以提高业务上线的效率，提高业务的创新。尽管今天的 Serverless 还处于起步阶段，但是我们不难发现它有着巨大的成长空间。无论从从学术研究、产品形态，还是从社区生态发展的角度来讲，Serverless 架构都具有着极大的潜力。

　　本书围绕 Serverless 架构，从历史背景出发介绍 Serverless 架构的概念和规范，以及 Serverless 架构的理论与实践，是一本不可多得的 Serverless 架构技术书。对 Serverless 开发者来说，这是一本是可以沉淀技术、打开思路的书。

雷渠江

中国科学院大学博士生导师／粤港澳人工智能联合实验室执行主任

序 七 *Foreword*

非常荣幸被刘宇（江昱）邀请为本书作序。作为奋战在编码一线的中年程序员，只能从自己的一些开发实践和大家聊一下 Serverless。从最早购买虚拟空间，到自己托管服务器，到购买云服务器，再到现在使用 Serverless，技术的演进仿佛就在弹指一挥间。现在当我开发一些个人应用或者小型站点时，Serverless 平台必然是首选，这其中有以下几点原因。

首先是费用的问题。云虚拟机的租赁计费模型非常昂贵，无论用或不用，每个月固定要花费至少 200 元，对于个人应用或者中小企业应用而言，完全不值得。相比而言，Serverless 的弹性计费方式对中小企业非常合适。

此外 Serverless 让应用部署更简单。现如今，购买云服务器是一件非常简单的事情，只需要登录云厂商网站，填写一些信息，然后提交、支付，就完成了购买。但是，其中也有一些问题，例如选择服务器的规格，自己负责应用的运行环境设置、安全补丁、容量管理、负载均衡、日志和监控等琐碎的运维工作，还要彻夜值班以应对突发流量等情况。有了 Serverless 的支持，以上这些问题都不用再关心了，我们只需要将应用代码、二进制包或 Docker 镜像提交到 Serverless 平台，Serverless 平台会负责应用的启动并对外提供服务。运行应用而不用关心服务器运维，这正是 Serverless 带给开发者的红利。

Serverless 形态让开发者不用再关心诸如云服务器相关的运维工作，让工作回归到开发和代码上。对很多开发者来说，代码好写运维难，运维得不好可能会导致安全风险、服务器资源的浪费，而 Serverless 则可以帮助个人或小型开发团队免去运维工作。

目前 Serverless 平台发展迅速，如基于 V8、Isolate 和 WebAssembly 的 Serverless 形态也

纷纷涌现。但是，Serverless 现在还处于起步阶段，未来发展可能会有更多的形态，这也是我们现在要关注 Serverless 的原因，也希望本书能带你走上 Serverless 之旅。

雷 卷

阿里巴巴反应式编程技术专家 /Alibaba RSocket Broker 开源产品负责人

序　八 *Foreword*

2014 年 Lambda 发布，让"Serverless"这一架构范式进入公众视野，为云计算中运行的应用程序提供了一种全新的系统体系架构。随后众多 IaaS 及 Pass 厂商争相入市，Google Cloud Functions、Azure Functions、IBM OpenWhisk、阿里云函数计算，短短数年时间，Serverless 产品已遍地开花。

Serverless 确实地解决了运维的问题。如果从网关到服务再到数据存储的工作都能自动进行，让开发者无感知，一定是非常极致的开发体验。Serverless 的火爆是技术架构演进的必然结果。从 Docker 容器到 Kubernetes 再到云原生的成熟落地，Serverless 逐步变成工业级产品。

如今，Serverless 主要还是围绕场景落地的，还有大量的未知领域值得探索。我个人非常看好 Serverless，Serverless 这种稳步推进的技术，在未来的 5 到 10 年必然成为前端的新基建。我个人认为，2021 年是 Serverless 落地非常重要的一年。刘宇撰写的本书将带您全面了解 Serverless 技术。现在"上车"还不晚！祝大卖！

狼　叔

知名 Node.js 技术布道者/《狼书》作者

Serverless 架构是云计算发展的产物，它继承了云计算的优点，并具备极致弹性、按量付费、免运维等优势。Serverless 架构让开发者可以将更多精力放在业务逻辑上，让资源浪费更少，让服务器运维成本更低，真正意义上做到了降本提效。

为什么写作本书

Serverless 架构最近几年越来越火，它凭借极致弹性、按量付费、免运维等优势在更多领域发挥着越来越重要的作用。但是由于 Serverless 架构比较"年轻"，相关学习资源相对来说比较少。笔者希望通过一些真实的案例带领读者入门 Serverless 架构，了解如何在不同领域应用 Serverless 架构，并学会从零开发 Serverless 应用。

本书主要内容

本书是一本关于 Serverless 架构从原理、入门到实战的技术指南，通过多个开源项目、多个云厂商的多款云产品介绍什么是 Serverless 架构、如何上手 Serverless 架构、不同领域中 Serverless 架构的应用以及如何从零开发一个 Serverless 应用等，带领读者全面了解 Serverless 架构，帮助读者获得 Serverless 架构带来的技术红利。

本书主要包括三部分：概念与产品、开发入门、工程实践。

第一部分包括 2 章，介绍了 Serverless 架构的定义、规范、优势、面临的挑战、应用领域以及工业界和开源界的优秀项目等。

第二部分包括 3 章，介绍如何开发 Serverless 应用、如何从零搭建 FaaS 平台等。

第三部分是工程实践，主要内容是 Serverless 架构在各个领域的实战应用，涵盖运维领域、图像和音视频处理领域、人工智能和大数据领域、前端领域以及 IoT 等众多领域。这一部分还给出了两个完整的 Serverless 实战项目的从零开发过程。

除这三部分之外，本书还包括另外两章。

第 0 章 "从云计算到 Serverless"：这是全书的引入部分。众所周知，Serverless 是云计算发展的必然产物，那么云计算是如何发展的？为什么会产生 Serverless 的概念？这个概念是谁提出的？通过这一章，读者可以对云计算的发展以及 Serverless 的诞生有一个基础的了解。

结束语 "Serverless 正当时"：介绍 Serverless 领域知名且活跃的开发者对 Serverless 的看法以及期待。希望读者通过这一部分可以归纳出 "自己心中的 Serverless"，也希望这些前辈们的看法、思想可以让读者对 Serverless 有更深入的了解。

如何阅读本书

读者应当具有一定的编程基础，例如熟悉 Node.js、Python 等语言，同时也需要对云计算有初步的了解，有相关云产品使用经验。

本书采用循序渐进的方法，从什么是 Serverless 架构开始说起，通过零基础上手 Serverless 架构、建设自己的 FaaS 平台等帮助读者快速入门 Serverless 架构，并通过领域实战、应用案例帮助读者拓展思路。我建议读者通过下述 "三遍阅读法" 来掌握书中内容。

第一遍阅读，通读全书，主要弄清楚概念，再完成 Serverless 的基础入门，并对 Serverless 在各个领域的应用有相对基本的认识，对如何完整地开发一个 Serverless 应用有基础的了解。

第二遍阅读，专攻领域实战，通过领域实战提供的开源代码，深入了解 Serverless 架构的运行原理、开发技巧等，可以通过笔者的抛砖引玉发挥自己的思路，在更多领域将 Serverless 架构与之结合。

第三遍阅读，边读边实践，加深理解 Serverless 架构概念的同时，动手从零开发一款 Serverless 应用并将其部署上线，从而完整地理解 Serverless 架构的原理、优势，并对 Serverless 的开发技巧有更加深入的认识和独到的见解。

阅读过程可能枯燥，但只有在反复的研读中，自己对 Serverless 架构的理解才能不断深入。另外，Serverless 架构的发展速度是非常快的，本书的案例代码可能会失效，笔者会尽快更新相关代码仓库。也希望读者可以利用好这些仓库。

致谢

在编写本书的过程中，笔者遇到过很多的困难和挑战。在此特别感谢阿里云云原生团队的小伙伴们，是你们的支持和鼓励让本书得以顺利完成。

感谢杨秋弟（曼红）、杨浩然（不瞑）等前辈，是你们在这本书从开始到结束的过程中，不断给予鼓励和支持，才得以让本书如期顺利完成；感谢国防科技大学窦勇教授、浙江大学卜佳俊教授等提供的帮助以及对本书提出的极具建设性的意见；感谢姜曦（筱姜）在本书编写、校对、出版等整个过程中给予鼓励和支持并帮忙校验、协调资源；感谢阿里云 UED 团队，尤其是周月侨（小取）同学，帮忙对本书的部分插图等进行设计、规范定制；感谢罗松（西流）、张千风（千风）等在本书编写过程中指导部分代码的完成以及功能、案例的实现；感谢陈绪（还剑）、钱梅芳（宝惜）等前辈对本书提供帮助和建设性意见。同时，也要感谢我的家人对我工作的鼓励和支持，对我每走一步的信任和鼓励；感谢身边的小伙伴对我的关心和帮助。感谢身边每一个人，谢谢你们。

由于作者水平有限，书中不足及错误之处在所难免，敬请专家和读者批评指正。

江昱（刘宇）

2021 年 4 月

目　录 *Contents*

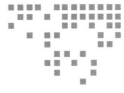

从云计算到 Serverless

自世界上第一台通用计算机 ENIAC（Electronic Numerical Integrator And Computer）诞生以来，计算机科学与技术的发展就从未停止过前进的脚步，尤其是近些年计算机技术的发展更是日新月异，有不断取得突破的人工智能技术，有潜力无限的物联网技术和区块链技术，当然还有本书的主题——不断更新、不断迭代、已走进"寻常百姓家"的云计算。

提起云计算，不得不提效用计算（Utility Computing）。在 1961 年麻省理工学院百年纪念典礼上，人工智能之父、1971 年图灵奖获得者约翰·麦卡锡第一次提出了效用计算的概念，这个概念可算是云计算的一个"最初的""超前的"遐想模型。麦卡锡认为，计算资源在未来将变成一种公共资源，会像生活中的水、电、煤气一样被每个人使用。1984 年，SUN 公司联合创始人约翰·盖奇提出了"网络就是计算机"的重要猜想，认为分布式计算技术将会带来一个新世界。12 年后，即 1996 年，康柏公司的一群技术主管在讨论计算业务的发展时，首次使用了"云计算"（Cloud Computing）这个词，并认为商业计算会向云计算的方向转移。这就是"云计算"从雏形到正式被提出的基本过程。

自被提出之后，云计算如同雨后春笋般蓬勃发展。2003 年到 2006 年，谷歌先后发表了多篇文章，指明了 HDFS（分布式文件系统）、MapReduce（并行计算）和 HBase（分布式数据库）的技术基础以及未来机会，奠定了云计算的发展方向。2006 年，Google 首席执行官埃里克·施密特在搜索引擎大会上首次正式提出"云计算"的概念。同年，亚马逊第一次将其弹性计算能力作为云服务进行售卖，这也标志着云计算这种新的商业模式正式诞生。两年后，即 2008 年，微软发布云计算平台 Windows Azure，尝试将技术和服务托管化、线上化。到了 2009 年，著名的《伯克利云计算白皮书》（*Above the Clouds: A Berkeley View of Cloud Computing*）发表，文中指出：云计算是一个即将实现的古老梦想，是计算作为基础设施这一长久以来梦想的新称谓,它在最近正快速变为商业现实。文中明确地为云计算下了定义:云计算包含互联网上的应用服务及在数据中心提供这些服务的软硬件设施。同时文中也提出了云计算所面临的问题和机遇,如表 0-1 所示。

表 0-1 云计算面临的问题和机遇

问 题	机 遇
服务的可用性	选用多个云计算提供商;利用弹性来防范 DDoS 攻击
数据丢失	标准化的 API;使用兼容的软硬件以进行波动计算
数据安全性和可审计性	采用加密技术、VLAN 和防火墙;跨地域的数据存储
数据传输瓶颈	数据备份 / 获取;更低的广域网路由开销;更高带宽的 LAN 交换机
性能不可预知性	改进虚拟机支持;闪存;支持 HPC 应用的虚拟集群
可伸缩的存储	发明可伸缩的存储
大规模分布式系统中的错误	发明基于分布式虚拟机的调试工具
快速伸缩	基于机器学习的计算自动伸缩;使用快照以节约资源
声誉和法律危机	采用特定的服务进行保护
软件许可	即用即付许可;批量销售

在伯克利团队的这篇文章中,作者不仅对云计算下了一个比较明确的定义,提出了它面临的挑战和存在的机遇,更对云计算的未来发展方向等进行了大胆预测。同年,阿里巴巴在江苏南京建立首个"电子商务云计算中心"(即现在的阿里云)。至此,云计算进入了更快速的发展阶段。

在云计算飞速发展的阶段如图 0-1 所示,云计算的形态也在不断地演进,从 IaaS 到 PaaS,再到 SaaS,云计算逐渐"找到了正确的发展方向"。2012 年在由 Iron.io 的副总裁 Ken Form 所写的一篇名为"Why The Future of Software and Apps is Serverless"的文章中,他提出了一个新的观点:即使云计算已经逐渐兴起,大家仍然在围绕着服务器转;不过,这不会持续太久,云应用正在朝着无服务器方向发展,这将对应用程序的创建和分发产生重大影响。2014 年 Amazon 发布了 AWS Lambda,让 Serverless 这一范式提高到一个全新的层面,为云中运行的应用程序提供了一种全新的系统体系结构,至此再也不需要在服务器上持续运行进程以等待 HTTP 请求或 API 调用,而是可以通过某种机制触发代码执行,通常这只需要在 AWS 的某台服务器上配置一个简单的功能。著名 IT 咨询顾问 Ant Stanley 在 2015年 7 月发文解释他心目中的 Serverless,认为"服务器已死"。

图 0-1 云计算发展历程

Serverless 概念进一步发酵。2016 年 10 月在伦敦举办了第一届 ServerlessConf 大会,来自全世界的 40 多位演讲嘉宾与开发者分享了关于这个领域的进展，介绍了 Serverless 的发展机会以及所面临的挑战。这场大会是针对 Serverless 领域的第一场较大规模的会议，在 Serverless 的发展史上具有里程碑意义。

如图 0-2 所示，截至 2017 年，各大云厂商基本上都已经在 Serverless 方向进行了基础的布局，国内的几大云厂商也都在这一年先后迈入"Serverless 时代"。从 IaaS 到 PaaS 再到 SaaS 的过程中，如图 0-3 所示，云计算所表现出的去服务器化越来越明显，那么 Ken Form 所提出来的 Serverless 又是什么？它在云计算发展的过程中在扮演什么角色呢？它的去服务器化又到了什么程度呢？

图 0-2　部分 Serverless 产品发布时间

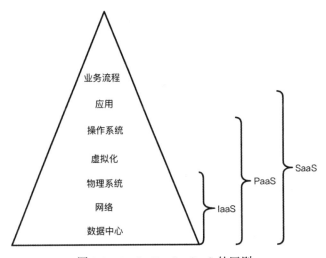

图 0-3　IaaS、PaaS、SaaS 的区别

Serverless 翻译成中文是无服务器，所谓的无服务器并非是说不需要依靠服务器，而是说开发者再也不用过多考虑服务器的问题，可以更专注在产品代码上，同时计算资源也开始作为服务出现，而不是作为服务器的概念出现。Serverless 是一种构建和管理基于微服务架构的完整流程，允许用户在服务部署级别而不是服务器部署级别来管理用户的应用部署。与传统架构的不同之处在于，它完全由第三方管理，由事件触发，暂存（可能只存在于一次调用的过程中）在计算容器内。Serverless 部署应用时不涉及更多的基础设施建设，即可实现自动构建、部署并启动服务。

近些年来，微服务成为软件架构领域另一个热门的话题。如果说微服务以专注于单一责任与功能的小型功能块为基础，利用模块化的方式组合出复杂的大型应用程序，那么就可以认为 Serverless 是一种可以让代码更加碎片化的软件架构范式。Serverless 的这一功能被称为"函数即服务（Faas，Function as a Services）。而所谓的"函数"提供的是相比微服务更加细小的程序单元。例如，微服务可以代表为某个客户执行所有 CRUD 操作所需的代码，而 FaaS 中的函数可以代表客户所要执行的每个操作。当触发"创建账户"事件后，将通过函数的方式执行相应的"函数"。单就这一层意思来说，可以简单地将 Serverless 架构与 FaaS 概念等同起来。但 Serverless 和 FaaS 还是不同的，Serverless 和 FaaS 被广为接受的关系是：

$$Serverless = FaaS + BaaS\ (+ \cdots)$$

可见，Serverless 的组成除了 FaaS 和 BaaS 之外，还有一系列的省略号，其实这是 Serverless 给予大家的遐想空间，给予这个时代的一些期待。

随着各大厂商在 Serverless 领域布局的展开，Serverless 也逐渐从启蒙阶段（市场教育阶段）进入到更深一步生产应用阶段（最佳实践阶段）。

2017 年，CNCF Serverless 工作组成立，开始以社区的力量推进 Serverless 布局，并进行相关的立项研究与探索。2017 年年末，eWEEK 的 Chris J. Preimesberger 发表文章"Predictions 2018: Why Serverless Processing May Be Wave of the Future"。在这篇文章中，多位来自知名团队以及公司的相关负责人对 Serverless 表达了自己的想法。

- Sumo Logic 产品营销副总裁 Kalyan Ramanathan: Serverless 可能是继容器之后的未来。
- Avere Systems 技术总监 Dan Nydick：我们将看到更多 Serverless 技术和托管服务。
- Atlassian 平台负责人 Steve Deasy：2018 年，软件的构建方式将改变。
- Evident.io 的首席执行官 Tim Prendergast 和客户解决方案副总裁 John Martinez：容器和 Serverless 正在兴起，但它们会带来安全问题。
- Contino 美国总裁 Jason McDonald：Serverless 将继续扩大其影响力。
- 美国 OVH 布道师兼原理系统工程师 Paul Stephenson：在 2018 年我们将会更清楚地认识到 Serverless 可以解决哪些问题。
- 数据探险首席执行官 Seth Noble：Serverless 将在 2018 年与其他技术进行集成。
- Platform9 首席执行官 Sirish Raghuram：Kubernetes 将在 Serverless 产品 AWS Lambda 的部署中发挥更大的影响力。
- Accelerite 首席执行官 Nara Rajagopalan：Serverless 将改变开发模式。

而到了 2018 年，Serverless 的发展速度要比想象中的更快。在这一年，Google 发布了 Knative，一个基于 Kubernetes 的开源 Serverless 框架，具备构建容器、流量调配、弹性伸缩、零实例、函数事件等能力。AWS 发布了 Firecracker，一个开源的虚拟化技术，面向基于函数的服务，创建和管控安全的、多租户的容器。Firecracker 的目标是把传统虚拟机的安全性和隔离性与容器的诉求和资源效率结合起来。在这一年，CNCF 也正式发布了

Serverless 领域的白皮书 *CNCF Serverless Whitepaper V1.0*，阐明 Serverless 技术概况、生态系统状态，为 CNCF 的下一步动作做指导。加州大学伯克利分校也在 2018 年发表文章"Serverless Computing: One Step Forward, Two Steps Back"，表达了对 Serverless 的担忧。伯克利团队认为 Serverless 会影响开源服务创新，它让 FaaS 产品在云编程方面迈出了一大步，提供了一种实际上可管理的、看似无限的计算平台，但是忽略了高效数据处理的重要性，并阻碍了分布式系统的开发。

任何一个新的技术和概念，都会遇到挑战、引发担忧，就如同当年云计算在出现时也被一些人（如 Oracle 公司总裁 Larry Ellison、GNU 发起人 Richard Stallman）认为只是又一个商业炒作的概念，毫无新意。当然，事实也证明，任何一个新的事物，都只有在经历各种挑战和质疑之后，才能更茁壮地成长。Serverless 也不例外。从 2019 年开始，Serverless 进入到了一个真正意义上的生产应用、最佳实践快速发展阶段。2019 年对 Serverless 而言是非常关键的一年，也是 Serverless 具有里程碑式发展的一年，被很多人定义为"Serverless 正式发展的元年"。在这一年，国内最大的开源活动之一 KubeCon + CloudNativeCon 在上海举行，大量 Serverless 主题演讲在此次活动中发表。著名的伯克利断言"Cloud Programming Simplified: A Berkeley View on Serverless Computing 也在这一年发表。伯克利的态度已从一年前的质疑与悲观转变成了自信与期待。伯克利断言 Serverless 将会在接下来的十年间被大量采用，将会得到飞速的发展，并且表达了以下观点。

- 新的 BaaS 存储服务会被发明，以扩展在 Serverless 计算上能够运行更加适配的应用程序类型。这样的存储能够与本地块存储的性能相匹配，而且具有临时和持久两个选项。
- 将出现比现有的 x86 微处理器更多的异构计算机。
- Serverless 架构下的编程更安全、易用。Serverless 架构不仅具有高级语言的抽象能力，还有很好的细粒度的隔离性。
- 基于 Serverless 计算的价格将低于 Serverful 计算，至少不会高于 Serverful 计算。
- Serverless 将会接入更多的后台支撑服务，如 OLTP 数据库、消息队列服务等。
- Serverless 计算一旦取得技术上的突破，将会导致 Serverful 服务下滑。
- Serverless 将会成为云时代默认的计算范式，将会取代 Serverful 计算，因此也意味着服务器 – 客户端模式的终结。

在学术界，不仅仅加州大学伯克利分校针对 Serverless 发表过多篇论文，很多国内外高校也都已经在 Serverless 领域投入了大量精力。Serverless 已经成为学术界的研究热点，从 2017 年开始，每年相关论文数呈 2 倍速增长。

如图 0-4 所示，从 2012 年 Serverless 概念被正式提出，2014 年 AWS Lambda 的发布开启 Serverless 的商业化，到 2017 年各大厂商纷纷布局 Serverless 领域，再到 2019 年 Serverless 成为热点议题，Serverless 正在逐渐朝着更完整、更清晰的方向发展。随着 5G 时代的到来，Serverless 将会在更多领域发挥至关重要的作用。

图 0-4　Serverless 发展历程

　　从 IaaS、FaaS 到 SaaS，再到如今的 Serverless，云计算在十余年中发生了翻天覆地的变化，从虚拟空间到云主机，从自建数据库等业务到云数据库等服务，云计算发展迅速，没人知道云计算的终态是什么。有人说 Serverless 实现了当初云计算的目标，Serverless 才是真正的云计算，但是没人可以肯定 Serverless 就是云计算的终态。或许 Serverless 也仅仅是一个过渡产物，这还需要时间来验证，但可以明确的是，技术可以改变世界，未来可期。

第一部分 *Part 1*

概念与产品

什么是 Serverless

本章将介绍 Serverless 的定义、规范、特点、应用场景，以及笔者对 Serverless 技术未来的展望。

1.1 Serverless 的定义

1.1.1 广义定义探索

云计算的十余年发展让整个互联网行业发生了翻天覆地的变化，而 Serverless 作为云计算的产物，或者说是云计算在某个时代的表现，被很多人认为是真正意义上的云计算，伯克利团队甚至断言 Serverless 将会引领云计算的下一个十年。那么 Serverless 到底是什么呢？是否有明确的定义或者规范呢？

关于"Serverless 是什么"这个问题，其实是可以通过不同角度来分析的。Martin Fowler 在"Serverless Architectures"一文中从 Serverless 组成角度给出了 Serverless 的定义，他认为 Serverless 实际上是 BaaS 与 FaaS 的组合，并针对 BaaS 和 FaaS 进行了详细的描述。

- Serverless 最早用于描述那些大部分或者完全依赖于第三方（云端）应用或服务来管理服务器端逻辑和状态的应用，这些应用通常是富客户端应用（单页应用或者移动端 App），建立在云服务生态之上，包括数据库（Parse、Firebase）、账号系统（Auth0、AWS Cognito）等。这些服务最早被称为 Baas（Backend as a Service，后端即服务）。
- Serverless 还可以指这种情况：应用的一部分服务端逻辑依然由开发者完成，但是和传统架构不同，它运行在一个无状态的计算容器中，由事件驱动，生命周期很短（甚至只有一次调用），完全由第三方管理。这种情况被称为 FaaS（Functions as a

service，函数即服务）。AWS Lambda 是目前的热门 FaaS 实现之一。

通过 Martin Fowler 的描述可以总结出 FaaS、BaaS 以及 Serverless 之间的关系，如图 1-1 所示。

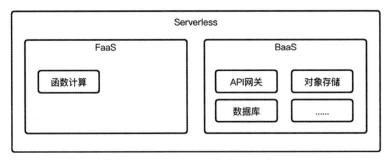

图 1-1　Serverless 架构的组成

云原生计算基金会（下文简称 CNCF）则从 Serverless 的特征特性角度给出了 Serverless 的定义：Serverless 是指构建和运行不需要服务器管理的应用程序。它描述了一种更细粒度的部署模型，即将应用程序打包为一个或多个功能，上传到平台，然后执行、扩展和计费，以响应当时确切的需求。

同时 CNCF 也强调了，Serverless 所谓的"无服务器"并不是"没有服务器"，而是说 Serverless 的用户不再需要在服务器配置、维护、更新、扩展和容量规划上花费时间和资源，可以将更多的精力放到业务逻辑本身，至于服务器，则"把更专业的事情交给更专业的人"去做，即由云厂商来提供统一的运维。

在信通院云原生产业联盟所发布的《云原生发展白皮书（2020 年）》中对 Serverless 也有相关的描述：Serverless 是一种架构理念，其核心思想是将提供服务资源的基础设施抽象成各种服务，以 API 接口的方式供用户按需调用，真正做到按需伸缩、按使用收费。这种架构消除了对传统的海量持续在线服务器组件的需求，降低了开发和运维的复杂性，降低了运营成本并缩短了业务系统的交付周期，使得用户能够专注在价值密度更高的业务逻辑的开发上。

如图 1-2 所示，从 Serverless 的结构上来看，Serverless = FaaS + BaaS 是一个被普遍认可的概念；从 Serverless 的特性上来看，Serverless 运行在无状态的计算容器中，由事件触发，并且拥有弹性伸缩以及按量付费等能力，让使用者不用花费更多的精力在服务器上，而是更加关注业务本身。

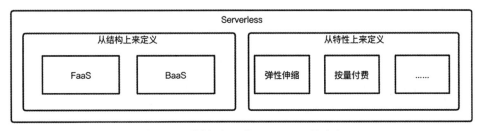

图 1-2　不同角度上的 Serverless 的定义

1.1.2 Serverless 工作流程

在实际生产中，Serverless 架构通常都是 FaaS 与 BaaS 的结合，并且具备弹性伸缩和按量付费的特性。如图 1-3 所示，当开发者想要开发一个项目的时候，通常只需要根据 FaaS 提供商所提供的 Runtime，选择一个熟悉的编程语言，然后进行项目开发、测试（图中步骤 1）；完成之后将代码上传到 FaaS 平台（图中步骤 2）；上传完成之后，只需要通过 API/SDK（图中步骤 3）或者一些云端的事件源（图中步骤 3）触发上传到 FaaS 平台的函数，FaaS 平台就会根据触发的并发度等弹性执行对应的函数（图中步骤 4），最后用户可以根据实际资源使用量进行按量付费（图中步骤 5）。

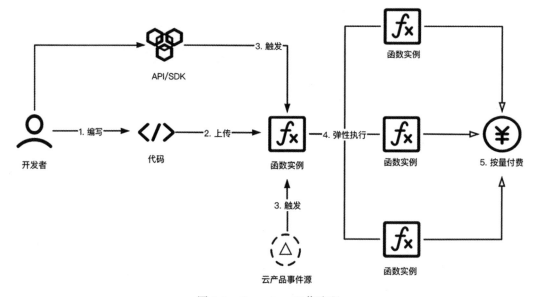

图 1-3　Serverless 工作流程

我们来看一个 Web 应用的例子。如图 1-4 所示，通常情况下一些 Web 应用都是传统的三层 C/S 架构，例如一个常见的电子商务应用，假设它的服务端用 Java，客户端用 HTML/JavaScript。

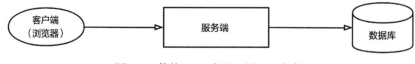

图 1-4　传统 Web 应用三层 C/S 架构

在这个架构下，服务端仅为云服务器，其承载了大量业务功能和业务逻辑，例如，系统中的大部分逻辑（身份验证、页面导航、搜索、交易等）都在服务端实现。把它改造成 Serverless 应用形态，简图如图 1-5 所示。

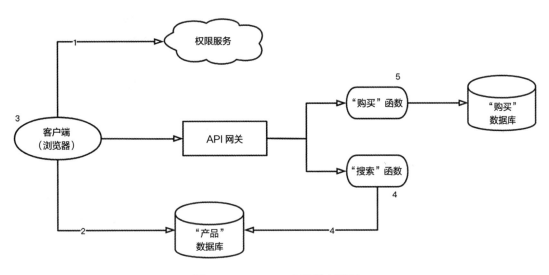

图 1-5　Serverless 应用形态简图

在 Serverless 应用形态下，移除了最初应用中的身份验证逻辑，换用一个第三方的 BaaS 服务（图中步骤 1）；允许客户端直接访问一部分数据库内容，这部分数据完全由第三方托管，会用一些安全配置来管理客户端访问相应数据的权限（图中步骤 2）；前面两点已经隐含了非常重要的第三点：先前服务端的部分逻辑已经转移到了客户端，如保持用户 Session、理解应用的 UX 结构、获取数据并渲染出用户界面等。客户端实际上已经在逐步演变为单页应用（图中步骤 3）；还有一些任务需要保留在服务器上，比如繁重的计算任务或者需要访问大量数据的操作。这里以"搜索"为例，搜索功能可以从持续运行的服务端中拆分出来，以 FaaS 的方式实现，从 API 网关（后文做详细解释）接收请求并返回响应。这个服务端函数可以和客户端一样，从同一个数据库读取产品数据。原始的服务端是用 Java 写的，而 AWS Lambda（假定用的这家 FaaS 平台）也支持 Java，那么原先的搜索代码略作修改就能实现这个搜索函数（图中步骤 4）；还可以把"购买"功能改写为另一个 FaaS 函数，出于安全考虑，它需要在服务端而非客户端实现。它同样经由 API 网关暴露给外部使用（图中步骤 5）。

在整个项目中，Serverless 用户实际关心的也就只剩下函数中的业务逻辑，至于身份验证逻辑、API 网关以及数据库等原先在服务端的一些产品 / 服务统统交给云厂商提供。在整个项目开发、上线以及维护的过程中，用户并不需要关注服务器层面的维护，也无须为流量的波峰波谷进行运维资源的投入，这一切的安全性、弹性能力以及运维工作都交给云厂商来统一处理 / 调度，用户所需要关注的就是自己的业务代码是否符合自己的业务要求，同时在 Serverless 架构下，用户也无需为资源闲置进行额外的支出，Serverless 架构的按量付费模型以及弹性伸缩能力、服务端低运维 / 免运维能力，可以让 Serverless 用户的资源成本、人力成本、整体研发效能得到大幅度提升，让项目的性能、安全性、稳定性得到极大的保障。

1.2 Serverless 规范

当对 Serverless 架构的基本组成及其基本工作原理 / 流程有了初步了解之后，为了更加深入地理解什么是 Serverless，尤其是什么是 FaaS，或者说什么是函数相关的问题，还需要对 Serverless 规范有一定的了解。CNCF 对 Serverless 做了一定的规范和定义，例如其描述和定义了 FaaS 解决方案的基本模型、函数的生命周期以及触发器类型、种类等相关规范。

本节部分内容引用自《Serverless Handbook》《CNCF Serverless Whitepaper v1.0》《Serverless Workflow Specification》《CloudEvents - Version 1.0.1》等规范文档。

1.2.1 FaaS 解决方案模型

FaaS 解决方案由 Event Sources、FaaS Controller、Function Instance 以及平台服务等元素组成，如图 1-6 所示。

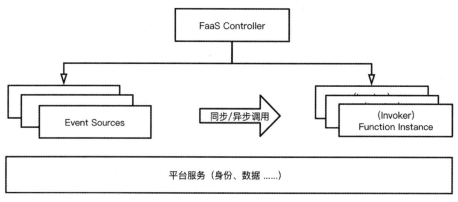

图 1-6　FaaS 解决方案组成

- Event Sources：将 Event 触发或流式传输到一个或多个函数实例中。
- Function Instance：可以根据需要扩展单个函数 / 微服务。
- FaaS Controller：部署、控制和监视函数实例及其来源。
- 平台服务：FaaS 解决方案使用云厂商提供的其他云服务，例如云数据库、身份校验等。

1.2.2 函数的规范与定义

1. 函数代码

函数代码、依赖项和二进制文件可以驻留在外部存储库中，或由用户直接提供。如果代码在外部存储库中，则用户需要指定路径和凭据。

Serverless 框架允许用户监听代码存储库中的更改，并在每次提交时自动构建函数镜像 / 二进制文件。

函数可能依赖于外部库或二进制文件，这些需要由用户提供（包括描述其构建过程的方式，例如，使用 Dockerfile、Zip）。

第 1 章   什么是 Serverless   ❖   13

2. 函数定义

Serverless 函数定义可能包含以下规范和元数据，该函数定义是特定于版本的：

- 唯一 ID；
- 名称；
- 说明；
- Labels（或 tags）；
- 版本 ID（或版本别名）；
- 版本创建时间；
- 上次修改时间（函数定义）；
- 函数处理程序；
- 运行时语言；
- 代码 + 依赖关系或代码路径和凭据；
- 环境变量；
- 执行角色；
- 资源（所需的 CPU、内存）；
- 执行超时；
- 日志记录失败（私信列队）；
- 网络策略 /VPC；
- 数据绑定。

3. 元数据详细信息

函数框架可能包括以下函数元数据。

- 版本：每个函数版本应具有唯一的标识符，此外，可以使用一个或多个别名（例如 latest、production、beta）来标记版本。API 网关和事件源会通过版本、别名等将流量 / 事件路由到特定的函数版本。
- 环境变量：用户可以指定在运行时提供给函数的环境变量。环境变量也可以从平台变量等派生（例如 Kubernetes EnvVar 定义）。环境变量使开发人员能够控制函数行为和参数，而无须修改代码或重建函数，从而获得更好的开发人员体验和函数重用。
- 执行角色：函数应在特定的用户或角色身份下运行，以授予和审核其对平台资源的访问权限。
- 资源：定义所需或最大的硬件资源，例如函数使用的内存等。
- 超时：指定函数调用在平台终止之前可以运行的最长时间。
- 故障日志（死信队列）：队列或流的路径，它将存储具有适当详细信息的失败函数执行列表。
- 网络策略：分配给函数的网络域和策略（函数与外部服务 / 资源进行通信）。

- 执行语义：指定应如何执行函数（例如，每个事件至少执行一次，最多执行一次，恰好一次）。

4. 数据绑定

某些 Serverless 框架允许用户指定函数使用的输入 / 输出数据资源，这使开发更简单、性能更好（在执行期间保留数据连接、可以预取数据等）以及安全性更高（数据资源凭证是上下文的一部分，而不是代码）。

数据绑定可以采用文件、对象、记录、消息等形式，函数说明包括一组数据绑定定义，每个定义都指定数据资源、其凭证和使用参数。数据绑定可以引用事件数据，例如，DB 键是从事件 username 字段派生的。

5. 函数输入

函数输入包括事件数据和元数据，还包括上下文对象。

事件详细信息应传递给函数处理程序，不同的事件可能具有不同的元数据，因此需要函数能够确定事件的类型并解析公共和特定于事件的元数据。

需要将事件类与实现分离，例如，不管流存储是 Kafka 还是 Kinesis，处理消息流的函数都可以运行，在这两种情况下，它将接收消息正文和事件元数据，消息可能在不同框架之间路由。

事件可以是单个记录（例如，在请求 / 响应模型中），也可以是多个记录或微批处理（例如，在流模式中）。

FaaS 解决方案使用的常见事件数据和元数据的示例如下：

- 事件类型 / 种类；
- 版本；
- 事件；
- 事件源；
- 来源身份；
- 内容类型；
- 邮件正文；
- 时间戳。

事件 / 记录特定元数据的示例如下。

- HTTP：Path、Method、Header、查询参数；
- 消息队列：Topic、Header；
- 记录流：表、键、操作、修改时间、旧字段、新字段。

一些实现将 JSON 作为事件信息的数据格式并传递给函数。对于部分性能要求严格的函数（例如，流处理）或低能耗设备（IoT），这可能会增加大量的序列化 / 反序列化开销。在这些情况下，可使用本地语言结构或其他序列化机制。

6. 函数上下文

调用函数时，框架提供对跨多个函数调用的平台资源或常规属性的访问，而不是将所有静态数据放入事件中或强制该函数在每次调用时初始化平台服务。

上下文（Context）可以是一组输入属性、环境变量或全局变量，或是这三者的结合。

上下文示例如下：

- 函数名称、版本、ARN；
- 内存限制；
- 请求 ID；
- 地域；
- 环境变量；
- 安全密钥 / 令牌；
- 运行时 / 绑定路径；
- 日志；
- 数据绑定。

有的实现初始化日志对象（例如，AWS 中的全局变量或 Azure 中的部分上下文），用户可以使用平台集成的工具查看日志来跟踪函数执行。除了传统的日志记录，未来的实现可能会将计数器 / 监控和跟踪活动抽象为平台上下文的一部分，以进一步提高函数的可用性。

数据绑定是函数上下文的一部分，平台根据用户配置启动与外部数据资源的连接，并且这些连接可以在多个函数调用之间重用。

7. 函数输出

当函数退出时，它可能：

- 将值返回给调用方（例如，在 HTTP 请求 / 响应示例中）；
- 将结果传递到工作流程中的下一个执行阶段；
- 将输出写入日志。

应该有确定的方式通过返回的错误值或退出代码来知道函数是成功还是失败。

函数输出可以是结构化的（例如 HTTP 响应对象），也可以是非结构化的（例如某些输出字符串）。

1.2.3　函数生命周期

1. 函数部署流水线

如图 1-7 所示，函数的生命周期从编写代码并提供规范元数据开始，一个 Builder 实体将获取代码和规范，然后编译并将其转换为工件，接下来将工件部署在具有控制器实体的集群上，该控制器实体负责基于事件流量或实例上的负载来扩展函数实例的数量。

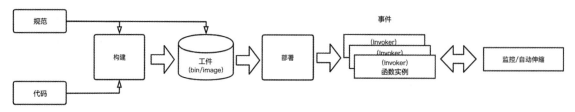

图 1-7 函数部署流水线示意图

2. 函数操作

Serverless 框架使用以下动作控制函数的生命周期。

- **创建**：创建新函数，包括其规范和代码。
- **发布**：创建可以在集群上部署的函数的新版本。
- **更新别名／标签（版本）**：更新版本别名。
- **执行／调用**：不通过事件源调用特定版本。
- **事件源关联**：将函数的特定版本与事件源连接。
- **获取**：返回函数元数据和规范。
- **更新**：修改函数的最新版本。
- **删除**：删除函数，可以删除特定版本或所有版本的函数。
- **列表**：显示函数及其元数据的列表。
- **获取统计信息**：返回有关函数运行时使用情况的统计信息。
- **获取日志**：返回函数生成的日志。

上述操作在实际过程中的流程示意图如图 1-8 所示。

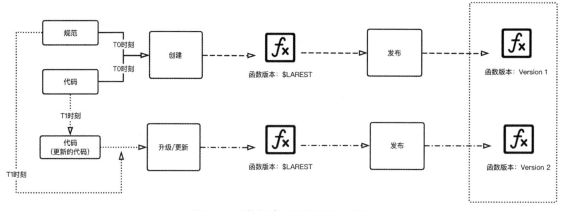

图 1-8 函数创建／更新流程示意图

1）在创建函数时，提供其元数据作为函数创建的一部分，将对其进行编译使其具有可发布的特性，接下来可以启动、禁用函数。函数部署需要能够支持以下用例。

①事件流：在此用例中，队列中可能始终存在事件，但是可能需要通过请求暂停／恢复

进行处理；

②热启动：在任何时候具有最少实例数的函数，使得所接收的"第一"事件具有热启动，因为该函数已经部署并准备好为事件服务（而不是冷启动），其中函数获得通过"传入"事件在第一次调用时部署。

2）用户可以发布一个函数，这将创建一个新版本（最新版本的副本），发布的版本可能会被标记或有别名。

3）用户可能希望直接执行 / 调用函数（绕过事件源或 API 网关）以进行调试和开发过程。用户可以指定调用参数，例如所需版本、同步 / 异步操作、详细日志级别等。

4）用户可能想要获得函数统计（例如调用次数、平均运行时间、平均延迟、失败、重试等）。

5）用户可能想要检索日志数据。这可以通过严重性级别、时间范围、内容来过滤。Log 数据是每个函数级别的，它包括诸如函数创建和删除、警告或调试消息之类的事件，以及可选的函数的 Stdout 或 Stderr。优选每次调用具有一个日志条目或者将日志条目与特定调用相关联的方式（以允许更简单地跟踪函数执行流）。

3. 函数版本控制和别名

一个函数可能具有多个版本，使用户能够运行不同级别的代码，例如 beta/production、A/B 测试等。使用版本控制时，默认情况下函数版本为 latest，latest 版本可以进行更新和修改，可能会在每次更改时触发新的构建过程。

如果用户想要冻结一个版本可以使用发布操作，该操作将创建一个具有潜在标签或别名（例如 beta、production）的新版本以配置事件源，事件或 API 调用可以被路由到特定的函数版本。非最新的函数版本是不可变的（它们的代码以及所有或某些函数规范），并且一旦发布就不能更改。函数不能"未发布"，而应将其删除。另外，当前的大多数实现都不允许函数 branch/fork（更新旧版本代码），因为这会使实现和用法变得复杂，但是将来可能需要这样做。

当同一函数有多个版本时，用户必须指定要操作的函数版本以及如何在不同版本之间划分事件流量。例如，用户可以决定路由 90% 的事件流量到稳定版本，10% 的流量到 Beta 版（又称 canary update）。可以通过指定确切版本或通过指定版本别名来实现，版本别名通常将引用特定的函数版本。

用户创建或更新函数时，它可能会根据变更的性质来驱动新的构建和部署。

4. 事件源到函数关联

由于事件源触发事件而调用函数。函数和事件源之间存在一个 n:m 映射。每个事件源都可以用于调用多个函数，而一个函数可以由多个事件源触发。事件源可以映射到函数的特定版本或函数的别名，后者提供了一种用于更改函数并部署新版本的方法，而无需更改事件关联。事件源还可以定义为使用同一函数的不同版本，并定义应为每个函数分配多少流量。

创建函数后或稍后的某个时间，需要关联事件源，该事件源应触发作为该事件的函数调用。这需要一系列动作和方法，例如：

- 创建事件源关联；
- 更新事件源关联；
- 列出事件源关联。

5. 事件源

不同类型的事件源如下所示。

- 事件和消息传递服务，例如 RabbitMQ、MQTT、SES、SNS、Google Pub/Sub。
- 存储服务，例如 S3、DynamoDB、Kinesis、Cognito、Google Cloud Storage，Azure Blob、iguazio V3IO（对象／流／数据库）。
- 端点服务，例如物联网、HTTP 网关、移动设备、Alexa、Google Cloud Endpoint。
- 配置存储库，例如 Git、CodeCommit。
- 使用特定于语言的 SDK 的用户应用程序。
- SchEnable 定期调用函数。

尽管每个事件提供的数据在不同事件源之间可能会有所不同，但事件结构应该具有通用性，能够封装有关事件源的特定信息（详细信息见事件数据和元数据）。

6. 函数要求

根据当前的技术水平，函数和 Serverless 运行时应满足的一组通用要求如下。

- 函数必须与不同事件类的基础实现分离。
- 可以从多个事件源调用函数。
- 无须为每个调用方法使用不同的函数。
- 事件源可以调用多个函数。
- 函数可能需要一种与基础平台服务进行持久绑定的机制，可能是跨函数调用。函数的寿命可能很短，但是如果需要在每次调用时都进行引导，那么引导可能会很昂贵，例如在日志记录、连接、安装外部数据源的情况下。
- 同一个应用程序中每个函数可以使用不同的语言编写。
- 函数运行时应尽可能减少事件序列化和反序列化的开销（例如，使用本地语言结构或有效的编码方案）。

7. 工作流相关要求

工作流相关要求如下：

- 函数可以作为工作流的一部分被调用，一个函数的结果可以作为另一个函数的触发；
- 可以由事件或"and/or 事件组合"触发函数；
- 一个事件可能触发按顺序或并行执行的多个函数；
- "and/or 事件组合"可能触发顺序运行、并行运行或分支运行的 m 个函数；

- 在工作流的中间，可能会收到不同的事件或函数结果，这将触发分支切换到不同的函数；
- 函数的部分或全部结果需要作为输入传递给另一个函数；
- 函数可能需要一种与基础平台服务进行持久绑定的机制，这可能是跨函数调用或函数寿命很短。

8. 函数调用类型

函数调用类型如图 1-9 所示，可以根据不同的用例从不同的事件源调用函数，例如：

- 同步请求（Req/Rep），例如 HTTP 请求、gRPC 调用。
  - 客户发出请求并等待立即响应。
- 异步消息队列请求（发布 / 订阅），例如 RabbitMQ、AWS SNS、MQTT、电子邮件、对象（S3）更改、计划事件（如 CRON 作业）。
  - 消息发布到交换机并分发给订阅者；
  - 没有严格的消息排序，以单次处理为粒度。
- 消息 / 记录流：例如 Kafka、AWS Kinesis、AWS DynamoDB Streams。
  - 通常，每个分片使用单个工作程序（分片消费者）将流分片为多个分区 / 分片；
  - 可以从消息、数据库更新（日志）或文件（例如 CSV、JSON、Parquet）生成流；
  - 事件可以推送到函数运行时或由函数运行时拉动。
- 批量作业，例如 ETL 作业、分布式机器学习、HPC 模拟。
  - 作业被调度或提交到队列，并在运行时中使用并行的多个函数实例进行处理，每个函数实例处理工作集的一个或多个部分（任务）；
  - 当所有并行工作程序完成所有计算任务时，作业完成。

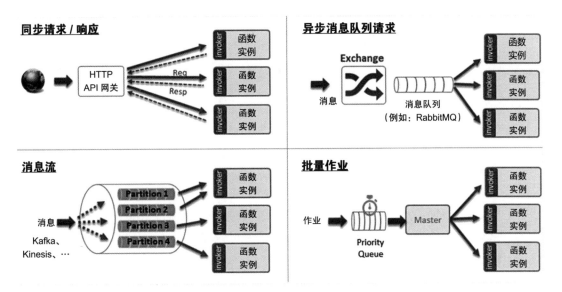

图 1-9　函数调用类型

1.2.4 其他规范

众所周知，Serverless 应用是由事件驱动的，当应用观察的事件源中有情况发生时，就会触发相应的函数。函数执行后会到达某个状态，就像状态机一样，随着一系列的事件发生，会触发函数顺序，并会并行运行，这里就会涉及事件数据结构、传递与工作流的规范。

1. CloudEvent

Serverless 应用是由事件驱动的，事件产生者倾向于以不同的方式描述事件，这就导致 Serverless 应用在同一云厂商的不同类型的事件中是不同的，或者同一种事件在不同云厂商中的表现是不同的。缺少通用的事件描述方式意味着开发人员需要不断重新学习如何使用事件。这也限制了库、工具和基础架构帮助跨环境（例如 SDK、事件路由器或跟踪系统）传递事件数据的潜力，让事件数据实现的可移植性和生产率受影响。

CloudEvent 是以通用格式描述事件数据的规范，以提供跨服务、平台和系统的互操作性。事件格式指定如何使用某些编码格式序列化 CloudEvent。支持这些编码兼容 CloudEvent 的实现必须遵守相应事件格式中指定的编码规则。所有实现都必须支持 JSON 格式。

图 1-10 所示是对 CloudEvent 中部分术语的关系描述。

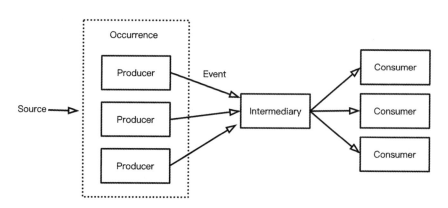

图 1-10　CloudEvent 基础流程与名字关系简图

- Occurrence（发生）：是在软件系统运行期间捕获的事实陈述。这可能是由于系统发出的信号或系统正在观察的信号因状态变化、计时器完成或任何其他值得注意的活动而发生的。例如，由于电池电量不足或虚拟机将要执行重启计划，设备可能会进入警报状态。
- Event（事件）：表示 Occurrence 及其上下文的数据记录。Event 从 Event 生产者（Source）路由到感兴趣的 Event 使用者。Event 路由可以基于 Event 中包含的信息，但是 Event 不会标识特定的路由目的地。Event 包含两种类型的信息：表示 Occurrence 的 Event Data 和提供有关 Occurrence 上下文信息的 Context 元数据。一次发生可能会导致多个事件。

- Producer（生产者）：是创建描述 CloudEvent 的数据结构的特定实例、过程或设备。
- Source（源）：是发生事件的上下文。在分布式系统中，Source 可能包含多个 Producer。如果 Source 不知道 CloudEvent，则外部 Producer 将代表 Source 创建 CloudEvent。
- Consumer（消费者）：接收事件并对其采取行动。Consumer 使用上下文和数据执行某些逻辑，这可能导致新 Event 的发生。
- Intermediary（中介）：接收包含 Event 的消息，目的是将 Event 转发到下一个接收者，该接收者可能是另一个 Intermediary 或 Consumer。Intermediary 的典型任务是根据 Context 中的信息将 Event 路由到接收者。
- Context（上下文）：元数据封装在 Context Attribute（上下文属性）中。工具和应用程序代码可以使用此信息来标识 Event 与系统各方面或其他 Event 的关系。
- Data（数据）：有关事件的特定于域的信息（即有效负载）。这可能包括有关 Occurrence 的信息，有关已更改数据的详细信息或更多信息。
- Message（消息）：Event 是通过消息从源传递到目的地。
- Protocol（协议）：可以通过各种行业标准协议（例如 HTTP、AMQP、MQTT、SMTP）、开源协议（如 Kafka、NATS）或特定于平台 / 供应商的协议（AWS Kinesis、Azure Event Grid）传递 Message。

（1）Context Attribute（上下文属性）

每个符合此规范的 CloudEvent 必须包含指定为 REQUIRED 的上下文属性，并且可以包括一个或多个 OPTIONAL 上下文属性。

这些属性虽然描述了事件，但设计为可以独立于事件数据进行序列化。这样就可以在目的地对它们进行检查，而不必对事件数据进行反序列化。

（2）属性命名规范

CloudEvent 规范定义了到各种协议和编码的映射，随附的 CloudEvent SDK 针对各种运行时和语言。其中一些将元数据元素视为区分大小写，而其他元素则不区分大小写，并且单个 CloudEvent 可能会通过涉及协议、编码和运行时混合的多个跃点进行路由。因此，本规范限制了所有属性的可用字符集，以防止区分大小写问题或与通用语言中标识符的允许字符集相冲突。CloudEvent 属性名称**必须**由 ASCII 字符集的小写字母（a ~ z）或数字（0 ~ 9）组成，并且必须以小写字母开头。属性名称应具有描述性和简洁性，长度不得超过 20 个字符。

（3）类型系统

以下抽象数据类型可用于属性，每个类型都可以以不同的方式表示，包括"通过不同的事件格式"和"在传输元数据字段中"。该规范为所有实现**必须**支持的每种类型定义了规范的字符串编码。

1）Required **属性**。以下属性必须出现在所有 CloudEvent 中。

- id：String

- source：URI-reference
  - specversion：String
  - type：String

2）OPTIONAL 属性。以下属性是可选的，**可以**出现在 CloudEvent 中。

- datacontenttype：String
- dataschema：URI
- subject：String
- time：Timestamp

3）**扩展 Context Attribute**。CloudEvent Producer 可以在 Event 中包含其他 Context Attribute，这些属性可以在与 Event 处理相关的辅助操作中使用。

该规范对扩展属性的语义没有任何限制，但必须使用类型系统中定义的类型。扩展的每个定义都应完全定义属性的所有方面，例如属性的名称、语义含义和可能的值，甚至表明它对其值没有任何限制。新的扩展名定义应该使用具有足够描述性的名称，以减少与其他扩展名发生名称冲突的几率。特别是扩展作者应该检查扩展文档中的已知扩展集，不仅是可能的名称冲突，还是可能感兴趣的扩展。

每个定义如何序列化 CloudEvent 的规范都将定义扩展属性的显示方式。

扩展属性必须使用与所有 CloudEvent 上下文属性相同的常规模式进行序列化。例如，在二进制 HTTP 中，这意味着它们必须显示为带有 ce- 前缀的 HTTP 标头。属性的规范可以定义一个二级序列化，其中数据在消息中的其他位置重复。

在定义了二级序列化的情况下，扩展规范还必须说明如果两个序列化位置的数据不同，CloudEvent 的接收者将要做什么。另外，发送者需要为 intermediary 和接收者不知道其扩展的情况做好准备，因此专用序列化版本很可能不会作为 CloudEvent 扩展属性进行处理。

许多传输支持发送者包括附加元数据的功能，例如作为 HTTP 标头。虽然未强制要求 CloudEvent 接收器处理和传递它们，但建议通过某种机制来进行处理，以使其清楚地知道它们不是 CloudEvents 的元数据。

这是一个说明需要其他属性的示例。在许多物联网和企业用例中，Event 可以在无服务器应用程序中使用，该应用程序跨多种 Event 类型执行操作。为了支持这种用例，Event Producer 需要向 Context Attribute 添加其他标识属性，Event 使用者可以使用这些属性将这个事件与其他事件相关联。如果此类身份属性恰好是事件 Data 的一部分，则 Event 生成器还将身份属性添加到 Context Attribute，Event 使用者可以轻松访问此信息，而无须解码和检查 Event Data。此类身份属性还可用于帮助中间网关确定如何路由 Event。

4）**Event Data（事件数据）**。按照术语 Data（数据）的定义，CloudEvent 可以包含有关事件的特定于域的信息。如果存在，此信息将封装在数据中。

（4）Size Limit（大小限制）

在许多情况下，CloudEvent 将通过一个或多个通用 Intermediary 进行转发，每个 intermediary 都可能会对转发 Event 的大小施加限制。CloudEvent 也可能会路由到受存储或内存限制的 Consumer（如嵌入式设备），因此会遇到大型单一事件。

Event 的"Size（大小）"是其线路大小，根据所选的 Event 格式和所选的协议绑定，传输 frame-metadata（帧元数据）、event metadata（事件元数据）和 event data（事件数据）。

如果应用程序配置要求 Event 跨不同的传输进行路由或 Event 进行重新编码，则应该考虑应用程序使用的效率最低的传输和编码应符合以下大小限制：

- Intermediary 必须转发大小为 64 KB 或更小的事件。
- Consumer 应该接受至少 64 KB 的事件。

实际上，这些规则将允许 Producer 安全地发布最大为 64KB 的 Event。此处的安全是指通常合理的做法是，期望所有 Intermediary 都接受并转发该事件。无论是出于本地考虑，还是要接受或拒绝该大小的事件，它都在任何特定的 Consumer 控制之下。

通常，CloudEvent 发布者应该通过避免将大型数据项嵌入 Event 有效负载中来保持事件紧凑，而是将 Event 有效负载链接到此类数据项。从访问控制的角度来看，此方法还允许 Event 的更广泛分布，因为通过解析链接访问 Event 相关的详细信息可实现差异化的访问控制和选择性公开，而不是将敏感的详细信息直接嵌入事件中。

（5）隐私与安全

互操作性是此规范的主要推动力，要使这种行为成为可能，就需要明确提供一些信息，从而可能导致信息泄漏。

需要考虑以下事项，以防止意外泄漏，尤其是在利用第三方平台和通信网络时：

- Context Attribute：敏感信息不应携带和表示在上下文属性中。CloudEvent Producer、Consumer 和 Intermediary 可以内省并记录 Context Attribute。
- **数据**：特定于域的 Event 数据应该被加密以限制对可信方的可见性。用于这种加密的机制是 Producer 和 Consumer 之间的协议，因此不在本规范的范围之内。
- **传输绑定**：应当采用传输级安全性来确保 CloudEvent 的可信和安全交换。

2. Workflow

Workflow 是供应商中立的规范，用于定义用户指定或描述其 Serverless 应用程序流的格式或原语。

许多 Serverless 应用程序不是由单个事件触发的简单函数，而是由系列函数执行的多个步骤组成，而函数在不同步骤中由不同事件触发。如果某个步骤涉及多个函数，则该步骤中的函数可能会根据不同的事件触发器依次执行、并行执行或在分支中执行。为了使 Serverless 平台正确执行 Serverless 应用程序的函数工作流程，应用程序开发人员需要提供工作流程规范。

为了给业界提供一种标准方法，CNCF Serverless 工作组成立了 Workflow 子组，供用户指定其 Serverless 应用程序工作流，以促进 Serverless 应用程序在不同供应商平台之间的可移植性。

　　为此 CNCF Serverless 工作组 Workflow 小组制定了一个完整的协议，使给定的事件时间轴和工作流始终产生相同的作用。

　　（1）功能范围

　　函数工作流用于将函数编排为协调的微服务应用程序。函数工作流中的每个函数可能由来自各种来源的事件驱动。函数工作流将函数和触发事件分组到一个连贯的单元中，并描述函数的执行和以规定方式传递的信息。具体来说，函数工作流程允许用户：

- 定义 Serverless 应用程序中涉及的步骤 / 状态和工作流程。
- 定义每个步骤中涉及的函数。
- 定义哪个事件或事件组合触发一个或多个函数。
- 定义在触发多个函数时如何安排这些函数依次执行还是并行执行。
- 指定如何在函数或状态之间过滤信息和传递事件。
- 定义在哪种错误状态下需要重试。
- 如果函数是由两个或多个事件触发的，则定义应使用什么标签 / 键将那些事件与相同的函数工作流实例相关联。

　　如图 1-11 所示是涉及事件和函数的函数工作流的示例。使用这样的函数工作流，用户可以轻松指定事件与函数之间的交互以及如何在工作流程中传递信息。

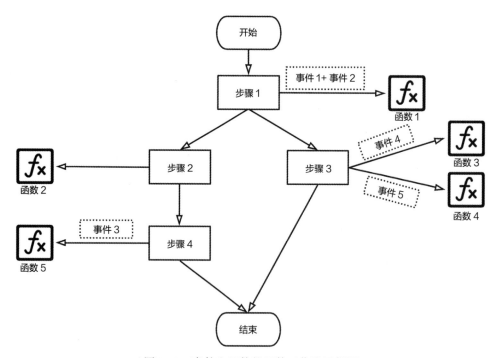

图 1-11　事件和函数的函数工作流示例图

　　使用函数工作流，用户可以定义集合点（状态）以等待预定义的事件，然后再执行一个或多个函数并继续执行函数工作流。

（2）Workflow 模型

可以将函数工作流（Function Workflow）视为状态的集合以及这些状态之间的转换和分支，并且每个状态可以具有关联的事件和 / 或功能。函数工作流可以从 CLI 命令调用，也可以在事件从事件源到达时动态触发。来自事件源的事件也可能与函数工作流中的特定状态相关联。函数工作流中的这些状态将等待一个或多个事件源中的一个或多个事件到达，然后再执行其关联的操作并进入下一个状态。其他工作流程功能包括：

- 函数的结果可用于启动重试操作或确定下一个要执行的函数或要转换到的状态。
- 函数工作流提供了一种在事件处理过程中对 JSON 事件有效负载进行过滤和转换的方法。
- 函数工作流为应用程序开发人员提供了一种在事件中指定唯一字段的方法，该字段可用于将事件源中的事件关联到同一函数工作流实例。

可以很自然地将函数工作流建模为状态机。以下是函数工作流的定义 / 规范提供的状态列表。工作流的规范称为工作流程模板。工作流模板的实例称为工作流实例（Workflow Instance）。

- **Event State（事件状态）**：用于等待事件源中的事件，然后调用一个或多个函数以顺序或并行运行。
- **Operation State（操作状态）**：允许一个或多个函数按顺序或并行运行，而无须等待任何事件。
- **Switch State（切换状态）**：允许转换到其他多个状态（例如，不同的函数导致前一个状态触发分支 / 转换到不同的下一个状态）。
- **Delay State（延迟状态）**：使工作流执行延迟指定的持续时间或直到指定的时间 / 日期。
- **End State（结束状态）**：失败 / 成功终止工作流。
- **Parallel State（并行状态）**：允许多个状态并行执行。

函数工作流由工作流规范描述。

（3）工作流规范

函数工作流规范定义了函数工作流的行为和操作。函数工作流规范结构应允许用户定义事件到达触发的执行函数。它应具有足够的灵活性，以涵盖从单个函数的简单调用到涉及多个函数和多个事件的复杂应用程序和各种微服务应用程序。

从高层看，函数工作流规范包括两部分：触发器定义（trigger definition）和状态定义（state definition）。

```
{
    "trigger-defs" : [],
    "states": []
}
```

trigger-defs 数组（仅在存在与工作流关联的事件时才需要）是与函数工作流关联的事件触发器的数组。如果应用程序工作流中涉及多个事件，则必须在该事件触发器中指定一个用于将事件与同一工作流实例的其他事件相关联的关联令牌（correlation-token）。状态数组（必需）是与函数工作流相关联的状态数组。下面是 JSON 格式的函数工作流示例，其中涉及事件状态和该事件状态的触发器：

```
{
    "trigger-defs":[
        {
            "name":"OBS-EVENT",
            "source":"CloudEvent source",
            "eventID":"CloudEvent eventID",
            "correlation-token":"A path string to an identification label field
                in the event message"
        },
        {
            "name":"TIMER-EVENT",
            "source":"CloudEvent source",
            "eventID":"CloudEvent eventID",
            "correlation-token":"A path string to an identification label field
                in the event message"
        }
    ],
    "states":[
        {
            "name":"STATE-OBS",
            "start":true,
            "type":"EVENT",
            "events":[
                {
                    "event-expression":"boolean expression 1 of triggering events",
                    "action-mode":"Sequential or Parallel",
                    "actions":[
                        {
                            "function":"function name 1"
                        },
                        {
                            "function":"function name 2"
                        }
                    ],
                    "next-state":"STATE-END"
                },
                {
                    "event-expression":"boolean expression 2 of triggering events",
                    "action-mode":"Sequential or Parallel",
                    "actions":[
                        {
                            "function":"function name 3"
                        },
```

```
                        {
                            "function":"function name 4"
                        }
                    ],
                    "next-state":"STATE-END"
                }
                ]
        },
        {
            "name":"SATATE-END",
            "type":"END"
        }
    ]
}
```

以下是带有操作状态的函数工作流的另一个示例：

```
{
    "states":[
        {
            "name":"STATE-ALARM-NOTIFY",
            "start":true,
            "type":"OPERATION",
            "action-mode":"Sequential or Parallel",
            "actions":[
                {
                    "function":"function name 1"
                },
                {
                    "function":"function name 2"
                }
            ],
            "next-state":"STATE-END"
        }
    ]
}
```

（4）触发器定义

trigger-defs 数组由一个或多个事件触发器组成。以 JSON 格式定义的事件触发器示例如下：

```
{
    "trigger-defs":[
        {
            "name":"EVENT-NAME",
            "source":"CloudEvent source",
            "eventID":"CloudEvent eventID",
            "correlation-token":"A path string to an identification label field
                in the event message"
        }
    ]
}
```

（5）动作定义 {#action-definition}

下面是 JSON 格式的定义。

```json
{
    "actions":[
        {
            "function":"FUNCTION-NAME",
            "timeout":"TIMEOUT-VALUE",
            "retry":[
                {
                    "match":"RESULT-VALUE",
                    "retry-interval":"INTERVAL-VALUE",
                    "max-retry":"MAX-RETRY",
                    "next-state":"STATE-NAME"
                }
            ]
        }
    ]
}
```

- function：指定调用的函数。
- timeout：从请求发送给函数开始计时，等待函数指定完成的时间，单位为秒，必须为正整数。
- retry：重试策略。
- match：匹配的结果值。
- retry-interval 和 max-retry：当出现错误时使用。
- next-state：当超过 max-retry 限制后到转移到下一个状态。

（6）状态定义

1）**事件状态（Event State）**。

```json
{
    "states":[
        {
            "name":"STATE-NAME",
            "type":"EVENT",
            "start":true,
            "events":[
                {
                    "event-expression":"EVENTS-EXPRESSION",
                    "timeout":"TIMEOUT-VALUE",
                    "action-mode":"ACTION-MODE",
                    "actions":[
                    ],
                    "next-state":"STATE-NAME"
                }
            ]
        }
```

```
    ]
}
```

事件状态必须将 type 值指定为 EVENT。

- start：是否为起始状态。可选的字段，默认为 false。
- events：与该事件状态相关的事件数组。
- event-expression：这是一个布尔表达式，由一个或多个事件操作数和布尔运算符组成。EVENTS-EXPRESSION 可以是 Event1 or Event2。到达并匹配 EVENTS-EXPRESSION 的第一个事件将导致执行此状态的所有操作，然后转换到下一个状态。
- timeout：指定在 EVENTS-EXPRESSION 中等待事件的时间段。如果事件不在超时时间内发生，则工作流将转换为结束状态。
- action-mode：指定函数是顺序执行还是并行执行，并且可以是 SEQUENTIAL 或 PARALLEL。
- next-state：指定在成功执行所有匹配事件的操作之后要转换到的下一个状态的名称。

2）**操作状态**（Operation State）。

```
{
    "states":[
        {
            "name":"STATE-NAME",
            "type":"OPERATION",
            "start":true,
            "action-mode":"ACTION-MODE",
            "actions":[
            ],
            "next-state":"STATE-NAME"
        }
    ]
}
```

- action-mode：指定函数是顺序执行还是并行执行，并且可以是 SEQUENTIAL 或 PARALLEL。
- actions：由一系列动作构成的列表，指定接收到与事件表达式匹配的事件时要执行的函数的列表。
- next-state：指定在成功执行所有匹配事件的操作之后要转换到的下一个状态的名称。

3）**分支状态**（Switch State）。

```
{
    "states":[
        {
            "name":"STATE-NAME",
            "type":"SWITCH",
            "start":true,
            "choices":[
```

```
            {
                "path":"PAYLOAD-PATH",
                "value":"VALUE",
                "operator":"COMPARISON-OPERATOR",
                "next-state":"STATE-NAME"
            },
            {
                "Not":{
                    "path":"PAYLOAD-PATH",
                    "value":"VALUE",
                    "operator":"COMPARISON-OPERATOR"
                },
                "next-state":"STATE-NAME"
            },
            {
                "And":[
                    {
                        "path":"PAYLOAD-PATH",
                        "value":"VALUE",
                        "operator":"COMPARISON-OPERATOR"
                    },
                    {
                        "path":"PAYLOAD-PATH",
                        "value":"VALUE",
                        "operator":"COMPARISON-OPERATOR"
                    }
                ],
                "next-state":"STATE-NAME"
            },
            {
                "Or":[
                    {
                        "path":"PAYLOAD-PATH",
                        "value":"VALUE",
                        "operator":"COMPARISON-OPERATOR"
                    },
                    {
                        "path":"PAYLOAD-PATH",
                        "value":"VALUE",
                        "operator":"COMPARISON-OPERATOR"
                    }
                ],
                "next-state":"STATE-NAME"
            }
        ],
        "default":"STATE-NAME"
    }
  ]
}
```

- choices：针对输入数据定义了一个有序的匹配规则集，以使数据进入此状态，并为每个匹配项转换为下一个状态。

- path：JSON Path，用于选择要匹配的输入数据的值。
- value：匹配值。
- operator：指定如何将输入数据与值进行比较，例如"EQ""LT""LTEQ""GT""GTEQ" "StrEQ""StrLT""StrLTEQ""StrGT""StrGTEQ"。
- next-state：指定在存在值匹配时要转换到的下一个状态的名称。
- Not：必须是单个匹配规则，且不得包含 next-state 字段。
- And 和 Or：必须是匹配规则的非空数组，它们本身不能包含 next-state 字段。
- default：如果任何选择值都不匹配，则 default 字段将指定下一个状态的名称。
- next-state：评估的顺序是从上到下，如果发生匹配，请转到 next-state，并忽略其余 条件。

4）延迟状态（Delay State）。

```
{
    "states":[
        {
            "name":"STATE-NAME",
            "type":"DELAY",
            "start":true,
            "time-delay":"TIME-VALUE",
            "next-state":"STATE-NAME"
        }
    ]
}
```

- time-delay：指定时间延迟。TIME-VALUE 是在此状态下延迟的时间（以秒为单位）， 必须是正整数。
- next-state：指定要转换到的下一个状态的名称。STATE-NAME 在函数工作流中必 须是有效的 State 名称。

5）结束状态（End State）。

```
{
    "states": [
        {
            "name": "STATE-NAME",
            "type": "END",
            "status": "STATUS"
        }
    ]
}
```

- status：该字段必须为 SUCCESS 或 FAILURE，表示工作流结束。

6）并行状态（Parallel State）。

并行状态由多个并行执行的状态组成。并行状态具有多个同时执行的分支。每个分支都有一个状态列表，其中一个状态为开始状态。每个分支继续执行，直到达到该分支内没有下一个状态的状态为止。当所有分支都执行完成后，并行状态将转换为下一个状态。本质上，这是在并行状态内嵌套一组状态。

并行状态由状态类型 PARALLEL 定义，并包括一组并行分支，每个分支都有自己的独立状态。每个分支都接收并行状态的输入数据的副本。除 END 状态外，任何类型的状态都可以在分支中使用。

分支内状态的 next-state 转换只能是到该分支内的其他状态。另外，并行状态之外的状态不能转换到并行状态的分支内的状态。

并行状态会生成一个输出数组，其中每个元素都是分支的输出。输出数组的元素不必是同一类型。

```
{
    "states":[
        {
            "name":"STATE-NAME",
            "type":"PARALLEL",
            "start": true,
            "branches":[
                {
                    "name":"BRANCH-NAME1",
                    "states":[
                    ]
                },
                {
                    "name":"BRANCH-NAME2",
                    "states":[
                    ]
                }
            ],
            "next-state":"STATE-NAME"
        }
    ]
}
```

- branch：同时执行的分支的列表。每个命名分支都有一个 states 列表。分支内每个状态的 next-state 字段必须是该分支内的有效状态名称，或者不存在以指示该状态终止该分支的执行。分支执行从分支内具有 "start": true 的状态开始。
- next-state：指定在所有分支完成执行之后要转换到的下一个状态的名称。STATE-NAME 在函数工作流中，必须是有效的状态名，但不能是已处于并行状态中的状态。

（7）信息传递

如图 1-12 显示了函数工作流的数据流，该函数工作流包括调用两个函数的事件状态。来自一个状态的输出数据作为输入数据传递到下一状态。过滤器用于过滤和转换进入和退出每个状态时的数据。从工作流中的 Operation State 调用时，来自先前状态的输入数据可能会传递到 Serverless 函数。

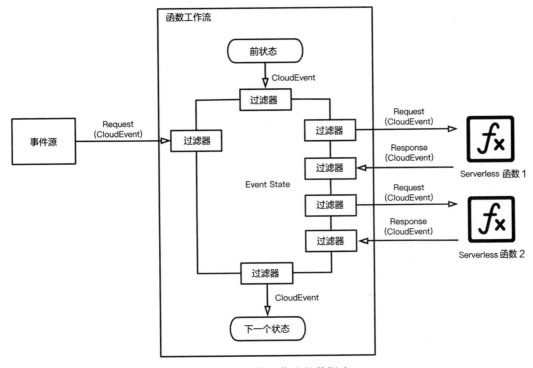

图 1-12 函数工作流的数据流 1

来自 Serverless 函数的响应中包含的数据将作为输出数据发送到下一个状态。如果状态（Operation State 或 Event State）包括一系列顺序操作，则将过滤来自一个 Serverless 函数的响应中包含的数据，然后在请求中将其发送给下一个函数。

在 Event State 下，在将请求从事件源接收到的 CloudEvent 元数据传递到 Serverless 函数之前，可以对其进行转换并将其与从先前状态接收到的数据进行组合。

同样，在从 Serverless 函数的响应中接收到的 CloudEvent 元数据可以转换并与从先前状态接收到的数据组合，然后再在发送到事件源的响应中进行传递。

在某些情况下，诸如 API 网关之类的事件源希望收到工作流的响应。在这种情况下，可以将从 Serverless 函数的响应中接收到的 CloudEvent 元数据进行转换，并与从先前状态接收到的数据进行组合，然后再将其在发送到事件源的响应中进行传递，如图 1-13 所示。

（8）过滤器机制

状态机维护一个隐式 JSON 数据，该数据可以从每个过滤器作为 JSONPath 表达式 $ 进行访问。过滤器共有三种。

- **事件过滤器**（Event Filter）。
  - 当数据从事件传递到当前状态时调用。

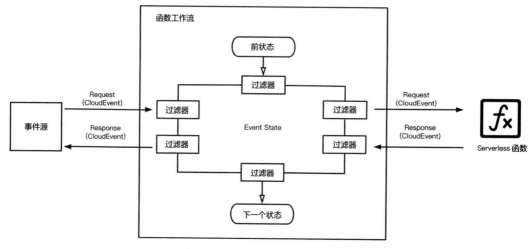

图 1-13　函数工作流的数据流 2

- **状态过滤器**（State Filter）。
  - 当数据从先前状态传递到当前状态时调用；
  - 当数据从当前状态传递到下一个状态时调用。
- **动作过滤器**（Action 是指定义 Serverless 函数的动作定义）。
  - 当数据从当前状态传递到第一个操作时调用；
  - 当数据从一个动作传递到另一个动作时调用；
  - 当数据从最后一个动作传递到当前状态时调用。

每个过滤器都有三种路径过滤器：

- InputPath。
  - 选择事件、状态或操作的输入数据作为 JSONPath 默认值为 $。
- ResultPath。
  - 将 Action 输出的结果 JSON 节点指定为 JSONPath；
  - 默认值为 $。
- OutputPath。
  - 将 State 或 Action 的输出数据指定为 JSONPath；
  - 默认值为 $。

（9）错误

状态机在运行时返回以下预定义的错误代码。通常，它在动作定义的 retry 字段中使用。

- SYS.Timeout；
- SYS.Fail；
- SYS.MatchAny；
- SYS.Permission；

- SYS.InvalidParameter；
- SYS.FilterError。

1.3　Serverless 的特点

1.3.1　优势与特点

前面已经说过，在云计算发展的过程中，从 IaaS 到 PaaS 再到 SaaS 的过程中，去服务器化已越来越明显。

到了 Serverless 架构，去服务器化已经上升到了一个新的高度。所谓无服务器，不是说脱离了服务器或者说不需要服务器，而是指去除有关对服务器运行状态的关心和担心。另外，Serverless 架构也一直在演进，如图 1-14 所示。

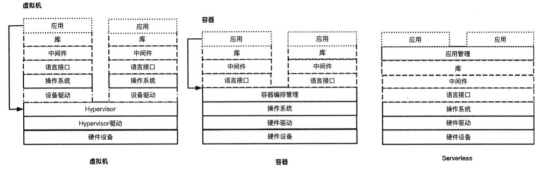

图 1-14　虚拟机、容器、Serverless 架构演进简图

单体架构时代的应用比较简单，应用的整体部署、业务的迭代更新，物理服务器的资源利用效率足以支撑业务的部署。随着业务的复杂程度飙升，功能模块复杂且庞大，单体架构严重阻塞了开发部署的效率，业务功能解耦，单独模块可并行开发部署的微服务架构逐渐流行开来，业务的精细化管理不可避免地推动着基础资源利用率的提升。虚拟化技术打通了物理资源的隔阂，减轻了用户管理基础架构的负担。容器 /PaaS 平台则进一步抽象，提供了应用的依赖服务、运行环境和底层所需的计算资源，这使得应用的开发、部署和运维的整体效率再度提升。Serverless 架构技术则将计算抽象得更加彻底，将应用架构栈中的各类资源的管理全部委托给平台，免去基础设施的运维，使用户能够聚焦高价值的业务领域。而整个过程，实际上就是在诉求或者技术驱动下向 Serverless 演进。在伯克利团队发表的 "Cloud Programming Simplified: A Berkeley View on Serverless Computing" 一文中针对 Serverful 和 Serverless 也进行了比较详细的总结。

- 弱化了存储和计算之间的联系。服务的存储和计算被分开部署和收费，存储不再是服务本身的一部分，而是演变成了独立的云服务，这使得计算变得无状态化，更容易调度和扩缩容，同时也降低了数据丢失的风险。
- 代码的执行不再需要手动分配资源。不需要为服务的运行指定需要的资源（比如使用几台机器、多大的带宽、多大的磁盘等），只需要提供一份代码，剩下的交由 Serverless 平台去处理就行了。当前阶段实现平台分配资源时还需要用户方提供一些策略，例如单个实例的规格和最大并发数、单实例的最大 CPU 使用率。理想的情况是通过某些学习算法来进行完全自动的自适应分配。

- 按使用量计费。Serverless 按照服务的使用量（调用次数、时长等）计费，而不是像传统的 Serverful 服务那样，按照使用的资源（ECS 实例、VM 的规格等）计费。

Serverless 架构的优点主要包括降低运营成本、降低开发成本以及拥有优秀的扩展能力，更简单的管理以及符合"绿色"计算的思想。

在使用传统服务器时可以发现，服务器每时每刻的用户量是不同的，资源使用率也是不同的，可能白天资源使用率比较合理，夜间的时候就会出现大量的资源闲置问题。按照《福布斯》杂志的统计，在商业和企业数据中心的典型服务器仅提供 5% ～ 15% 的平均最大处理能力的输出。这无疑是一种资源的巨大浪费。而 Serverless 架构的出现，则可以让用户委托服务提供商管理服务器、数据库和应用程序甚至逻辑，这样一方面减少了用户自己维护的麻烦，另一方面用户可以根据自己实际使用函数的粒度进行成本的支付。对于服务商而言，他们可以将更多的闲置资源进行额外的处理，这从成本的角度、"绿色"计算的角度来说，都是非常不错的。

如图 1-15 所示，对于用户和开发者而言，Serverless 架构有降低人力成本、降低风险、减少资源开销、增加缩放灵活性、缩短创新周期等优点，使用 Serverless 架构，用户不需要自己维护服务器，也不需要自己操心服务器的各种性能指标和资源利用率，而是可以付出更多的时间和精力去关心和关注应用程序本身的状态和逻辑。同时 Serverless 应用本身的部署十分容易，只要上传基本的代码即可，例如 Python 程序只需要上传其逻辑与依赖包，C/C++、Go 等语言只需上传其二进制文件，Java 只需要上传其 Jar 包等，无须使用 Puppet、Chef、Ansible 或 Docker 来进行配置管理，这大大降低了运维成本。对于运维来说，Serverless 架构

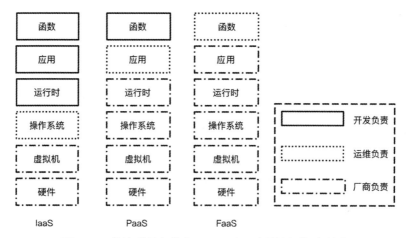

图 1-15　传统项目上线和 Serverless 下项目上线对比图

也不再需要监控底层的数据，例如磁盘使用量、CPU 使用率等，可以更加专注地将监控目光放到监控应用程序本身的度量。同时在 Serverless 架构下，运维人员的工作角色会有所转变，部署将更加自动化，监控将更加面向应用程序本身。

在降低风险层面，组件越多、结构越复杂，系统出故障的风险就越大。而在 Serverless 架构中，很多模块都可以托管给服务商，例如存储系统、API 网关系统等，那些以前要自己维护的触发模块、路由模块、存储模块也不再直接维护，如果出现问题，可以交给服务商来处理，让服务商的专业人员来处理有时候比自己来处理更可靠，利用专业人员的知识来降低停机的风险，缩短故障修复的时间，可以让系统的稳定性更高。当然，这一点也充分说明找到一个专业的服务商是非常有必要的。

亚马逊 AWS 首席云计算技术顾问费良宏曾说：今天大多数公司在开发应用程序并将其部署在服务器上的时候，无论是选择公有云还是私有的数据中心，都需要提前了解究竟需要多少台服务器、多大容量的存储和什么样的数据库功能等，并需要部署运行应用程序和依赖的软件到基础设施之上。假设不想在这些细节上花费精力，是否有一种简单的架构模型能够满足这种想法？这个答案已经存在，这就是今天软件架构世界中新鲜且热门的一个话题——Serverless 架构。确实如此，在传统项目上线过程中，需要申请主机资源，这时候一般会非常花时间和精力去评估一个峰值最大开销来申请资源，即使某些服务按照最大消耗去申请资源，也要有专人在不同时间段进行资源的扩容或缩容，以达到保障业务稳定且降低成本的效果；而对于另一些服务来说，有些时候申请的资源还需要在最大开销基础上评估，即使可能出现很多流量波谷，并产生大量的资源浪费，也不得不这样去做，比如数据库这种很难扩展的应用就是"尽管很多时候都觉得浪费资源也比当峰值到来时应用程序因为资源不足而无法服务好"。正如费良宏所说，在 Serverless 架构下，这个问题得到了比较好的解决，不计划到底需要使用多少资源，而是根据实际需要来请求资源；根据使用时间来付费，根据每次申请的计算资源来付费，让计费的粒度更小，将更有利于降低资源的开销。这是对应用程序本身的优化，例如让每次请求耗时更短，让每次消耗的资源更少，能够显著节省成本。

CNCF 也对 Serverless 架构的优点进行了总结，认为 Serverless 架构拥有零服务器运维和空闲时无计算成本两个优点，其中零服务器运维指不需要配置、更新和管理服务器基础架构，并具有灵活的可扩展性。

综上所述，Serverless 架构的优势非常明显。

- 降本提效。云厂商为使用者提供服务器的管理和运维工作，为使用者提供数据库、对象存储等 BaaS 服务，让用户将更多的注意力放在自身的业务逻辑上，提升研发效率，缩短项目的创新周期。同时 Serverless 的使用者不用担心服务器运维、基础设施运维等工作，更不用承担相应的成本等。Serverless 架构提供了较为完善、全面的按量付费模型，使用者只需按照自己实际使用的资源量付费即可。

- 安全、方便、可靠。把更专业的事情交给更专业的人去做，Serverless 架构将更多服务器运维、安全相关的事情交给云厂商来做，大规模提升项目整体的安全性。

Serverless 架构明显比其他架构更简单，因为更多的 BaaS 服务都是云厂商提供的，使用者将会管理更少的组件，这意味着 Serverless 的使用者可以更简单更方便地管理项目。另外，Serverless 架构拥有弹性能力，即自动伸缩的能力，让项目在流量增加的时候可自动扩容，在流量降低的时候可自动缩容，进而保证整个业务的安全、稳定。

1.3.2 面临的挑战

当然，事物并没有十全十美的，Serverless 架构也不例外，在 Serverless 架构为使用者提供全新的编程范式的同时，当用户在享受 Serverless 带来的第一波技术红利的时候，Serverless 的缺点也逐渐地暴露了出来，例如函数的冷启动问题，就是如今颇为严峻且备受关注的问题。

由于 Serverless 架构具有弹性伸缩的能力，Serverless 服务的供应商会根据用户服务的流量波动进行实例的增加或缩减，其示意图如图 1-16 所示。

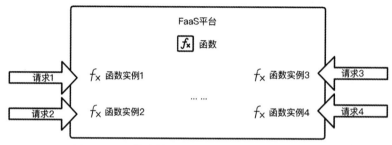

图 1-16　函数计算根据流量进行函数扩缩示意图

以阿里云函数计算为例，当系统接收到第一个触发函数的事件时，它将启动一个容器来运行代码。如果此时收到了新的事件，而第一个容器仍在处理上一个事件，平台将启动第二个代码实例来处理第二个事件，Serverless 架构的这种自动的零管理水平缩放，将持续到有足够的代码实例来处理所有的工作负载为止。当然，不仅仅是并发情况下会比较容易触发函数冷启动，在函数的前后两次触发时间间隔超过了实例释放时间的阈值时，也会触发函数的冷启动，如图 1-17 所示。

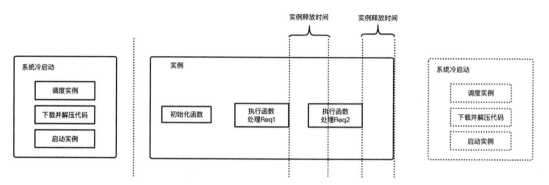

图 1-17　函数冷启动产生示意图

然而这里就涉及一个问题，当新的请求或者说是事件到来时，在广义上可能出现以下两种情况。

- 存在空闲且可以直接复用的实例：热启动。
- 不存在空闲且可以直接复用的实例：冷启动。

在本地执行一个函数，通常情况下是环境都已经准备妥当，每次执行只需要执行函数对应的方法即可，但是 Serverless 架构下并不是，本地与 FaaS 的函数调用区别示意图如图 1-18 所示。

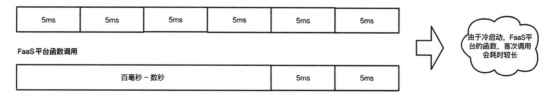

图 1-18　本地与 FaaS 的函数调用区别示意图

在 Serverless 架构下，开发者提交代码之后，通常情况下，代码只会被持久化，并不会为其准备执行环境，所以当函数第一次被触发时会有一个比较漫长的准备环境的过程，这个过程包括把网络的环境全部打通、将所需的文件和代码等资源准备好，这个从准备环境开始到函数被执行的过程被称为函数的冷启动。

New Relic 网站上曾发表过一篇研究 AWS Lambda 冷启动时间的文章，其分析图如图 1-19 所示。

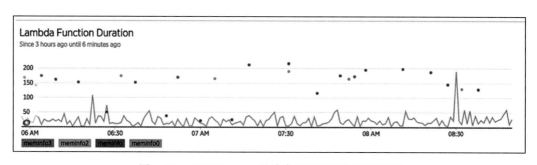

图 1-19　AWS Lambda 的冷启动时间研究和分析图

研究结果表明，当对 AWS Lambda 发起请求时，大部分的请求都落在了 50ms 以内，但还是有很多请求超过 100ms 甚至是 150ms，这也充分说明了冷启动的存在。不同厂商对于冷启动的优化程度是不同的，曾有人对 AWS Lambda、Azure Function 以及 Google Cloud Function 三个工业级的 Serverless 架构产品进行过冷启动测试，并将函数启动划分成四个部分，如图 1-20 所示。

函数冷启动

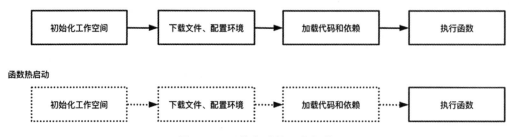

图 1-20 函数启动的四个部分

通过这四个部分,其实可以简单地区分出冷启动和热启动的区别。冷启动包括准备环境的过程,就是当请求或者事件到来但没有可复用的实例资源时,系统将会初始化环境,包括网络环境、实例资源等,之后进行一些文件的下载、系统配置,然后再装载代码和一些依赖,最后执行代码。而热启动流程更短,它更多出现在厂商完成了实例的预热或实例的复用的情况下,相对冷启动而言,它的环境、配置、代码都是准备好的,只需要执行代码即可。通常情况下,热启动都是毫秒级启动,而冷启动可能是百毫秒级、秒级。不仅不同厂商对于冷启动的优化程度不同,同一厂商对不同语言的冷启动优化、对同一种语言下不同依赖的优化都是不同的,这也充分说明各厂商也在通过一些规则和策略努力降低冷启动率。

如图 1-21 所示,通常情况下,冷启动的解决方案包括几个部分:实例复用、实例预热以及资源池化。

从资源复用层面来说,对实例的复用相对来说比较重要,一个实例并不是在触发完成之后就结束其生命周期,而是会继续保留一段时间。在这段时间内如果函数再次被触发,那么可以优先分配该实例来完成相应的触发请求。在这种情况下可以认为函数的所有资源是准备妥当的,只需要再执行对应的方法即可,所以实例复用是大多数厂商都会采取的一个降低冷启动率的措施。在实例资源复用的方案中,实例静默状态下要被保留多久取决于厂商对

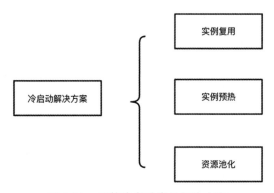

图 1-21 函数冷启动常见解决方案

成本的考量。保留时间过短会导致请求出现较为严重的冷启动问题,影响用户体验;实例长期不被释放则很难被合理地利用起来,会大幅度提高平台整体成本。

从预热层面来说,解决函数冷启动问题可以通过某些手段判断用户的函数在下一个时间段可能需要多少实例,并且进行实例资源的提前准备。函数预热的方案是大部分云厂商所重视并不断深入探索的方向,常见的预热方案如图 1-22 所示。

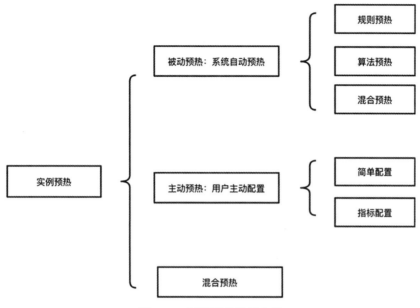

图 1-22　函数预热常见方案

1）被动预热通常指的是非用户主动行为预热，是系统自动预热函数的行为，主要包括规则预热、算法预热以及混合预热，所谓的规则预热是指设定一个实例数量范围（例如每个函数同一时间点最低 0 个实例，最多 300 个实例），然后通过一个或几个比例关系进行函数下一时间段的实例数量的扩缩。例如设定某个比例为 1.3 倍，当前实例数量为 110，实际活跃实例数量为 100，那么实际活跃数量乘以所设定的比例的结果为 130 个实例，与当前实际存在时 110 个实例相比需要额外扩容 20 个实例，那么系统就会自动将实例数量从 110 个提升到 130 个。这种做法在实例数量较多和较少的情况下会出现阔缩数量过大或过小的问题（所以有部分厂商引入不同实例范围内采用不同的比例来解决这个问题），在流量波动较频繁且波峰波谷相差较大的时候，该方案会出现预热滞后的问题。算法预热实际上是根据函数之间的关系、函数的历史特征进行，通过深度学习等算法进行下一时间段的实例的扩缩操作，但是在实际生产过程中，环境是非常复杂的，对流量进行一个较为精确的预测非常困难，所以算法预测的方案是很多人在探索但却迟迟没有落地的一个重要原因。还有一种方案是混合预热，即将规则预热与算法预热进行一个权重划分，共同预测下一时间段的实例数量，并提前决定扩缩行为和扩缩数量等。

2）主动预热通常指的是用户主动进行预热的行为。由于被动预热在复杂环境下的不准确性，所以很多云厂商提供了用户手动预留的能力，目前来说主要分为简单配置和指标配置两种。所谓的简单配置就是设定预留的实例数量，或者某个时间范围内的预留实例数量，所预留的实例将会一直保持存活状态，不会被释放掉。另一种是指标配置，即在简单配置基础上，可以增加一些指标，例如当前预留的空闲容器数量小于某个值时进行某个规律的扩容，反之进行某个规律的缩容等。通常情况下，用户主动预留模式比较适用于有计划的活动，例如某平台在双十一期间要进行促销活动，那么可以设定双十一期间的预留资源以保证高并发下系统良好的稳定性和优秀的响应速度，通常情况下主动预留可能会产生额外的费用。

3）混合预热，即将被动预热和主动预热按照一个权重关系进行结合。如果用户配置了主动预热规则，就执行主动预热规则，辅助被动预热规则；如果用户没有配置主动预热规则，就使用默认的被动预热规则。

最后一种解决冷启动问题的方法是资源池化，但是通常情况下这种所谓的资源池化带来的效果可能不是热启动，可能是温启动。所谓的温启动是指实例所需要的相关资源已经提前准备了，但是并没有完全准备好的情况。所谓的池化就是在实例从零到一的过程中所进行的每一步准备工作，如图 1-23 所示。

图 1-23　函数池化程度示意图

池化的好处是可以降低实例启动的链路出现完全冷启动的概率，例如 VPC 层面的池化，可以避免底层资源准备时产生的时间消耗，让启动速度更快。同时池化也可以更加灵活地面对更多情况，例如在运行时层面的池化，可以将池化的实例分配给不同的函数，不同函数被触发的时候，可以优先使用池化资源，达到更快的启动速度。当然池化也是一门学问，例如池化的资源规格、运行时的种类、池化的数量以及资源的分配和调度等。

通常情况下，在冷启动的过程中，比较耗时的环节包括网络资源的打通、实例的底层资源的准备以及运行时等准备。除此之外，对一个实例冷启动有一定影响的还有代码包的大小，过大的代码包可能会导致下载代码时间变长，进一步导致冷启动现象严重。

除了冷启动之外，Serverless 架构还存在着厂商锁定等比较严重的问题。厂商锁定问题是很多人非常在意的，由于函数计算需要依靠事件触发，所以事件源以及函数本身与事件源规约的数据结构就显得格外重要。以对象存储为例，对象存储与函数计算所规约的数据结构，不同厂商的数据格式就是不同的。

这就意味着业务逻辑可能需要针对不同厂商进行适配，除此之外很多事件源是不能跨运营商触发的，所以这对业务迁移、多云部署等操作实际上是有一定影响的。

除了厂商锁定之外，Serverless 目前缺少完备的开发者工具，这也是比较大的问题，会在不同程度上影响函数的调试和部署、依赖的安装、相关日志的查看以及函数资源的管理。为了改善这个问题，目前各个云厂商都在针对自身产品的特点建立自己的工具链体系，例如 AWS Lambda 的 SAM、阿里云函数计算的 Funcraft 等。当然，除了各个厂商自己针对自身所推出的开发者工具，也有一些通用性比较强的多云 Serverless 开发者工具，例如阿里云开源的 Serverless Devs 等。

综上所述，Serverless 架构拥有诸多优点，也面临一些困难和挑战，包括但不限于函数冷启动问题严重、开发工具不完善、厂商锁定严重等问题。Serverless 架构虽然已出现了很多年，但是真正步入"元年"并得以快速发展的时间其实还是比较短的，但不可否认的是，近些年 Serverless 架构的热度在持续上升，人们对它寄予厚望，各个厂商对其投入也非常大，目前所遇到的问题也都是短暂的，Serverless 架构会朝着更好用、更易用的方向不断演进。

1.4　典型应用场景

Serverless 架构自提出到现在经过若干年的发展，已经在很多领域中有着非常多的最佳实践。但是 Serverless 自身也有局限性，由于其无状态、轻量化等特性，Serverless 在一部分场景下可以有非常优秀的表现，但是在另外一些场景下可能表现得并不理想。CNCF 总结的 Serverless 架构所适合的用户场景如下。

- 异步并发，组件可独立部署和扩展。
- 突发或服务使用量不可预测。
- 短暂、无状态的应用，对冷启动时间不敏感。
- 需要快速开发迭代。

CNCF 还列举了 Serverless 架构可以更好支持的领域。

- 响应数据库更改（插入、更新、触发、删除）的执行逻辑；
- 对物联网传感器输入消息（如 MQTT 消息）进行分析；
- 处理流处理（分析或修改动态数据）；
- 管理单次提取、转换和存储需要在短时间内进行大量处理（ETL）；
- 通过聊天机器人界面提供认知计算（异步）；
- 调度短时间内执行的任务，例如 CRON 或批处理的调用；
- 机器学习和人工智能模型；
- 持续集成管道，按需为构建作业提供资源，而不是保持一个构建从主机池等待作业分派的任务。

CNCF 基于 Serverless 架构的特点，从理论上描述了 Serverless 架构适合的场景或业务。云厂商则会站在自身的业务角度来描述 Serverless 架构的典型场景。不同云厂商描述的典型场景虽然可能有所不同，但是实际上整体思路或类型是类似的，如表 1-1 所示。

表 1-1　不同云厂商 / 产品所提供的典型场景表

云厂商	产　品	典型场景举例
AWS	LAMBDA	- 实时文件处理 - 实时流处理 - 机器学习 - IoT 后端 - 移动应用后端 - Web 应用程序

（续）

云厂商	产　品	典型场景举例
阿里云	函数计算	● Web 应用 ● 实时数据处理 ● AI 推理 ● 视频转码
华为云	函数工作流	● 实时文件处理 ● 实时数据流处理 ● Web/ 移动应用后端 ● 人工智能场景
腾讯云	云函数	● 实时文件处理 ● 数据 ETL 处理 ● 移动及 Web 应用后端 ● AI 推理预测

1.4.1 实时文件处理

视频应用、社交应用等场景下，用户上传的图片、音视频往往总量大、频率高，对处理系统的实时性和并发能力都有较高的要求。例如，对于用户上传的图片，可以使用多个函数对其分别处理，包括图片的压缩、格式转换、鉴黄鉴恐等，以满足不同场景下的需求，如图 1-24 所示。

图 1-24　实时文件处理示例

1.4.2 数据 ETL 处理

通常要对大数据进行处理，需要搭建 Hadoop 或 Spark 等相关大数据的框架，同时要有一个处理数据的集群。通过 Serverless 技术，只需要将获得的数据不断存储到对象存储，并且通过对象存储相关触发器触发数据拆分函数进行相关数据或任务的拆分，然后再调用相关处理函数，处理完成之后，存储到云数据库中。函数计算近乎无限扩容的能力可以使用户轻松地进行大容量数据的计算。利用 Serverless 架构可以对源数据并发执行多个 mapper 和 reducer 函数，在短时间内完成工作，整个流程可以简化为如图 1-25 所示。相比传统的工作方式，使用 Serverless 架构更能避免资源的闲置浪费，从而节省成本。

1.4.3 实时数据处理

基于 Serverless 架构所支持的丰富的事件源和事件触发机制，可以通过几行代码和简单的配置对数据进行实时处理，例如对对象存储压缩包进行解压、对日志或数据库中的数据进行清洗、对 MNS 消息进行自定义消费等，如图 1-26 所示。

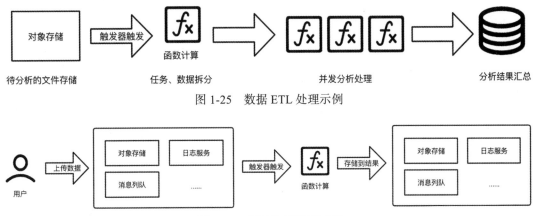

图 1-25　数据 ETL 处理示例

图 1-26　实时数据处理示例

1.4.4　AI 推理预测

AI 模型完成训练后，在对外提供推理服务时，可以使用 Serverless 架构将数据模型包装在调用函数中，在实际用户请求到达时再运行代码。相对于传统的推理预测，这样做的好处是，无论是函数模块、后端的 GPU 服务器，还是对接的其他相关的机器学习服务，都可以按量付费以及自动伸缩，从而在保证性能的同时确保服务的稳定，如图 1-27 所示。

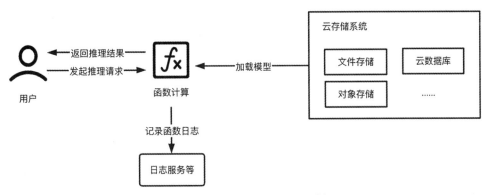

图 1-27　AI 推理预测处理示例

1.4.5　IoT 后端

目前很多厂商都推出了智能音箱产品。用户对智能音箱说话，智能音箱通过互联网将这句话传递给后端服务，然后得到反馈结果并返回给用户。通过 Serverless 架构，可以将 API 网关、云函数以及数据库产品进行结合来替代传统的服务器或者虚拟机等。这样一方面可以确保资源的按量付费，只有在使用的时候，函数部分才会计费，另一方面当用户量增加之后，通过 Serverless 实现的智能音箱系统的后端也会进行弹性伸缩，可以保证用户侧的服务稳定。另外，对其中某个功能进行维护相当于对单个函数进行维护，并不会对主流程产生额外风险，相对来说更安全、更稳定。处理流程示例，如图 1-28 所示。

图 1-28　IoT 后端处理示例

1.4.6　Web 应用 / 移动应用后端

Serverless 架构和云厂商所提供的其他云产品进行结合，开发者能够构建可弹性扩展的移动或 Web 应用程序，轻松创建丰富的无服务器后端，而且这些程序可在多个数据中心高可用运行，无须在可扩展性、备份冗余方面执行任何管理工作。Web 应用后端处理示例如图 1-29 所示。

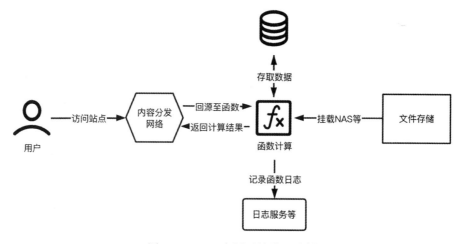

图 1-29　Web 应用后端处理示例

1.4.7　音视频转码

在视频应用、社交应用等场景下，用户会上传一些视频，通常上传的视频会进行一些转码，包括转换为不同的清晰度。Serverless 技术与对象存储相关产品组合后，可利用对象存储相关触发器，即上传者将视频上传到对象存储中，触发 Serverless 架构的计算平台（FaaS 平台）对其进行处理，处理之后将其重新存储到对象存储中，这个时候其他用户就可以选择编码后的视频进行播放，还可以选择不同的清晰度，如图 1-30 所示。

综上所述，Serverless 架构的典型应用场景更多是由 Serverless 架构的特点决定的。当然，随着时间的不断推移，Serverless 架构也在不断演进，特点会更加突出，劣势会被弥补，适合的场景也会更丰富。

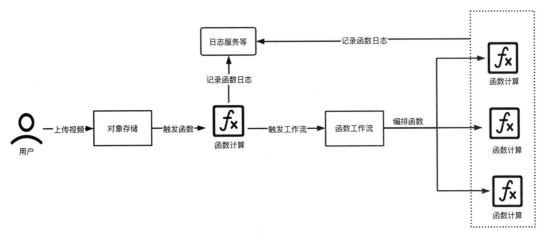

图 1-30　音视频转码处理示例

1.5　未来可期

Serverless 架构的发展飞速，短短几年的时间，Serverless 已经从"鲜为人知"到了"人尽皆知"。大家对 Serverless 的态度褒贬不一，有的人认为 Serverless 架构是未来，是真正的云计算，可以引领云计算的下一个十年；也有的人认为 Serverless 架构会阻碍时代的发展、技术的进步，认为 Serverless 是一种倒退，甚至断言 Serverless 已死。但是无论如何，Serverless 的发展势不可挡。

Serverless、FaaS 这些词的热度，在过去的几年内可以说是发生了翻天覆地的变化。纵观全球市场，有 AWS 带头率先将 Serverless 商业化，后面紧跟着 Azure 和 Google Cloud 的 Serverless 产品版图的建设，包括阿里云、华为云、腾讯云等在内的国内云厂商也争先恐后地布局 Serverless 领域。

在 2020 年的云栖大会上，阿里云研究员叔同断言：与其说 Serverless 是云计算的升华，不如说 Serverless 重新定义了云计算，将成为云时代新的计算范式，引领云的下一个十年。不仅工业界对 Serverless 充满期待，学术界也对 Serverless 寄予厚望。伯克利团队认为，Serverless 将会成为云时代默认的计算范式，将会取代 Serverful 计算，将终结服务器 – 客户端模式。

尽管 Serverless 仍面临一些挑战，但是不可否认，Serverless 确实在不断成长。随着容器、IoT、5G、区块链等技术的快速发展，对去中心化、轻量虚拟化、细粒度计算等技术的需求也愈发强烈，Serverless 必将借势迅速发展。未来 Serverless 将在云计算的舞台上大放异彩！

主流 Serverless 平台和产品

本章分为 2 节，介绍工业 FaaS 平台和开源 FaaS 平台。

2.1 工业 FaaS 平台

自 Serverless 概念被提出，其从不为人知到广为人知经历了数年。在这个过程中有一部分人对 Serverless 架构充满信心和期待，也有一部分人对其持怀疑态度，但是无论如何，Serverless 架构都在飞速发展，并且被更多人所接受，被更多厂商所重视。在 Serverless 架构中，计算服务通常由 FaaS 平台提供。AWS Lambda、Google Cloud Functions、阿里云函数计算等都是有代表性的工业化产品。CNCF 网站上给出了一些工业 FaaS 平台如图 2-1 所示。

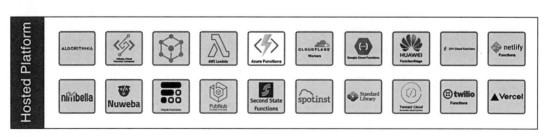

图 2-1　CNCF 列出的 FaaS 平台

2.1.1　AWS Lambda

2014 年，Amazon 发布了 AWS Lambda，使 Serverless 这一范式提高到一个全新的层面，为云中运行的应用程序提供了一种全新的系统体系结构。所以，我们可以认为 AWS

Lambda 在诸多 FaaS 平台中有着里程碑意义。

　　AWS Lambda 是一项无服务器计算服务，可运行代码来响应事件并自动管理底层计算资源。用户可以使用 AWS Lambda 通过自定义逻辑来扩展其他 AWS 服务，或创建按 AWS 规模、性能和安全性运行的后端服务。AWS Lambda 可以自动运行代码来响应多个事件。例如，通过 Amazon API Gateway 发送 HTTP 请求、修改 Amazon S3 存储桶中的对象、更新 Amazon DynamoDB 中的表以及转换 AWS Step Functions 中的状态。Lambda 在可用性高的计算基础设施上运行代码，执行计算资源的所有管理工作，包括服务器和操作系统维护、容量预配置和自动扩展、代码和安全补丁部署、代码监控和记录。通过 AWS Lambda，用户无须预置或管理服务器即可运行代码，在使用过程中只需按使用的计算时间付费（代码未运行时不产生费用）。AWS Lambda 可以为大多应用程序或后端服务运行代码，而且完全无须管理。AWS Lambda 在官网对其产品的特性总结为：用自定义逻辑扩展其他 AWS 服务、构建自定义后端服务、自备代码、完全自动化的管理、内置容错能力、将函数打包和部署为容器镜像、连接到关系数据库、精细的性能控制、连接到共享文件系统、自动扩展、运行代码以响应 Amazon CloudFront 请求、编排多个函数、集成化安全模型、按使用费用、灵活的资源模型、将 Lambda 与您喜欢的操作工具集成。

　　AWS Lambda 的执行机制是 Runtime，目前支持 Go、.Net、Node.js、Python、Ruby 等在内的多种编程语言。相对于其他工业级 Serverless 平台，Lambda 支持的语言是最多的，同时支持自定义运行时、容器镜像等。另外，AWS Lambda 的运行超时时间最大可设置为 900 秒，开发者工具包括 CLI、WebIDE、VS 插件及 Eclipse 插件等，通过 AWS Step Funtions 实现组件编排。

　　如图 2-2 所示，相对于其他平台而言，AWS Lambda 的函数管理页面有一个比较有特色

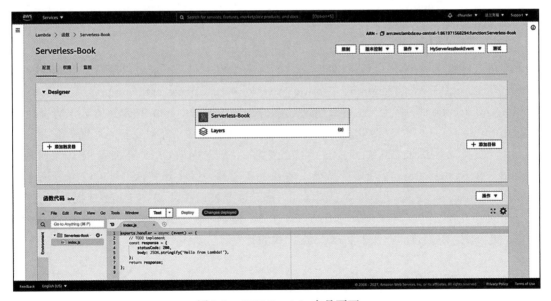

图 2-2　AWS Lambda 产品页面

的设计，即 Designer（函数概览）。Designer 可以直观地显示用户的函数及其上游和下游资源。用户可以使用它跳转到触发器、目标和层配置。

众所周知，一个 FaaS 平台的灵活性、可完成功能的广度与触发器有着不可分割的关系，AWS Lambda 支持的触发器包括：

- Amazon Kinesis
- Amazon DynamoDB
- Amazon Simple Queue Service
- Amazon Simple Notification Service
- Amazon Simple Email Service
- Amazon S3
- Amazon Cognito
- AWS CloudFormation
- Amazon CloudWatch Logs
- Amazon CloudWatch Events
- AWS CodeCommit
- Scheduled Events
- AWS Config
- Amazon Alexa
- Amazon Lex
- Amazon API Gateway
- AWS IoT Button
- Amazon CloudFront
- Amazon Kinesis Data Firehose

在可观测性上，AWS Lambda 拥有非常完善的监控中心，不仅可以观测到 Invocation、Error、DeadLetterError、Duration、Throttle、IteratorAge、ConcurrentExecution、Unreserved-ConcurrentExecution 等指标，还可以通过 CloudWatch Logs Insights 查看到请求详情、性能指标等（包括 Tracing 等）。阿里云的函数计算也提供了类似的、相对完备的可观测能力。

在开发者工具层面，AWS Lambda 不仅自身拥有 AWS SAM CLI，还拥有 Serverless Framework、Serverless Devs 等众多产品提供的开发者工具。这些开发者工具可以用于快速开发项目、快速部署、自动化运维等。同样，一部分创业公司针对 AWS Lambda 提供了更多、更有趣的开发者工具，例如 STACKERY（如图 2-3 所示）就为 AWS Lambda 提供了一种更简单、更方便、更新奇的类似于 LowCode 模式的开发者工具。

2.1.2　Google Cloud Functions

从 2008 年的 Google App Engine 开始，Google 一直在慢慢地添加不同的无服务器计算选项，并且提供各种消息传递和数据透明组合。图 2-4 是 Google Cloud Platform 的 Functions 产品页面。目前，Google Cloud Function 采用运行时机制，支持 Node.js、Java 以及 Python 等语言。用户可以通过直接上传代码、对象存储、云代码库、CLI 等方法对代码进行部署、发布以及更新。函数超时时间最长为 540 秒，具有自动调节能力。开发者工具包括 CLI 命令行工具以及 WebIDE 等。

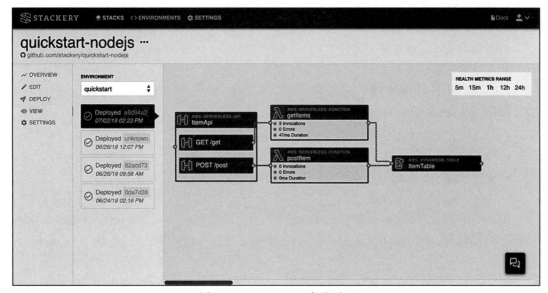

图 2-3　STACKERY 产品页面

图 2-4　Google Cloud Platform 的 Functions 产品页面

相对于 AWS Lambda 而言，Functions 可能在触发器数量、可观测性、运行时的种类等 3 面有所欠缺，但是其凭借 Google 自身强大的技术支撑与产品广度，实现特色化，例如与 Firebase 结合后的 Cloud Functions for Firebase，使用者可以利用它自动运行后端代码来实现 Firebase 功能和响应 HTTPS 请求触发的事件。

在触发器层面，Google Cloud Functions 支持 10 种触发器。

- HTTP 触发器
- Cloud Pub/Sub 触发器
- Cloud Storage 触发器
- 直接触发器
- Cloud Firestore 触发器
- Google Analytics for Firebase 触发器
- Firebase 实时数据库触发器
- Firebase 身份验证触发器
- 使用 Stackdriver 的第二方触发器
- Cloud Scheduler 触发器

在运行时层面，Google Cloud Functions 支持 Go、.Net Core、Java、Node.js、Python、Ruby 六种语言。值得一提的是，Google 在 Serverless 开源方面，有着里程碑式的贡献——Kubernetes 和 Knative。

Kubernetes（简称 K8S）是 Google 开源的一个容器编排引擎，支持自动化部署、大规模可伸缩、应用容器化管理。在生产环境中部署应用程序时，通常要部署该应用的多个实例，以便对应用请求进行负载均衡。之所以说它的开源对 Serverless 的发展有着里程碑的意义，是因为很多工业级 FaaS 产品和开源的 FaaS 产品就是基于 Kubernetes 来建设的。Knative 是 Kubernetes 的一个 Serverless 方向的更具体的表现。Knative 是谷歌牵头发起的 Serverless 项目，其定位为基于 Kubernetes 的 Serverless 解决方案，旨在标准化 Serverless，简化其学习成本。Knative 是以 Kubernetes 的一组自定义资源类型（CRD）的方式来安装的，因此只需使用几个 Yaml 文件就可以轻松地使用 Knative。这也意味着在本地或者托管云服务上，任何可以运行 Kubernetes 的地方都可以运行 Knative 和用户的代码。Kubernetes 的重要价值和意义绝不止于 Serverless，Knative 项目也绝对不只是一个优秀的 Serverless 项目开源。这两个产品的出现对 Serverless 的发展有着极具创新的推动力，对云原声乃至云计算的发展都有着里程碑式的价值和意义。

2.1.3　Azure Functions

Azure Functions 是用于在云中轻松运行小段代码或函数的一个解决方案。用户可以只编写解决现有问题所需的代码，而无须担心要运行该代码的整个应用程序或基础结构。Azure Functions 可以使开发更有效率，并可以使用自己所选的开发语言，例如 C#、F#、Node.js、Java 或 PHP，只需为代码运行的时间付费。我们可以使用 Azure Functions 开发无服务器应用程序。Azure Functions 是一个理想的解决方案，用于处理数据、集成系统、构建物联网（IoT）、生成简单的 API 和微服务。对于以下任务请考虑使用 Functions，例如图像或订单处理、文件维护等。

到目前为止，Azure Functions 支持多种触发器。

- HTTPTrigger：使用 HTTP 请求触发执行代码；
- TimerTrigger：按预定义的计划执行清除或其他批处理任务；
- CosmosDBTrigger：在 NoSQL 数据库中以集合形式添加或更新 Azure Cosmos DB 文档时，对这些文档进行处理；
- BlobTrigger：Azure 存储 Blob 到容器时，处理这些 Blob；
- QueueTrigger：当消息到达 Azure 存储队列时，响应这些消息；
- EventHubTrigger：响应传送到 Azure 事件中心的事件，在应用程序检测、用户体验或工作流处理以及物联网（IoT）解决方案中特别有用；
- ServiceBusQueueTrigger：通过侦听消息队列将代码连接到其他 Azure 服务或本地服务；
- ServiceBusTopicTrigger：通过订阅主题将代码连接到其他 Azure 服务或本地服务。

Azure Functions 可与各种 Azure 和第三方服务集成。这些服务可以触发函数执行，或者用作代码的输入和输出。Azure Functions 支持以下服务的集成。

- Azure Cosmos DB 文档
- Azure 事件中心
- Azure 通知中心
- Azure 服务总线（队列和主题）
- Azure 存储（Blob、队列和表）
- 本地（使用服务总线）

值得一提的是，Azure Functions 的运行时目前已经开源，如图 2-5 所示。

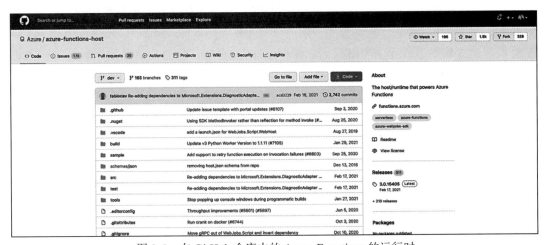

图 2-5　在 GitHub 仓库中的 Azure Functions 的运行时

2.1.4　阿里云函数计算

阿里云的 FaaS 平台叫作函数计算（Function Compute），同样是一个事件驱动的全托管 Serverless 计算服务，无须使用者管理服务器等基础设施，只需编写代码并上传。函数计算会为用户准备好计算资源，以弹性、可靠的方式运行代码，并提供日志查询、性能监控和报警等功能，如图 2-6 所示。

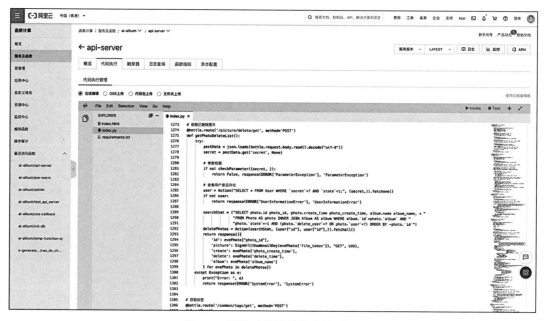

图 2-6　阿里云函数计算产品页面

函数计算以事件驱动的方式连接其他服务。借助这些方式，使用者可以构建弹性、可靠以及安全的应用和服务，甚至在数天内就能完成一套多媒体数据处理后端服务。当事件源触发事件时，阿里云函数计算会自动调用关联的函数处理事件。例如，对象存储（OSS）在新对象创建或删除事件（ObjectCreated 或 ObjectRemoved）时会自动触发函数处理，或者 API 网关在收到 HTTP 请求时自动触发函数处理。此外，函数还可以由日志服务或者表格存储等其他阿里云服务触发。

阿里云函数计算支持通过 OSS 上传代码、代码包直接上传、文件夹上传以及在线编辑，并且支持 Node.js、Python、PHP、.Net Core、Java 等众多语言编写的十余个运行时环境，同时支持自定义运行时以及自定义镜像。在自定义运行时中，阿里云函数计算默认集成了 Rust、Ruby、Dart、TypeScript、Go、F#、Lua 等近十种常见编程语言的环境。在自定义镜像上，阿里云函数计算处于"领导者梯队"，在 2020 年下半年率先推出 Custom Container Runtime。众所周知，在云原生时代，容器镜像已经逐渐变成软件部署和开发的标准工具，阿里云函数计算为了简化开发者体验、提升开发和交付效率，特别提供了 Custom Container Runtime。开发者将容器镜像作为函数的交付物，通过 HTTP 协议和函数计算系统交互。Custom Container Runtime 可实现低成本迁移，无须修改代码或是重新编译二进制、共享对象（*.so），以保持开发和线上环境一致。解压前镜像大小最大支持 1GB，避免了代码和依赖分离，简化了分发和部署。另外，容器镜像是分层缓存的，代码上传和拉取效率高。容器镜像还支持第三方库引用、分享、构建、代码上传、存储和版本管理。

阿里云函数计算拥有以下触发器。

- 对象存储触发器
- API 网关触发器
- 日志服务触发器
- MNS 触发器
- 定时触发器
- 表格存储触发器
- 消息队列 Kafka 版 Connector 触发器
- IoT 触发器
- 云监控触发器
- HTTP 触发器
- CDN 触发器
- 事件总线 EventBridge 触发器

这些触发器可以满足绝大部分事件触发的诉求。

值得一提的是 HTTP 触发器，其通过发送 HTTP 请求触发函数执行，主要适用于快速构建 Web 服务等场景。HTTP 触发器支持 HEAD、POST、PUT、GET 和 DELETE 方式触发函数。相较于 API 网关触发器，HTTP 触发器简化了开发人员的学习成本和调试过程，帮助开发人员快速使用函数计算搭建 Web 服务和 API；支持用户选择熟悉的 HTTP 测试工具验证函数计算侧的功能和性能；减少请求处理环节，支持更高效的请求、响应格式，不需要编码或解码成 JSON 格式；方便对接其他支持 Webhook 回调的服务，例如 CDN 回源、MNS 等。可以说，HTTP 触发器让传统的 Web 迁移到函数计算变得更简单，改造成本更低。另外，有了 Custom Container Runtime 的加持，绝大部分的传统 Web 应用都可以以极低的改造成本体验到 Serverless 架构带来的优势，甚至可以做到 0 改造上云。为了协助更多用户快速迁移传统 Web 应用，阿里云函数计算开发了应用中心，可以实现快速在线迁移，如图 2-7 所示。

图 2-7　函数计算应用中心页面

用户只需要根据自己的框架选择所需要的 Runtime 类型，即可完成传统的 Web 框架快速迁移到 Serverless 的工作。

除了丰富的运行环境以及触发器之外，阿里云函数计算还拥有完善的监控告警服务，包括调用次数、成功次数、失败次数等基本信息，也具有调用链追踪以及调用分析等相关能力。阿里云还拥有 Fcli、VScode 插件以及 Funcraft 等开发者工具。我们可以通过这些工具完成阿里云函数计算的开发、调试、测试、运维、管理等相关工作。同时，阿里云也开源了多云的 Serverless 开发者工具 Serverless Devs。该工具旨在"让使用者像使用手机一样使用 Serverless"，承诺"可以在 Serverless 项目的全生命周期中发挥作用"。Serverless Devs 与其他工具的核心差异点在于，其拥有相对完整的行为描述以及可视化的 Yaml 编写工具，同时拥有完善的社区形态。Serverless Devs 社区首页如图 2-8 所示。

图 2-8　Serverless Devs 社区首页

阿里云 Serverless 相关产品是非常丰富的，除了函数计算之外，还有如下产品。

- Serverless 应用引擎（Serverless App Engine，SAE）：其实现了"Serverless 架构 + 微服务架构"的完美融合，真正做到了按需使用、按量计费，节省了闲置计算资源，同时免去 IaaS 运维，能够有效提升开发运维效率。SAE 支持 Spring Cloud、Dubbo 等流行的微服务架构，支持控制台、Jenkins、云效、插件等部署方式。除了微服务应用外，用户还可以通过 Docker 镜像部署任何语言的应用。
- Serverless 工作流（Serverless Workflow，原函数工作流）：其是一个用来协调多个分布式任务执行的全托管 Serverless 云服务，致力于简化开发和运行业务流程所需要的任务协调、状态管理以及错误处理等烦琐的工作，让用户聚焦业务逻辑开发。用户可以用顺序、分支、并行等方式来编排分布式任务。服务会按照设定好的顺序可靠地协调任务执行，跟踪每个任务的状态转换，并在必要时执行用户定义的重试逻辑，以确保工作流顺利完成。

除此之外，阿里云函数计算率先提供硬盘挂载、性能实例、容器镜像等一系列功能。在市场份额上，尤其是在国内的市场份额上，阿里云 Serverless 相关产品也处于领先地位。在"CNCF Cloud Native Survey China 2019"中，阿里云以超 45% 的市场份额引领国内市场；在中国信息通信研究院发布的《2020 年中国云原生用户调查报告》中，阿里云 Serverless 用户占比 66%，如图 2-9 所示。

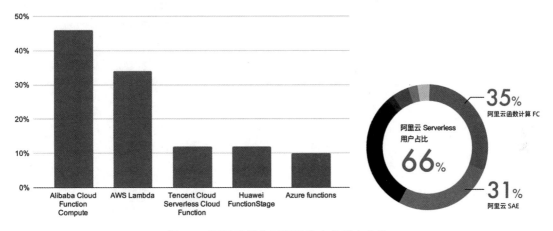

图 2-9 阿里云部分调研报告中的用户占比

另外，权威咨询机构 Forrester 发布的 2021 年第一季度 FaaS 平台评估报告中，阿里云凭借产品能力全球第一的优势脱颖而出，在 8 个评测维度中拿到最高分，比肩亚马逊成为全球前三的 FaaS 领导者，如图 2-10 所示。这也是国内科技公司首次进入 FaaS 领导者象限。

2.1.5 华为云函数工作流

华为云的 FaaS 产品名字是函数工作流（Function Graph），和其他厂商的 FaaS 平台一样，是一项基于事件驱动的函数托管计算服务。通过函数工作流，用户只需编写业务函数代码并设置运行的条件，无须配置和管理服务器等基础设施，即可使函数以弹性、免运维、高可靠的方式运行。此外，按函数实际执行资源计费。图 2-11 是华为云函数工作流产品页面。

华为云函数工作流在代码上传和编辑部分支持在线编辑、上传压缩包、Jar 包以及通过对象存储部署等多种方式；在运行时部分支持 Node.js、Python、Java、Go、C#、PHP 六种语言的十余个版本，同时支持自定义运行时；在触发器部分支持包括同步触发和异步触发在内的 SMN 触发器、DMS 触发器、APIG 触发器、OBS 触发器、DIS 触发器、TIMER 触发器、LTS 触发器、CTS 触发器、DDS 触发器、Kafka 触发器等，足够满足绝大部分的事件触发场景需求。

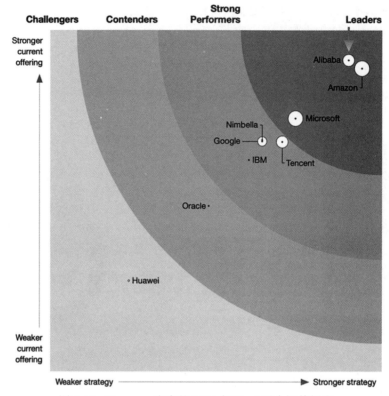

图 2-10　Forrester 发布的 2021 年 FaaS 平台评估报告

图 2-11　华为云函数工作流产品页面

2.1.6　腾讯云云函数

腾讯云云函数（Serverless Cloud Function，SCF）是腾讯云为企业和开发者们提供的无服务器执行环境，使用户在无须购买和管理服务器的情况下运行代码。用户只需使用平台支持的语言编写核心代码并设置代码运行的条件，即可在腾讯云基础设施上弹性、安全地运行代码。SCF 是实时文件处理和数据处理等场景下理想的计算平台。

用户可以通过上传代码使用腾讯云云函数。云函数提供多种代码管理方式，如通过控制台编辑代码，这种方式适用于没有外部依赖的业务代码，可直接在控制台上编辑代码；上传代码包，将所有依赖和代码打包成 ZIP 并上传至腾讯云云函数平台，平台将自动抽取入口函数并执行；通过 COS 管理代码包，将所有依赖和代码打包成 ZIP 并上传至腾讯云对象存储，并在云函数中指定代码所在的 Bucket 和文件对象，平台将自动下载函数代码。

腾讯云云函数支持多种开发环境，用户可以选择适合自身的开发语言，完成函数编写。目前，其已支持 Python、Node.js、Java、PHP、Go 语言编写的运行时以及自定义运行时等。腾讯云云函数产品页面如图 2-12 所示。

图 2-12　腾讯云云函数产品页面

腾讯云云函数支持毫秒级别的实时弹性伸缩，完全根据请求量扩容或缩容。动态负载均衡将请求分发至后端近乎无限的函数实例上，无须任何手动配置和操作，满足并发量从 0 到成千上万的不同场景。腾讯云云函数支持设置多种触发器来决定代码何时运行。在满足触发器条件时，代码自动开始运行，并根据请求自动调度基础设施资源，实现自动伸缩和回收，提高计算效率。目前，其支持以下触发器。

● 对象存储 COS 触发：支持在特定的 COS Bucket 操作文件（上传或删除文件）时触发

云函数，可以对文件进行更多操作，例如在图片上传到特定 Bucket 时，对其进行压缩或裁剪，以适应不同分辨率的移动终端。

- 定时触发：支持定时触发函数，助力用户构造更加灵活的自动化控制系统。
- CMQ 主题队列触发：由 CMQ Topic 主题队列内的消息触发。利用 CMQ 消息队列解耦事件，可以帮助用户完成更多应用联动。
- Ckafka 消息队列触发：由 Ckafka Topic 主题队列内的消息触发，对消息进行处理，可以帮助用户实现日志聚合、消息存储等。
- API 网关触发：支持 API 网关中的 API 配置后端为云函数，在 API 接收到客户端请求时，触发云函数，并将处理结果返给客户端。

腾讯云云函数提供精细的日志记录，用户可方便地查看函数的运行状况，并对代码进行调试、测试和审计；支持相关的监控指标上报，帮助用户快速了解函数的运行概况。同时，用户还可自定义云函数的监控指标，对云函数进行更深入、更广泛的监控。

近年来，腾讯云云函数的发展速度很快，尤其是腾讯云的 Serverless 产品与 Serverless Framework 的融合在工具侧产生了实质性的突破，用户体验更好，社区生态更丰富。

2.2 开源 FaaS 平台

不仅仅在工业界有诸多厂商不断为 Serverless 构架努力，在开源领域也有诸多优秀的 Serverless 项目。包括 OpenWhisk、Fission、Knative 以及 Kubeless 等在内的众多优秀的开源 FaaS 平台都已得到 CNCF 认可，如图 2-13 所示。

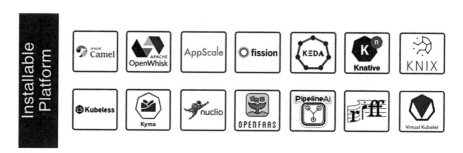

图 2-13 开源 FaaS 平台

在说开源的 FaaS 平台之前，不得不意味深长地说一句：Kubernetes 赢了。越来越多的人开始基于容器部署，而 Kubernetes 已经成为容器编排的事实标准。但是，众所周知，Kubernetes 是一个容器平台而不是代码平台。它可以作为一个运行和管理容器的平台，但是这些容器如何构建、运行、扩展和路由，很大程度上是由用户自己决定的。而如何来补充这些缺失的部分？无论是 Knative、fission，还是 Kubeless 这些开源 FaaS 平台，或者一些工业级 FaaS 平台，其目的就是让 Kubernetes 更好用。目前，在主流的 FaaS 开源项目中，绝大多数项目都使用了 Kubernetes 相关技术或者将其作为运行平台。

常见开源 FaaS 平台基本信息如表 2-1 所示。

表 2-1　常见开源 FaaS 平台基本信息

	Knative	OpenWhisk	Fn	Fission	Kubeless	OpenFaaS
开发语言	Go	Scala	Go	Go	Go	Go
创建时间（年）	2018	2016	2012	2016	2016	2016
支持厂商	Google 等	Apache/IBM	Oracle	Platform9	Bitnami	Alex Ellis
运行平台	K8S	Docker/K8S	Docker	K8S	K8S	Docker/K8S

2.2.1　Knative

Knative 是 Google 在 2018 的 Google Cloud Next 大会上发布的一款基于 Kubernetes 的 Serverless 框架。其基本信息如表 2-2 所示。

表 2-2　Knative 基本信息

授权协议	Apache	开发厂商	Google
开发语言	Go	发布时间	2018 年
操作平台	跨平台	GitHub Star/Fork	3600/758
提交次数	6227 次	GitHub 地址	/knative/serving

Knative 一个很重要的目标就是制定云原生、跨平台的 Serverless 编排标准。Knative 是通过整合容器构建（或者函数）、工作负载管理（和动态扩缩）以及事件模型来实现 Serverless 标准的。Knative 社区的主要贡献者有 Google、Pivotal、IBM、Red Hat。CloudFoundry、OpenShift 这些 PaaS 提供商都在积极地参与 Knative 的建设。

1. 工作原理

如图 2-14 所示，Knative 是建立在 Kubernetes 和 Istio 平台之上的，使用了 Kubernetes 提供的容器管理组件（deployment、replicaset 和 pod 等），以及 Istio 提供的网络管理组件（ingress、LB、dynamic route 等）。Knative 中有两个重要的组件，分别是为其提供流量的 Serving（服务）组件以及确保应用程序能够轻松地生产和消费事件的 Event（事件）组件。其中，Serving 组件基于负载自动伸缩，包括在没有负载时缩减到零，允许使用者为多个修订版本应用创建流量策略，从而通过 URL 轻松路由到目标应用程序；而 Event 组件的作用是使生产和消费事件变得容易，允许操作人员使用自己选择的消息传递层。除了 Serving 和 Event 组件之外，Build 也是 Kantive 的组件之一。其提供"运行至完成"的显示功能，这对创建 CI/CD 工作流程很有用，通过灵活的插件化的构建系统将用户源代码构建成容器。目前，其已经支持多个构建系统，比如 Google 的 Kaniko，它无须运行 Docker Daemon 就可以在 Kubernetes 集群上构建容器镜像。Serving 使用它将源存储库转换为包含应用程序的容器镜像。在诸多 Serverless 开源项目中，Knative 的优势也是较为明显的。一方面，Knative

以 Kubernetes 为底层框架，与 Kubernetes 生态结合得更紧密。无论是云上 Kubernetes 服务还是自建 Kubernetes 集群，都能通过安装 Knative 插件快速地搭建 Serverless 平台。另一方面，Knative 联合 CNCF，把所有事件标准化为 CloudEvent，提供事件的跨平台运行，同时让函数和具体的调用方法解耦。在弹性层面，Knative 可以监控应用的请求，并自动扩缩容，借助于 Istio（Ambassador、Gloo 等）支持蓝绿发布、回滚的功能，方便应用发布。同时，Knative 支持日志的收集、查找和分析，并支持 VAmetrics 数据展示、调用关系跟踪等。

Knative 工作原理如图 2-14 所示。

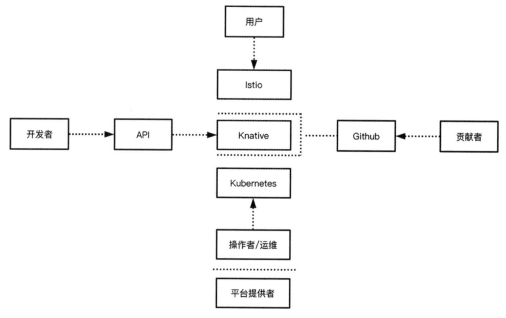

图 2-14　Knative 工作原理

2. 功能与策略

（1）Serving（服务）

Serving 模块定义了一组特定的对象，包括 Revision（修订版本）、Configuration（配置）、Route（路由）和 Service（服务）。Knative 通过 Kubernetes CRD（自定义资源）的方式实现这些 Kubernetes 对象。所有 Serving 组件对象间的关系可以参考图 2-15。

Knative Serving 始于 Configuration。使用者在 Configuration 中为部署容器定义所需的状态。最小化 Configuration 至少包括一个配置名称和一个要部署容器镜像的引用。在 Knative 中，定义的引用为 Revision。Revision 代表一个不变的、某一时刻的代码和 Configuration 的快照。每个 Revision 引用一个特定的容器镜像和运行它所需要的特定对象（例如环境变量和卷）。然而，使用者不必显式创建 Revision。Revision 是不变的，它们从不会被改变和删除。相反，当使用者修改 Configuration 的时候，Knative 会创建一个 Revision。这使得一个

Configuration 既可以反映工作负载的当前状态，也可以用于维护一个历史的 Revision 列表。

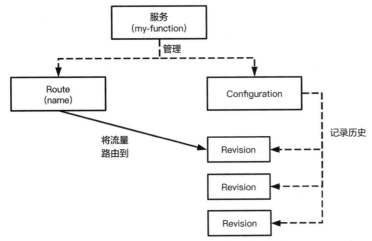

图 2-15 Serving 组件对象间的关系

Knative 中的 Route 提供了一种将流量路由到正在运行的代码的机制。它将一个 HTTP 可寻址端点映射到一个或者多个 Revision。Configuration 本身并不定义 Route。

（2）弹性伸缩

Serverless 架构的一个关键原则是可以按需扩容，以满足需要和节省资源。Serverless 负载应当可以一直缩容至零。这意味着如果没有请求进入，则不会运行容器实例。如图 2-16 所示，Knative 使用两个关键组件实现该功能。它将 Autoscaler 和 Activator 实现为集群中的 Pod。用户可以看到它们伴随其他 Serving 组件一起运行在 knative-serving 命名空间中。Autoscaler 收集达到 Revision 并发请求数量的有关信息。为了做到这一点，它在 Revision Pod 内运行一个名为 queue-proxy 的容器。该 Pod 中也运行用户提供的镜像。

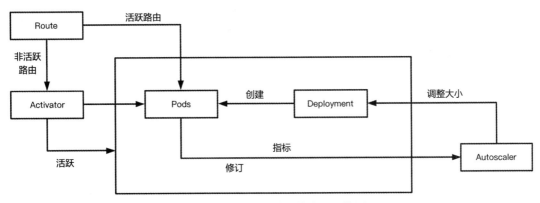

图 2-16 Knative 弹性伸缩原理简图

queue-proxy 检测该 Revision 上观察到的并发量，然后每隔一秒将此数据发送到 Autoscaler。

Autoscaler 每隔两秒对这些指标进行评估，并基于评估的结果增加或者减少 Revision 部署的规模。默认情况下，Autoscaler 尝试维持每 Pod 每秒平均接收 100 个并发请求。这些并发目标和平均并发窗口均可以变化。Autoscaler 也可以利用 Kubernetes HPA（Horizontal Pod Autoscaler）来替代该默认配置。这将基于 CPU 使用率实现自动伸缩，但不支持缩容至零。这些设定都能够通过 Revision 元数据注解（Annotation）定制。

Autoscaler 采用的伸缩算法针对两个独立的时间间隔计算所有数据点的平均值。它维护两个时间窗，分别是 60 秒和 6 秒。Autoscaler 以两种模式运作：Stable Mode（稳定模式）和 Panic Mode（恐慌模式）。在稳定模式下，它使用 60 秒时间窗的平均值决定如何伸缩部署以满足期望的并发量。

如果 6 秒时间窗的平均并发量两次达到期望目标，Autoscaler 转换为恐慌模式并使用 6 秒时间窗。这让它更加快捷地响应瞬间流量的增长。它也仅仅在恐慌模式下扩容以防止 Pod 数量快速波动。如果超过 60 秒没有发生扩容，Autoscaler 会转换回稳定模式。

（3）Build（构建）

Knative 的 Serving（服务）组件是解决如何从容器到 URL 的，而 Build 组件是解决如何从源代码到容器的。Build 资源允许用户定义如何编译代码和构建容器。这确保了在将代码发送到容器镜像库之前以一种一致的方式编译和打包代码。下面介绍一些新的组件。

- Build：驱动构建过程的自定义 Kubernetes 资源。在定义构建时，用户需要定义如何获取源代码以及如何创建容器镜像来运行代码。
- Build Template：封装可重复构建步骤以及允许对构建进行参数化的模板。
- Service Account：允许对私有资源（如 Git 仓库或容器镜像库）进行身份验证。

（4）Event（事件）

到目前为止，向应用程序发送基本的 HTTP 请求是一种有效使用 Knative 函数的方式。无服务器的松耦合特性同时也适用于事件驱动架构。也就是说，可能在文件上传到 FTP 服务器时需要调用一个函数；或者任何时间发生一笔物品销售时需要调用一个函数来处理支付和库存更新的操作。与其让应用程序或函数考虑监听事件的逻辑，不如当那些被关注的事件发生时，让 Knative 去处理并通知我们。

自己实现这些功能则需要做很多工作并要编写实现特定功能的代码。幸运的是，Knative 提供了一个抽象层使消费事件处理变得更容易。Knative 直接提供了一个"事件"，而不需要编写特定的代码来选择消息代理。当事件发生时，应用程序无须关心它来自哪里或发到哪里，只需要知道事件发生了即可。如图 2-17 所示，为实现这一目标，Knative 引入了三个新的概念：Source（源）、Channel（通道）和 Subscription（订阅）。

- Source（源）：事件的来源，用于定义事件在何处生成以及如何将事件传递给关注对象的方式。
- Channel（通道）：通道处理缓冲和持久性，即使该服务已被关闭，也可确保将事件传递到预期的服务。另外，通道是代码和底层消息传递解决方案之间的一个抽象层。

这意味着可以像 Kafka 和 RabbitMQ 一样在某些服务之间进行消息交换，但在这两种情况下都不需要编写特定的实现代码。

- Subscription（订阅）：将事件源发送到通道，并准备好处理它们的服务，但目前没有办法获取从通道发送到服务的事件。为此，Knative 设计了订阅功能。订阅是通道和服务之间的纽带，指示 Knative 如何在整个系统中管理事件。

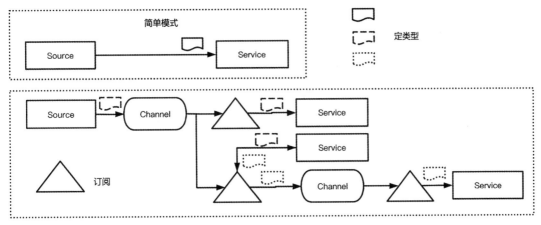

图 2-17　Knative 事件处理模型简图

Knative 中的服务不关心事件和请求是如何获取的。它可以获取来自入口网关的 HTTP请求，也可以获取从通道发送来的事件。无论通过何种方式获取，服务仅接收 HTTP 请求。这是 Knative 中一个重要的解耦方式。它确保将代码编写到架构中，而不是在底层创建订阅、通道向服务发送事件。

2.2.2　Apache OpenWhisk

Apache OpenWhisk 是一个开源 FaaS 平台，是一个由 IBM 和 Adobe 驱动的开源项目，可以部署在云或数据中心。相比于其他 Serverless 项目，OpenWhisk 是一个健壮、可扩展的平台，支持数千触发器并发和调用。OpenWhisk 项目的基本信息如表 2-3 所示。

表 2-3　Apache OpenWhisk 基本信息

授权协议	Apache	开发厂商	IBM
开发语言	Scala	发布时间	2016 年
操作平台	跨平台	GitHub Star/Fork	3968/764
提交次数	2499 次	GitHub 地址	/openwhisk/openwhisk

Apache OpenWhisk 是一个事件驱动型代码执行的 FaaS 平台，同时也是一个云优先、分布式的编程服务。其建立在开源软件之上，为用户提供了一个编程模型，可将事件处理程序上传到云服务并注册该处理程序来响应各种事件。

1. 工作原理

由于 Apache OpenWhisk 使用容器构建组件，因此很容易在本地和云基础设施中支持多部署选项。选项包括许多当今流行的容器框架，如 Kubernetes、OpenShift、Mesos 和 Compose。一般来说，Apache OpenWhisk 社区支持使用 Helm Charts 在 Kubernetes 上部署，因为它为开发人员和操作人员提供了许多简单的实现方法。

除此之外，OpenWhisk 所支持的运行时也是非常丰富的，包括相对标准的语言，如 Node. js、Go、Java、Scala、PHP、Python、Ruby、Swift、.Net 和 Rust 等编写的运行时，以及一些相对定制化的运行时，例如以 Python 语言为例，其 Action 包括 Python2Action、Python3AiAction、PythonAction 以及 PythonActionLoop 等。Python2Action 使用的是 Python 2.7 版本，内置了 Flask、BS、kafka-python、Scrapy、Requests 等多种常用的依赖。Python3AiAction 则基于 Python 3，内置了 Tensoflow、PyTorch 等众多人工智能所需要的框架。

另外，OpenWhisk 还是一个建立在开源项目之上的项目。OpenWhisk 与多种流行服务集成，同时与主流的开源框架集成，例如 Nginx、Kafka 等，保证了产品功能的完整性，也保证了产品功能被使用者理解；通过不同开源框架和产品的融合，OpenWhisk 形成了一套独有且完整的 Serverless 解决方案。除了容易调用和管理函数，OpenWhisk 还具有身份验证/鉴权、函数异步触发等功能。

除此之外，OpenWhisk 具有极强的拓展性。OpenWhisk 官网中提到，动作实例可以根据需要进行扩展，用户不需要为空闲资源付费。可见，OpenWhisk 具有一定的自动伸缩能力（即自动扩缩容能力），可以利用少量资源处理小规模请求，也可以比较高效地处理大规模并发请求。

如图 2-18 所示，在 OpenWhisk 的整体流程图中可以看到其包括了 Nginx、Controller、CouchDB、Consul、Kafka、Invoker 等组件。其中、Nginx 的作用是暴露 HTTP/HTTPS 接口给客户端。Controller 充当系统的守门员、系统的协调者，决定请求即将流转的路径。CouchDB 主要是管理系统的状态。Consul 是系统每个组件可访问的单一数据源，同时还提供服务发现功能，使 Controller 发现调用操作的实体。Kafka 用于构建实时数据管道和流应用程序。Invoker 使用 Scala 语言实现，是处理执行过程的最后阶段。

1）Nginx 面向用户的 API 完全基于 HTTP/HTTPS，遵循 Restful 设计。因此，通过 wsk-cli 发送的命令本质上是向其发送 HTTP/HTTPS 请求。

2）Controller 是真正开始处理请求的地方。Controller 使用 Scala 语言实现，并提供了对应的 Rest API，以接收 Nginx 转发的请求。Controller 分析请求内容，并进行下一步处理。下面的很多个步骤都和 Controller 有关系。

3）CouchDB 用户发出 Post 请求后，Controller 首先需要验证用户的身份和权限。用户的身份信息（Credentials）保存在 CouchDB 的用户身份数据库中。验证无误后，Controller 进行下一步处理。

4）再次走到 CouchDB 模块，得到对应的 Action 的代码且身份验证通过后，Controller

需要从 CouchDB 中加载此操作。操作主要要执行的代码和记录传递给操作的默认参数，并与实际调用请求中包含的参数合并，同时对其使用的资源进行限制，例如允许使用的内存等。

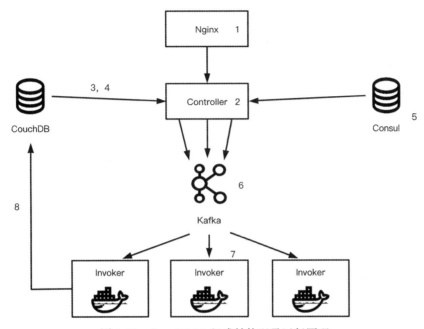

图 2-18　OpenWhisk 组成结构以及运行原理

5）到了这一步，Controller 已经有了触发函数所需要的全部信息。在将数据发送给触发器（Invoker）之前，Controller 需要从 Consul 获取处于空闲状态的 Invoker 的地址。Consul 是一个开源的服务注册/发现系统。在 OpenWhisk 中，Consul 负责记录和跟踪所有 Invoker 的状态信息。当 Controller 向 Consul 发出请求后，Consul 从后台随机选取一个空闲的 Invoker 并返回。值得注意的是，无论是同步还是异步触发模式，Controller 都不会直接调用触发器 API，所有触发请求都会通过 Kafka 传递。

6）发送请求进 Kafka。之所以考虑使用 Kafka，主要是避免发生以下两种状况。

- 系统崩溃，丢失调用请求。
- 系统可能处于繁重的负载之下，调用需要等待其他调用首先完成。

OpenWhisk 考虑到异步触发的情况。当 Controller 确认 Kafka 收到请求消息后，会直接向发出请求的用户返回一个 ActivationId。用户收到确认的 ActivationId，即认为请求已经成功存入 Kafka 队列。用户可以稍后通过 ActivationId 索取函数运行的结果。Kafka 通常用于构建实时数据管道和流应用程序。它支持高可靠、高速数据摄取的生产工作负载。OpenWhisk 利用 Kafka 连接 Controller 和调用者。Kafka 缓存由 Controller 发送消息，然后再将这些消息传递给上一节点的 Consul 的调用者。当 Kafka 确认消息被传递后，Controller

立即激活 ID 进行响应。这种无状态架构使 OpenWhisk 具有高度可扩展性。ZooKeeper 维护和管理 Kafka 集群。ZooKeeper 的主要工作是跟踪 Kafka 集群中存在的节点的状态，并跟踪主题、消息和配额。

7）Invoker 运行用户的代码。Invoker 从对应的 Kafka 主题中接收 Controller 传来的请求，会生成一个 Docker 容器，然后注入动作代码并执行，获取结果后销毁容器。这一部分通常是对整个项目优化的重点，例如通过大量性能优化减少开销，或者通过池化等操作降低冷启动率，进而降低延时。

8）CouchDB 存储请求结果。Invoker 的执行结果最终会被保存在 CouchDB 的 Whisk 数据库中，格式如下所示。

```
{
    "activationId":"31809ddca6f64cfc9de2937ebd44fbb9",
    "response":{
        "statusCode":0,
        "result":{
            "hello":"world"
        }
    },
    "end":1474459415621,
    "logs":[
        "2016-09-21T12:03:35.619234386Z stdout: Hello World"
    ],
    "start":1474459415595
}
```

保存的结果中包括用户函数的返回值及日志。对于异步触发，用户可以通过步骤 6 中返回的 ActivationID 取回函数运行结果。同步触发和异步触发的结果一样保存在 CouchDB 中。Controller 在确认触发结束后，从 CouchDB 中取得运行结果，直接返给用户。

2. 功能与策略

（1）冷启动

阅读 OpenWhisk 源代码以及 Invoker 源代码后，可知 OpenWhisk 启动过程分为 Uninitialized、Starting、Started、Running、Paused、Removing 等几个部分。其中，Uninitialized 部分可能有两个事件，分别是 Start 和 Run。

实际上，OpenWhisk 的启动过程可以粗略地分为三部分：通过 Docker Run 启动容器，并通过 Docker Inspect 获取容器的 IP 地址；通过 Post/Init 等操作初始化容器；通过 Post/RunDocker 执行运行操作，启动新容器以运行操作，如图 2-19 所示。

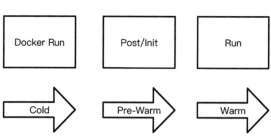

图 2-19　OpenWhisk 启动容器流程简图

在整个策略中，有一个值得注意的事情是，OpenWhisk 团队曾说，在第一次启动时，一定是冷启动，之后会通过温启动或者预热等操作进行函数调用，少了容器拉起的部分。

（2）存储相关

CouchDB 主要包括三个部分，即 Subject、Whisk 和 Activation。Subject 存储用户验证信息等，Whisk 存储命名空间、Rule、Action 等信息，Activation 存储 Activation 等信息。KeyValue Store 主要存储 Invoker 等信息，包括服务和状态。

3. 应用场景

官方给的 OpenWhisk 操作的事件触发器的一些示例如下。

- 记录在数据库中的一次更改。
- 一个超出了某个温度的 IoT 传感器，GitHub 中的一次代码变更。
- 或者一个来自 Web 或移动应用程序的简单 HTTP 请求。

非常适合 OpenWhisk 执行模型的一些用例如下。

- 将应用程序分解为微服务：OpenWhisk 的可扩展和模块化使得它们能够有效地将负载密集型、烦琐的任务（后台）从前端代码转移到云后端。
- 移动后端：因为移动开发人员通常没有管理服务器端逻辑的经验，只专注于在设备上运行的代码，所以 OpenWhisk 操作链很适合用作移动后端。
- 数据处理：由于目前可用的数据过多，需要采用一种或多种方式处理和应对新数据，包括存储在记录中的结构化数据以及文档、图像或视频数据。
- 物联网：从很大程度上讲，物联网（IoT）场景实质上是传感器驱动的。例如，OpenWhisk 能够有效地响应超出特定温度的传感器。

2.2.3　Fission

Kubernetes 中文社区对 Fission 的描述是：Fission 是一款基于 Kubernetes 的 FaaS 框架。通过 Fission 可以轻而易举地将函数发布成 HTTP 服务。它通过读取用户的源代码，抽象出容器镜像并执行，同时帮助开发者们减轻 Kubernetes 的学习负担。开发者无须了解太多 Kubernetes，就可以搭建出实用的服务。Fission 可以与 HTTP 路由、Kubernetes Events 和其他的事件触发器结合。所有这些函数只有在运行的时候才会消耗 CPU 和内存。Kubernetes 提供了强大的弹性编排系统，并且拥有易于理解的后端 API 和不断发展壮大的社区。所以，Fission 将容器编排功能交给了 Kubernetes，让自己专注于 FaaS 的特性。综上所述，Fission 的两大优点是：

- 针对冷启动进行优化；
- 基于 Kubernetes 进行部署，降低 Kubernetes 的使用难度。

1. 工作原理

Fission 是一款基于 Kubernetes 的 FaaS 框架。它通过读取用户的源代码，抽象出容器镜像并执行。Fission 整体结构也是依靠 Kubernetes 来实现的，如图 2-20 所示。

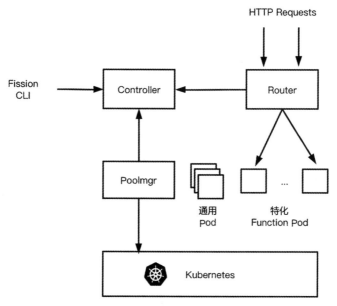

图 2-20　Fission 整体结构简图

在这个结构中，Fission 主要包括三个模块。

- Controller：提供了针对 Fission 资源增删改查的操作接口，包括 Function、Trigger、Environment、Kubernetes Event Watch 等。它是 Fission CLI 的主要交互对象。
- Router：函数访问入口，同时实现了 HTTP 触发器。它负责将用户请求以及各种事件源产生的事件转发至目标函数。
- Executor：Fission 包含 Poolmgr 和 NewDeploy 两类执行器，它们控制着 Fission 函数的生命周期。

2. 功能与策略

（1）Poolmgr

Poolmgr 使用了池化技术，它通过为每个 Environment 维持一定数量的通用 Pod 并在函数被触发时将 Pod 特化，大大降低了函数的冷启动时间。同时，Poolmgr 会自动清理一段时间内未被访问的函数，减少闲置成本。

如图 2-21、图 2-22 所示，Poolmgr 执行器的基本流程如下。

1）使用 Fission CLI 向 Controller 发送请求，创建函数运行时需要的特定语言环境。

2）Poolmgr 定期同步 Environment 资源列表，定期时间是 2 秒。

3）Poolmgr 遍历 Environment 列表，使用 Deployment 为每个 Environment 创建一个通用 Pod 池。

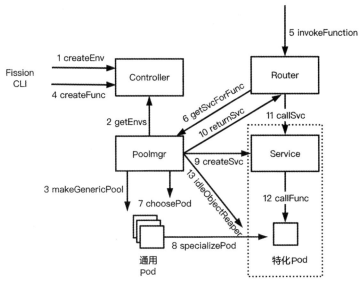

图 2-21　Poolmgr 执行器原理简图

图 2-22　创建环境流程简图

4）使用 Fission CLI 向 Controller 发送创建函数的请求。此时，Controller 只是将函数源码等信息持久化存储，并未真正构建好可执行函数。创建函数流程如图 2-23 所示。

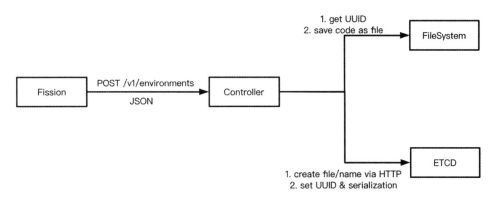

图 2-23　创建函数流程简图

5）Router 接收到触发函数执行的请求，加载目标函数相关信息。

6）Router 向 Executor 模块发送请求获取，函数访问入口。

7）Poolmgr 从触发函数指定环境对应的通用 Pod 池里随机选择一个 Pod 作为函数执行的载体。通过更改 Pod 的标签让其从 Deployment 中独立出来。Kubernetes 发现 Deployment

所管理 Pod 的实际副本数少于目标副本数后会对 Pod 进行补充，这样便实现了保持通用 Pod 池中 Pod 个数一定的目的。

8）特化处理被挑选出来的 Pod。这里需要先准备数据，包括 Pod 信息和用户的 Function 等信息，并将信息交给 Fetcher 来处理，然后通过 POST 方法传入代码资源，整个过程如图 2-24 所示。

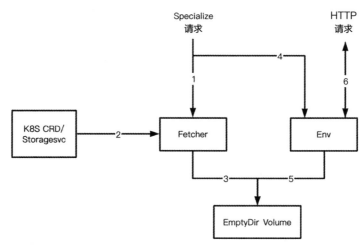

图 2-24 特化处理 Pod 流程简图

Fetcher：下载用户函数并将其放置在共享 Volume 中。

Env：用户函数运行的载体。当它成功加载共享 Volume 中的用户函数后，便可接收用户请求，详细过程如下。

- 容器 Fetcher 接收到拉取用户函数的请求。
- Fetcher 从 KubernetesCRD 或 Storagesvc 处获取用户函数。
- Fetcher 将函数文件放置在共享 Volume 中，如果文件被压缩还负责解压。
- 容器 Env 接收到加载用户函数的命令。
- Env 从共享 Volume 中加载 Fetcher 为其准备好的用户函数。
- 特化流程结束，容器 Env 开始处理用户请求。

9）为特化后的 Pod 创建 ClusterIP 类型的服务（Service）。

10）将函数的 Service 信息返给 Router，Router 会将 ServiceUrl 缓存，以避免频繁向 Executor 发送请求。

11）Router 使用返回的 ServiceUrl 访问函数。

12）请求最终被路由至运行函数的 Pod 中。

13）如果该函数一段时间内未被访问会被自动清理，包括该函数的 Pod 和 Service。

（2）NewDeploy

Poolmgr 很好地平衡了函数的冷启动时间和闲置成本，但无法让函数根据度量指标自动伸缩。NewDeploy 执行器实现了函数的 Pod 的自动伸缩和负载均衡。NewDeploy 执行器工作原理如图 2-25 所示。

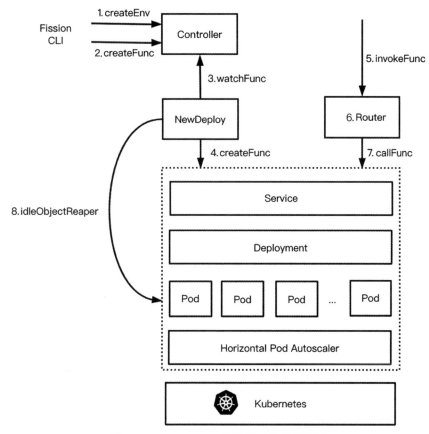

图 2-25　NewDeploy 执行器工作原理简图

NewDeploy 的基本流程如下。

1）使用 Fission CLI 向 Controller 发送请求，创建函数运行时需要的特定语言环境。

2）使用 Fission CLI 向 Controller 发送创建函数的请求。

3）NewDeploy 注册一个 FuncController 持续监听针对函数的增删改查事件。

4）NewDeploy 监听到了函数的增加事件后，会根据 minScale 的取值判断是否立即为该函数创建相关资源。

- minScale > 0，则立即为该函数创建 Service、Deployment、HPA（Deployment 管理的 Pod 会特化）等资源。
- minScale ≤ 0，则延迟到函数被真正触发时创建相关资源。

5）Router 接收到触发函数执行的请求，加载目标函数相关信息。

6）Router 向 NewDeploy 发送请求获取函数访问入口。如果函数所需资源已被创建，则直接返回访问入口；否则，创建好相关资源后再返回。

7）Router 使用返回的 ServiceUrl 访问函数。

8）如果该函数一段时间内未被访问，函数的目标副本数会被调整成 minScale，但不会删除 Service、Deployment、HPA 等资源。

上述两种执行器可以在 FN Creat 的时候通过参数控制。

- --executortype poolmgr
- --executortype newdeploy

NewDeploy 和 Poolmgr 的性能对比如表 2-4 所示。

表 2-4　NewDeploy 和 Poolmgr 的性能对比

类型	min Scale	Latency	Idle Cost
NewDeploy	0	High	极低，闲置时间过后，pods 将会被清理干净
NewDeploy	>0	Low	中，最小刻度的 pods 数量总是在增加
Poolmgr	0	Low	低，pods 池总是存在的

（3）触发器

在触发器层面，Fission 支持多样化的触发器，例如 Synchronous Req/Rep 类的有 Fission CLI、HTTP Trigger 等，Job (Master/Worker) 类的有 Time Trigger 等，Async Message Queue 类的有 Message Queue Trigger（包括 NATSStreaming、AzureStorageQueue、Kafka 等）和 Kubernetes Watch。

Fission 支持的触发器如图 2-26 所示。

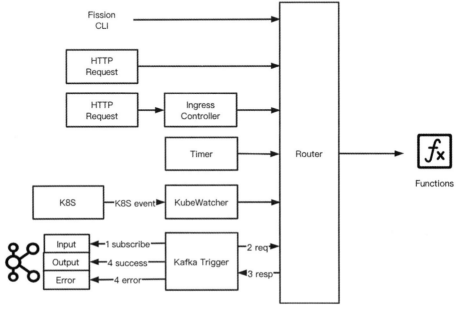

图 2-26　Fission 支持的触发器简图

（4）弹性伸缩

Fission 的自动伸缩以 CPU 使用率为标准。在上文中，可以明确 Fission 只有通过 New-Deploy 方式创建的函数才能利用 HPA 实现自动伸缩。

只能通过 NewDeploy 方法创建函数，且只有基于 CPU 使用率这一种指标（Kubeless 支持 CPU 和 QPS）过于局限。Fission 的自动伸缩容部分使用的是 Autoscaling/v1 版本的 HPA API。我们以一个 Demo 为例进行分析。

```
fission fn create --name hello --env python --code hello.py --executortype
    newde ploy --minmemory 64 --maxmemory 128 --minscale 1 --maxscale 6 --targetcpu 50
```

该命令将创建一个名为 hello 的函数，运行该函数的 Pod 会关联一个 HPA。该 HPA 会将 Pod 数量控制在 1 到 6 之间，并通过增加或减少 Pod 个数使得所有 Pod 的平均 CPU 使用率维持在 50%。

（5）日志

Fission 的日志处理流程如图 2-27 所示。使用 DaemonSet 在集群中的每个工作节点上部署一个 Fluentd 实例，以便采集当前节点上的容器日志。这里，Fluentd 容器将包含容器日志的宿主机目录 /var/log/ 和 /var/lib/docker/containers 挂载进来，方便直接采集。Fluentd 将采集到的日志存储至 InfluxDB 中。用户使用 Fission CLI 查看函数日志。例如，使用命令 fission function logs --name hello 可以查看到函数 hello 产生的日志。

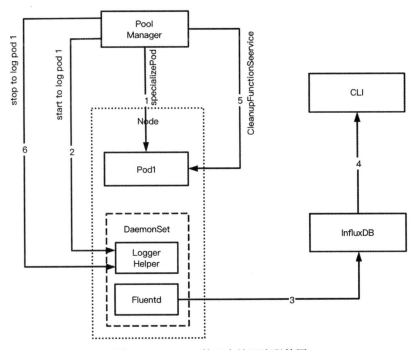

图 2-27　Fission 的日志处理流程简图

2.2.4 Kubeless

Kubeless 是一个相对成熟的项目。与其他一些比较成熟的例如 Fisson、OpenWhisk 等开源 FaaS 平台相比，它们在 GitHub 上的活跃度对比如表 2-5 所示。

表 2-5　常见开源 FaaS 平台在 GitHub 活跃度对比

	Watch	Star	Fork
Knative	113	3600	758
Kubeless	173	4775	491
Fission	147	4436	399
OpenWhisk	235	4090	793

Kubeless 是在 Fission 之后开源的项目，该项目也是基于 Kubernetes 实现的。Kubeless 是一款和 AWS Lambda、Azure Functions 以及 Google Cloud Functions 类似的产品。如果你想要寻找这三款产品的替代品，可以尝试使用 Kubeless。

1. 功能与策略

（1）运行时

相对来说，Kubeless 的运行时是比较丰富的，和 OpenWhisk、Fission 等相比不分伯仲。常见开源 FaaS 平台运行时支持对比如表 2-6 所示。

表 2-6　常见开源 FaaS 平台运行时支持对比

	Kubeless	Fission	OpenWhisk
Binary		√	
Go	√	√	√
.NET	√	√	√
Node.js	√	√（Alphine、Debian）	√
Perl		√	
PHP	√	√	√
Python	√	√	
Ruby	√	√	√
Java	√	√	√
Rust			√
Swift			√
Ballerina	√		√
统计	8	9	9

其中，OpenWhisk 拥有多种灵活的包。以 Python 为例，其包括 Python2Action、Python3-AiAction、PythonAction 以及 PythonActionLoop 等。Fission 相对来说比较自由，因为其支

持 Binary，也就是说很多语言可以以二进制形式上传并且使用。理论上，Kubeless 可以按照某些规则自定义运行时。

对于运行时部分，这里有一个关于代码初始化（Init）的有趣对比，如表 2-7 所示。

表 2-7　常见开源 FaaS 平台运行时初始化策略对比

	Kubeless	Fission	OpenWhisk
Init	装载到 Image 中	POST	POST

在之前介绍过的 Fission 和 OpenWhisk 等开源 FaaS 项目中，代码放入容器的方法基本上是通过 POST 形式实现的。也就是说，容器启动，然后初始化代码。容器启动过程实际上是冷启动过程。容器启动之后，对代码登记进行初始化的过程是温启动过程，这样做的目的是提高代码启动效率、降低冷启动率，并解决降低冷启动带来的延时问题。但是在 Kubeless 中，这个操作是完全不同的。Kubeless 的代码初始化是在建立镜像的时候完成的，通过引用已有的镜像，然后在 Dockerfile 中使用 ADD 指令，将代码等资源装载到程序中，然后完成容器的启动以及代码的执行。相对前者而言，Kubeless 实际上是针对每段代码定制化容器，这种做法的劣势是很难对其进行池化，或者很难对其降低冷启动率等进行优化。

（2）触发器

在触发器层面，Fission 的触发器种类明显比 Kubeless 要多。这也从另一个方面说明 Fission 相对比 Kubeless 灵活一些，如表 2-8 所示。

表 2-8　常见开源 FaaS 平台触发器支持情况对比

类型	Kubeless	Fission
CLI	√	√
HTTP	√	√
CronJob	√	√
Kafka	√	√
NATS	√	√
Kinesis	√	
Azure Storage Queue		√
Kubernetes Watch		√

但是，Kubeless 是可以自定义触发器的，只要按照一定的规范和标准。Kubeless 支持的触发器如图 2-28 所示。

在自定义触发器部分，Kubeless 的相关中文描述如下。

● 为新的事件源创建一个 CRD 来描述事件源触发器。

● 在自定义资源对象的 spec 里描述该事件源的属性，例如 KafkaTriggerSpec、HTTP-TriggerSpec。

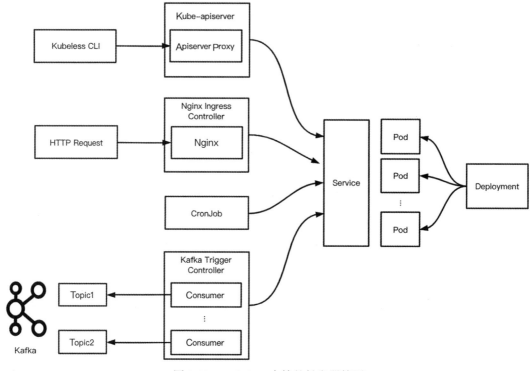

图 2-28　Kubeless 支持的触发器简图

- 为该 CRD 创建一个 CRD Controller。
- 该 Controller 需要持续监听针对事件源触发器和 Function 的增删改查操作并做出正确的处理。
- 当事件发生时，触发关联函数的执行。

（3）自动伸缩

自动伸缩策略在 OpenWhisk 中表现得一般。其定义的自动伸缩能力是第一次启动一定是冷启动，之后会维护一种类似资源池的操作。但是严格来讲，这并不算是一种自动伸缩的能力，虽然同样降低了冷启动率，但是这种做法更应该被称为资源池化。而 Fission 相对来说是资源池 + 弹性伸缩（AS）策略。但是，Fission 的 AS 策略完全依赖 HPA API V1，也就是说，只能基于 CPU 使用率来实现自动伸缩策略。Kubeless 和 Fission 同样利用了 Kubernetes 的 HPA。不同的是，Kubeless 支持基于 CPU 和 QPS 两种指标进行自动伸缩，如图 2-29 所示。

可以说，针对降低冷启动率（此处包括池化和自动扩缩两部分），OpenWhisk、Fission 以及 Kubeless 这三者做法是不同的，如表 2-9 所示。

Kubeless 基于 CPU 的自动伸缩方法和 Fission 方法基本一致，示例如下。

```
kubeless autoscale create hello --metric=cpu --min=1 --max=3 --value=70
```

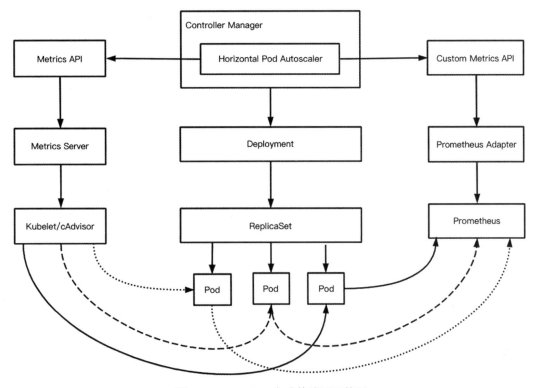

图 2-29　Kubeless 自动伸缩原理简图

表 2-9　常见开源 FaaS 平台弹性伸缩策略对比

类型	Kubeless	Fission	OpenWhisk
资源池		√	√（类似资源池）
自动扩缩	√（CPU+QPS）	√（CPU）	

　　通过设置最小容器数量、最大容器数量以及 CPU 使用率的值来实现自动伸缩。这条指令在 HPA 中的配置如下。

```
kind: HorizontalPodAutoscaler
apiVersion: autoscaling/v2alpha1
metadata:
    name: hello
    namespace: default
    labels:
        created-by: kubeless
        function: hello
spec:
    scaleTargetRef:
        kind: Deployment
        name: hello
    minReplicas: 1
```

```
maxReplicas: 3
metrics:
- type: Resource
    resource:
        name: cpu
        targetAverageUtilization: 70
```

在 Kubernetes 中计算 POD 数量如下。

```
TargetNumOfPods = ceil(sum(CurrentPodsCPUUtilization) / Target)
```

Kubeless 基于 QPS 指标的自动伸缩方法则是基于 HPA API V2 所拥有或者所继承的特性实现的。这一指标在 HPA API V1 中并不具备，所以 Fission 不具备该指标进行 AS：

```
kubeless autoscale create hello --metric=qps --min=1 --max=5 --value=2k
```

通过这条指令，可以看到 Metric 指定为 qps，容器数量最小为 1，最大为 5。这里，Value 的意思是确保所有挂在服务 hello 后的 Pod 每秒能处理的请求次数之和达到 2000。这条指令在 HPA 配置如下。

```
kind: HorizontalPodAutoscaler
apiVersion: autoscaling/v2alpha1
metadata:
    name: hello
    namespace: default
    labels:
        created-by: kubeless
        function: hello
spec:
    scaleTargetRef:
        kind: Deployment
        name: hello
    minReplicas: 1
    maxReplicas: 5
    metrics:
    - type: Object
        object:
            metricName: function_calls
            target:
                apiVersion: autoscaling/v2beta1
                kind: Service
                name: hello
        targetValue: 2k
```

这里要注意一点，虽然 Kubeless 提供了 CPU 和 QPS 这样两种指标，但是实际上还可以基于多项指标实现，只不过需要额外的配置，需要一定的学习成本。但是不可否认，在自动伸缩中，Kubeless 做得相对更加成熟、稳定，虽然底层也是依赖于 K8S HPA API，但是并没有像 Fission 一样陈旧过时。

（4）可视化

Kubeless 除了拥有 Kubernetes 的可视化管理之外，还拥有一个基于 React 的 Web UI，如图 2-30 所示。

图 2-30　Kubeless Web UI 示例

通过 Kubeless Web UI，用户可以很轻松地新建 Function，修改编辑 Function 以及运行 Function。虽然其功能简单，但是确实极大地降低了开始使用的难度。另外，Kubeless 还提供了该程序的 Docker Image 等，以便帮助用户快速构建可视化管理工具。

2. 对比与总结

（1）运行时

- Kubeless 提供了常见的运行时，而且某些语言提供了多种版本，例如 Python2.6、2.7、3.6、3.7 等，相对来说比较丰富。
- Kubeless 除了提供常见的运行时，还提供了自定义运行时的接口，这样会使运行时更加灵活，适用于高级使用者。
- Kubeless 运行时并不像其他语言，直接通过 Docker Image 运行镜像，并初始化代码进入，而是通过现有的 Docker Image，将代码打包放入新的 Image，然后再进行后续操作，这样做带来的致命缺点就是大大提高了冷启动率。

（2）函数结构

- Kubeless 通过综合运用 Kubernetes 中的多种组件以及各语言的动态加载能力实现了从用户源码到可执行函数的构建。
- 考虑到函数运行的安全性，Kubeless 通过 Security Context 机制限制容器中的进程以非 root 身份运行。

（3）触发器

- Kubeless 提供了一些常用的触发器，如果有其他事件源也可以通过自定义触发器接入。

- 不同事件源的接入方式不同，但最终都是通过访问函数 ClusterIP 类型的触发函数执行。
- Kubeless 虽然提供了种类丰富的触发器，但是并没有像 Fission 和 OpenWhisk 一样将触发器编排起来，这就让触发场景变得捉襟见肘，而且也不够灵活。

（4）自动伸缩

- Kubeless 依赖 Kubernetes HPA API V2，通过 CPU 和 QPS 两种指标实现，同时提供更高级的操作方法，即通过自定义指标组合实现。
- 由于过分地依赖 Kubernetes HPA，因此 Kubeless 也继承了它的一些特性，即 Pod 数量不能小于 1。这在 FaaS 平台显得不是很合理，因为某些函数在用户使用之后会进入静默状态，这时可以将 Pod 降低到 0 以节约资源，但是 Kubeless 不能实现。
- 目前的自动伸缩策略更多是依靠规则，而不是通过预测。但是不可否认，Kubeless 相对 Fission 和 OpenWhisk 已经做得很好了。

第二部分 *Part 2*

开 发 入 门

Chapter 3 第 3 章

从零入门 Serverless

本章带领读者从创建函数入门 Serverless。

3.1 创建函数

实现 Hello World 是入门各种编程语言的第一节课。本章将会基于 Serverless 架构，在主流云厂商的 FaaS 平台上实现 Hello World 函数创建。

其实无论是哪个云厂商，通过其 FaaS 平台实现 Hello World，步骤基本是一致的。

1）注册账号，并登录。

2）找到对应的 FaaS 产品，例如 AWS Lambda、阿里云函数计算等。

3）点击"创建函数"按钮，创建函数。

4）配置函数，包括函数名称、运行时（可以认为是要使用的编程语言，或者要使用的编程环境等）。

5）完成创建，并进行测试。

3.1.1 AWS Lambda

当注册完 AWS 账号，用户可以在 AWS 的控制台找到 Lambda 这款产品，然后进入该产品页面，如图 3-1 所示。

点击"创建函数"按钮，进行函数的创建，如图 3-2 所示。

填写好函数名称，并且选择一种自己熟悉的语言，点击"创建函数"按钮，就可以完成函数的创建。AWS Lambda 函数的编辑页面如图 3-3 所示。

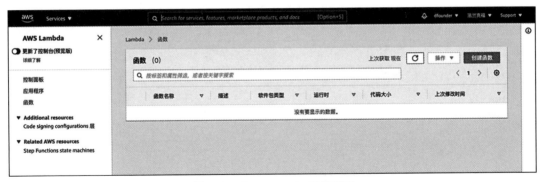

图 3-1　AWS Lambda 产品页面

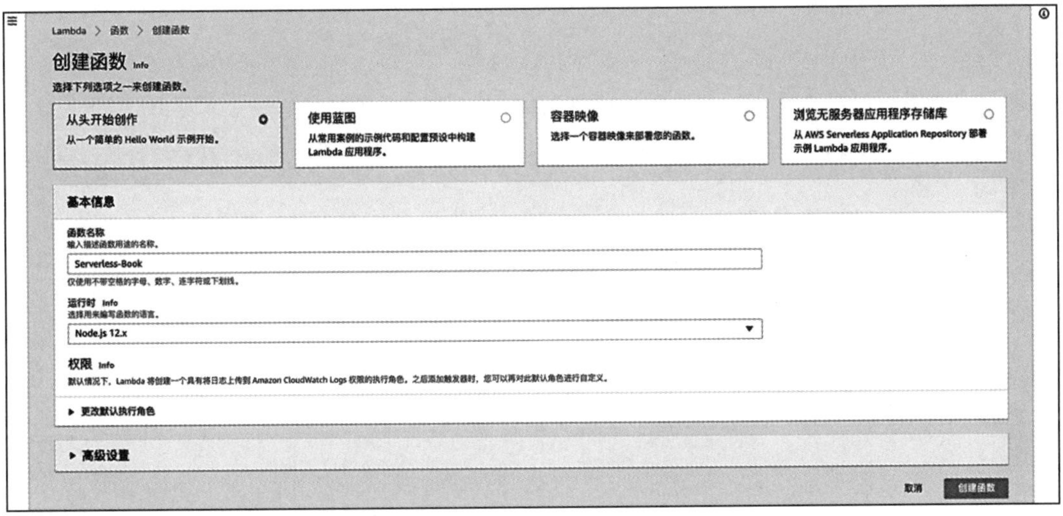

图 3-2　AWS Lambda 创建函数页面

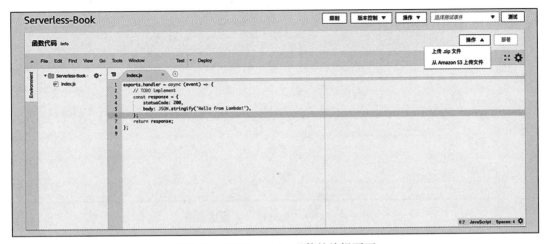

图 3-3　AWS Lambda 函数的编辑页面

点击"测试"按钮，并且设置一个事件，如图 3-4 所示。

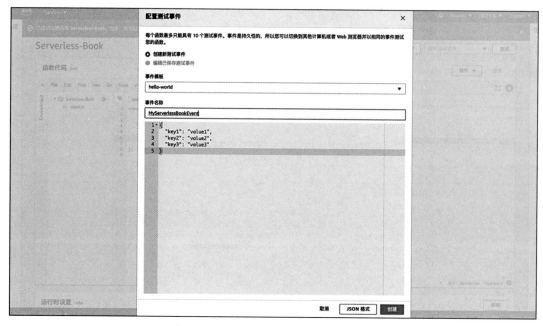

图 3-4　AWS Lambda 设置测试事件页面

事件创建完成之后，再次点击"测试"按钮，即可看到程序的运行结果，如图 3-5 所示。

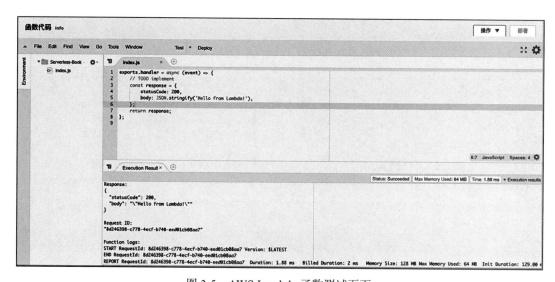

图 3-5　AWS Lambda 函数测试页面

至此，一个非常简单的函数就创建成功了。

3.1.2　Google Cloud Functions

注册 Google Cloud 账号并登录。

登录完成之后，找到 Google Cloud Functions 产品，并新建函数，如图 3-6 所示。

图 3-6　Google Cloud Functions 创建函数引导页面

配置函数信息，如图 3-7 所示。

图 3-7　Google Cloud Functions 函数配置页面

配置函数名称、地域，并且在触发器部分点击"确定"按钮，即可成功配置触发器，之后进行下一步，如图 3-8 所示。

代码编辑完成之后，用户可以进行在线的部署操作。部署完成之后，可以在函数列表页面看到刚刚完成创建的函数，如图 3-9 所示。

在函数列表页面找到该函数，然后点击进入，点击"测试"按钮即可进行函数的基本测试，如图 3-10 所示。

图 3-8　Google Cloud Functions 函数编辑页面

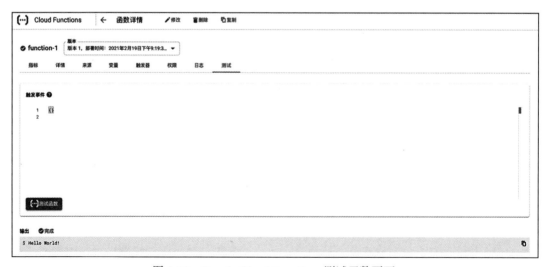

图 3-9　Google Cloud Functions 函数列表页面

图 3-10　Google Cloud Functions 测试函数页面

可以看到，系统顺利输出了预期的结果。至此，我们在 Google Cloud Functions 上完成了一个函数的创建和测试过程，并顺利输出 Hello World!

3.1.3　阿里云函数计算

当注册并登录阿里云账号之后，找到函数计算产品，并点击进入产品首页，如图 3-11 所示。

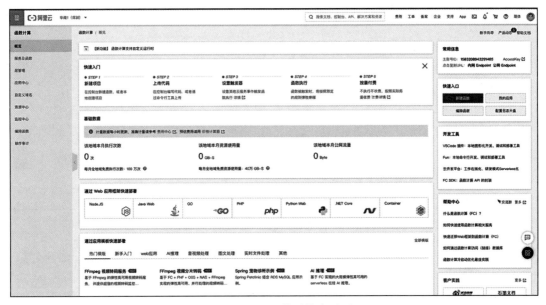

图 3-11　阿里云函数计算产品页面

点击"新建函数"按钮，并选择事件函数，如图 3-12 所示。

图 3-12　阿里云函数计算新建函数页面

此时，可以进行相关的配置，如图 3-13 所示。

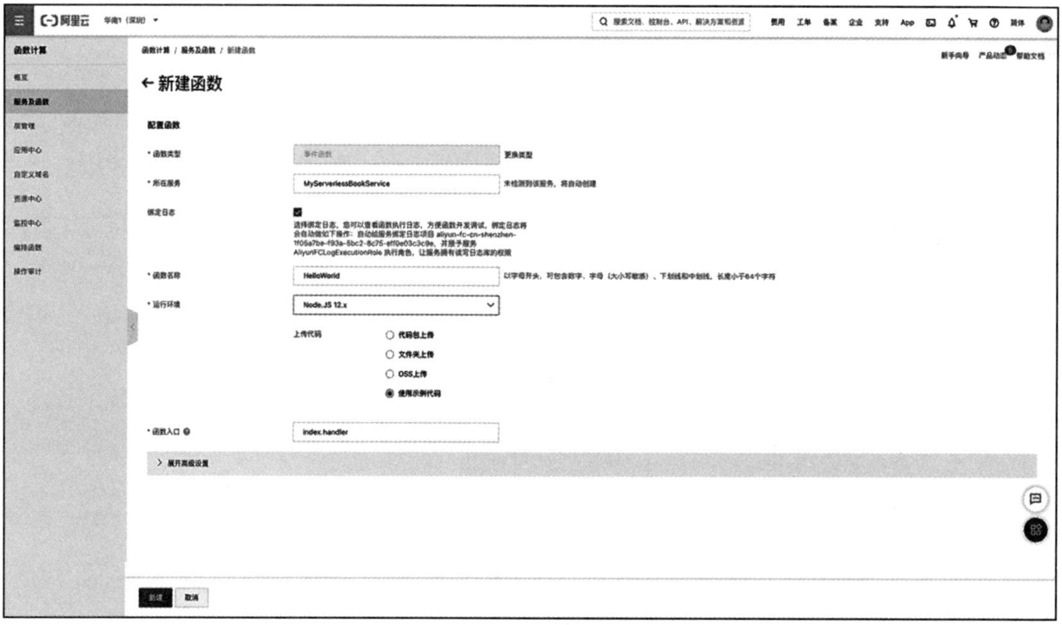

图 3-13 阿里云函数计算配置函数页面

相对于其他的云平台，阿里云函数计算不仅要为即将创建的函数设置一个函数名称、选择运行时等，还需要设置该函数所在的服务。阿里云函数计算的体系中有服务的概念。

引入服务的概念会带来以下好处。

- 相关联的函数可以放在一个服务下，以便有效地进行分类，这种分类实际上比标签分类更直观明了。
- 相关联的函数在同一个服务下可以共享一定的配置，例如 VPC 的配置、NAS 的配置，甚至是某些日志仓库的配置等。
- 通过服务，用户可以很好地做函数的环境划分，例如有一个相册项目，该项目可能存在线上环境、测试环境、开发环境，那么用户可以在服务层面做区分，即可以设定 album-release、album-test、album-dev 三个服务，进而做环境的隔离。
- 通过服务，用户可以很好地收纳函数。大的项目可能会产生很多函数，如果统一将函数放在入口方法之外会显得非常混乱，可以通过服务进行有效的收纳。

完成函数的创建之后，用户可以进行代码的编辑。和 AWS Lambda、Google Cloud Functions 类似，阿里云函数计算同样支持通过对象存储上传代码、直接上传代码包，以及在线编辑，如图 3-14 所示。除此之外，阿里云函数计算还支持直接上传文件夹。

保存代码之后，选择"执行"按钮，进行函数的触发和测试，如图 3-15 所示。

代码执行完成之后，可以看到系统已经输出相关的日志：Hello World。至此，一个非常简单的函数就创建成功了。

图 3-14　阿里云函数计算代码编辑页面

图 3-15　阿里云函数计算代码执行页面

3.1.4　华为云函数工作流

　　和其他云平台一样，使用华为云的 FaaS 平台叫函数工作流，创建函数同样需要先创建一个华为云账号并且登录。登录之后，找到函数工作流 FunctionGraph，如图 3-16 所示。

　　然后点击"创建函数"按钮，即可开始创建函数，如图 3-17 所示。

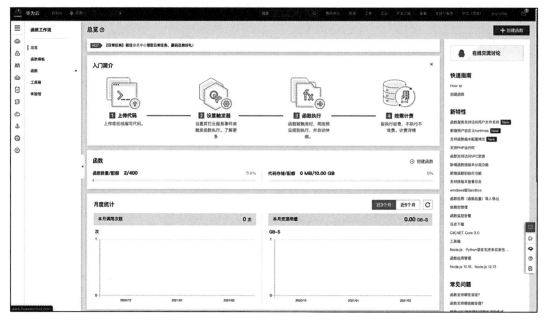

图 3-16　华为云函数工作流产品页面

图 3-17　华为云函数工作流创建函数页面

设定好函数名称、所属应用，并且选择好运行时等，即可完成函数创建，如图 3-18 所示。

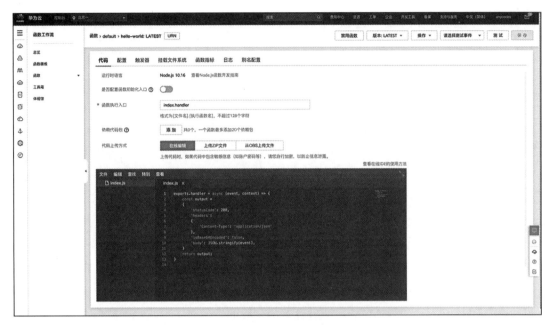

图 3-18　华为云函数工作流代码编辑页面

完成函数创建之后，选择图 3-18 右上角的"测试"按钮，并设置触发事件的格式，即可进行测试操作，如图 3-19 所示。

图 3-19　华为云函数工作流测试事件配置页面

测试结果如图 3-20 所示。

图 3-20 华为云函数工作流测试结果页面

完成之后，点击"详细信息"，即可查看函数的输出结果。至此，我们在华为云函数工作流平台创建了一个简单的函数，并进行了基础的测试。

3.1.5 腾讯云云函数

注册完成腾讯云账号并登录之后，在云产品中选择云函数，如图 3-21 所示。

图 3-21 腾讯云云函数产品页面

选择云函数之后，选择函数服务，并点击"新建"按钮，如图 3-22 所示。

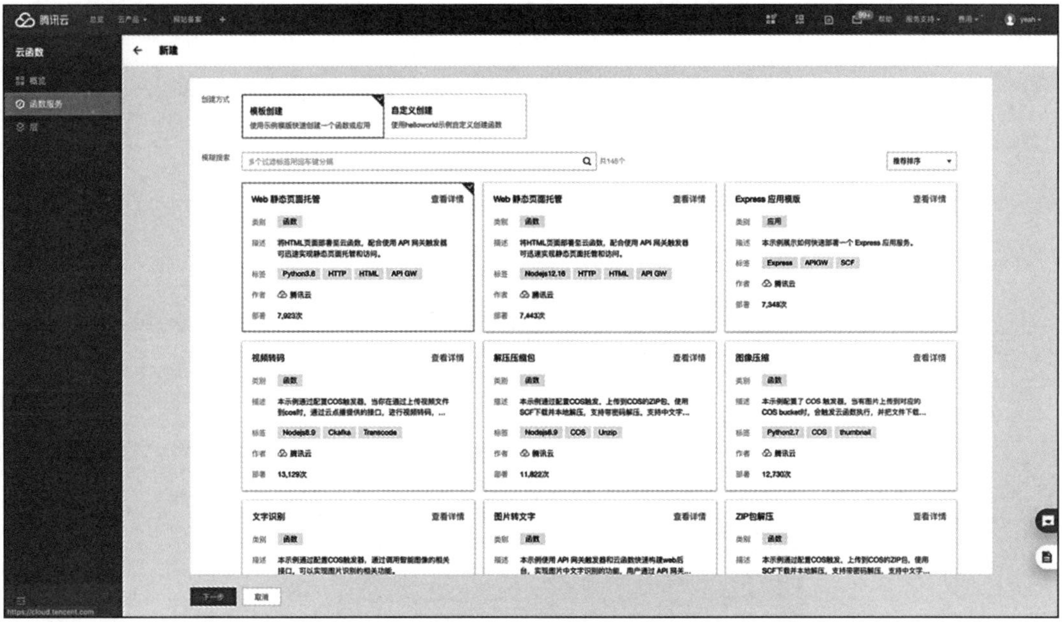

图 3-22 腾讯云云函数创建函数页面

选择"自定义创建"，进行配置，如图 3-23 所示。

图 3-23 腾讯云云函数代码编辑页面

配置好函数名称、地域以及运行环境，即可点击"完成"按钮进行部署，如图 3-24 所示。

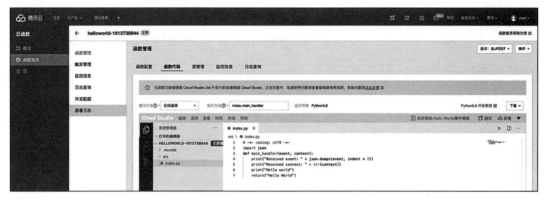

图 3-24　腾讯云云函数函数部署页面

稍等片刻，即可完成函数创建，如图 3-25 所示。

图 3-25　腾讯云云函数函数部署完成页面

跳转到函数代码页面，点击"测试"按钮，进行函数的测试，如图 3-26 所示。

图 3-26　腾讯云云函数代码测试页面

完成测试后，可以看到系统已经输出相对应的结果：Hello World。

3.2　开发一个 Serverless 应用

通过 Serverless 架构建立一个函数，并输出了 Hello World，表明已经完成 Serverless 架构的初体验。接下来，我们以其中一个云厂商为例（例如阿里云）进行基础的小工具开发和建设，帮助读者进一步了解 Serverless 架构。

在日常生产中，获取客户端外网 IP 是一个非常常见的需求，但是在客户端直接获取外网 IP 实际上是一件比较困难的事情。这时候就会有一个简单的方法：在服务端开一个接口，即当客户端调用该接口之后，该接口返回其 IP 地址。

如果选择用 Python 语言来开发这个项目，其传统 Web 组件模型如图 3-27 所示。

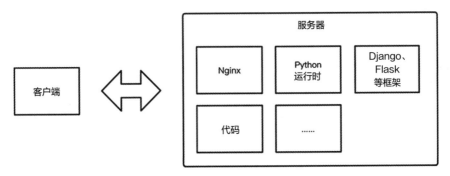

图 3-27　传统 Web 项目组件模型简图

这里包括 Nginx、Python 的环境，以及所需要的 Web Framework（例如 Django、Flask、Bottle、Web2py 等），除此之外还包括业务逻辑。在项目开发完成，上线之后，用户还需要对服务器的健康等持续关注，必要时还要做一些高可用方案。在 Serverless 架构下，这个过程将会变得非常简单，如图 3-28 所示。

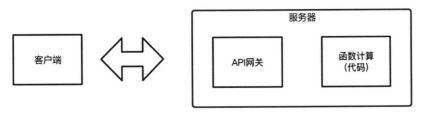

图 3-28　Serverless 应用组件模型简图

在整个项目中，用户无须关注 Nginx 这些服务器软件，无须关注 Python 等环境的安装配置，更不用关注服务器的运维操作，在很多时候也无须关注高可用，只需关心函数代码。让使用者更关注业务逻辑，这也是 Serverless 的优势之一。

3.2.1 知识准备

为了更好地完成项目，以阿里云函数计算为例，在开始项目之前，我们需要明确一些概念、储备一些基础知识。

1. 什么是运行时

所谓的运行时，我们可以认为是一种环境或者说是一种支持，例如阿里云函数计算提供了 Python 2.7 的运行时，可以认为你的 Python 2.7 的应用是可以运行在该环境中的。针对不同的运行时，官方文档中都会有相关的描述。以 Python 相关的运行时为例，在官网上可以看到相关运行时的描述信息，包括日志的输出方法、所支持的编程语言及版本、所运行的系统类型及版本，以及默认集成的工具 / 模块 / 依赖等。

2. 什么是触发器

众所周知，函数计算是通过事件进行触发的。触发器是触发函数执行的方式。在事件驱动的计算模型中，事件源是事件的生产者，函数是事件的处理者，而触发器提供了一种集中、统一的方式来管理不同的事件源。如果发生的事件满足触发器定义的规则，事件源会自动调用触发器所对应的函数。

当然，不同的事件源和函数有一个事件的数据结构的规约。当事件源因为某些规则触发了函数，那么预先规约好的数据结构将会作为参数之一传递给函数。阿里云对象存储与函数计算规约的事件数据结构如下。

```
{
    "events": [
        {
            "eventName": "ObjectCreated:PutObject",
            "eventSource": "acs:oss",
            "eventTime": "2017-04-21T12:46:37.000Z",
            "eventVersion": "1.0",
            "oss": {
                "bucket": {
                    "arn": "acs:oss:cn-shanghai:123456789:bucketname",
                    "name": "testbucket",
                    "ownerIdentity": "123456789",
                    "virtualBucket": ""
                },
                "object": {
                    "deltaSize": 122539,
                    "eTag": "688A7BF4F233DC9C88A80BF985AB7329",
                    "key": "image/a.jpg",
                    "size": 122539
                },
                "ossSchemaVersion": "1.0",
                "ruleId": "9adac8e253828f4f7c0466d941fa3db81161****"
            },
            "region": "cn-shanghai",
```

```
        "requestParameters": {
            "sourceIPAddress": "140.205.***.***"
        },
        "responseElements": {
            "requestId": "58F9FF2D3DF792092E12044C"
        },
        "userIdentity": {
            "principalId": "123456789"
        }
    }
  ]
}
```

如果为函数计算设置了 OSS 触发器，并绑定了某个对象存储的存储桶，当这个存储桶满足绑定操作时，会生成一个事件并触发函数。例如，为函数计算设置一个 OSS 触发器，并绑定存储桶 MyServerlessBook（这个存储桶通常需要和用户设置的函数在同一个账号、同一个地域中），且设置一个触发条件 oss:ObjectCreated:PutObject（调用 PutObject 接口上传文件即会触发该函数），一旦该存储桶收到以 PutObject 接口上传的文件，就会按照之前规约好的数据结构生成一个事件，触发当前函数并将事件作为参数传递给函数。

3. 什么是函数入口

在学习 C 语言的时候，我们知道一个叫 main 的函数。main 函数称为主函数。C 程序总是从 main 函数开始执行，例如：

```c
#include <stdio.h>
int main(void)
{
    printf("HelloWorld!\n");
    return 0;
}
```

其实在函数计算中也是这样，在创建函数的时候，也需要告知系统入口方法是什么。通常情况下，函数入口的格式为 [文件名].[函数名]。以 Python 为例，创建函数时指定的 Handler 为 index.handler，那么函数计算会去加载 index.py 中定义的 handler 函数。通常情况下，一个函数计算的入口方法会有两个参数，一个是 event，一个是 context：

```python
def handler(event, context):
    return 'hello world'
```

- event：用户自定义的函数入参，以字节流的形式传给函数。其数据结构由用户自定义，可以是简单的字符串、JSON 对象、图片（二进制数据）。函数计算不对 event 参数的内容进行任何解释。

对于不同的函数触发情况，event 参数的值会有以下区别。

- 事件源服务触发函数时，会将事件以一种平台预定义的格式作为 event 参数的数据结构传给函数。用户可以根据此格式编写代码并从 event 参数中获取信息。例如 OSS

触发器触发函数时，会将存储桶及文件的具体信息以 JSON 格式传递给 event 参数。

- 函数通过 SDK 直接调用时，用户可以在调用方法和函数代码之间自定义 event 参数。调用方按照定义好的格式传入数据，函数代码按格式获取数据。例如定义一个 JSON 类型的数据结构 {"key":"val"} 作为 event 参数的数据结构。当调用方传入数据 {"key":"val"} 时，函数先将字节流转换成 JSON 格式，再通过 event["key"] 来获得值 val。

  - context：函数计算平台定义的函数入参。它的数据结构由函数计算设计，包含函数运行时的信息。其使用场景通常有两种，一种是获取用户的临时密钥信息，通过 context 中的临时密钥去访问阿里云的其他服务（使用示例中以访问 OSS 为例），避免在代码中使用密钥硬编码。另一种是获取本次执行的基本信息，例如 requestId、serviceName、functionName、qualifier 等。在阿里云函数计算中，context 的结构基本如下。

```
{
    requestId: '9cda63c3-1ac9-45ba-8a59-2593bb9bc101',
    credentials: {
        accessKeyId: 'xxx',
        accessKeySecret: 'xxx',
        securityToken: 'xxx'
    },
    function: {
        name: 'xxx',
        handler: 'index.handler',
        memory: 512,
        timeout: 60,
        initializer: 'index.initializer',
        initializationTimeout: 10
    },
    service: {
        name: 'xxx',
        logProject: 'xxx',
        logStore: 'xxx',
        qualifier: 'xxx',
        versionId: 'xxx'
    },
    region: 'xxx',
    accountId: 'xxx'
}
```

当然，在第 2 章中，细心的读者应该已经发现，阿里云函数计算相对于其他云厂商的函数计算，在创建函数的时候多了一个选项：HTTP 函数。与普通的事件函数不同的是，HTTP 函数更适合快速构建 Web 服务等场景。HTTP 触发器支持以 HEAD、POST、PUT、GET 和 DELETE 方式触发函数。同时，HTTP 函数的入参和 Response 也略微不同，以官方例子为例：

```
# -*- coding: utf-8 -*-
import json
```

```
HELLO_WORLD = b"Hello world!\n"
def handler(environ, start_response):
    request_uri = environ['fc.request_uri']
    response_body = {
        'uri':environ['fc.request_uri'],
        'method':environ['REQUEST_METHOD']
    }
    # do something here
    status = '200 OK'
    response_headers = [('Content-type', 'text/json')]
    start_response(status, response_headers)
    # Python2
    return [json.dumps(response_body)]
    # Python3 tips: When using Python3, the str and bytes types cannot be mixed.
    # Use str.encode() to go from str to bytes
    # return [json.dumps(response_body).encode()]
```

当然，HTTP 函数的一个优势是更加容易与传统的 Web 框架进行结合。以 Python 的轻量级 Web 框架 Flask 为例：

```
# index.py
from flask import Flask
app = Flask(__name__)
@app.route('/')
def hello_world():
    return 'Hello, World!'
```

此时，只需要将函数的入口方法设置为 index.app，即可实现一个 Flask 项目运行在函数计算上。这个过程相对于很多在函数计算层面将 JSON 对象转换成 Request 对象的方案要方便得多。当然除了这一点之外，HTTP 函数的优势还包括如下内容。

- 减少了开发人员的学习成本和调试过程，可帮助开发人员快速使用函数计算搭建 Web Service 和 API。
- 支持选择熟悉的 HTTP 测试工具验证函数计算侧的功能和性能。
- 减少请求处理环节，HTTP 触发器支持更高效的请求、响应格式，不需要编码或解码成 JSON 格式，性能更优。
- 方便对接其他支持 Webhook 回调的服务，例如 CDN 回源、MNS 等。

3.2.2　项目开发

1. 原生 FaaS 开发

要想获得用户的 IP 地址，就要根据函数计算的特性，寻找到事件的数据结构，并在该数据结构中找到客户端 IP 的字段。首先创建一个 HTTP 函数，输出 environ：

```
# -*- coding: utf-8 -*-
import json
def handler(environ, start_response):
```

```
print(environ)
response_body = {}
response_headers = [('Content-type', 'text/json')]
start_response('200 OK', response_headers)
return [json.dumps(response_body).encode()]
```

完成之后，执行该函数，可以看到输出的日志中有 REMOTE_ADDR 字段，存放的是客户端的 IP 地址，如图 3-29 所示。

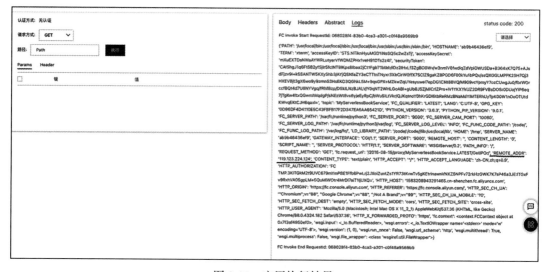

图 3-29　应用执行结果

此刻，我们可以通过 environ['REMOTE_ADDR'] 来获得该 IP 地址：

```
# -*- coding: utf-8 -*-
import json
def handler(environ, start_response):
    response_body = {
        'IP':environ['REMOTE_ADDR']
    }
    response_headers = [('Content-type', 'text/json')]
    start_response('200 OK', response_headers)
    return [json.dumps(response_body).encode()]
```

测试代码，可以看到已经正确输出 IP 地址，如图 3-30 所示。

通过函数计算调试 HTTP 触发器结果如图 3-31 所示。

在客户端用命令行工具测试，如图 3-32 所示。

2. 基于 Web 框架开发

首先在本地创建一个 Flask 项目，并且新建文件 index.py：

```
from flask import Flask, request
```

```python
app = Flask(__name__)


@app.route('/')
def index():
    return {"IP": request.remote_addr}


if __name__ == '__main__':
    app.run(
        host="0.0.0.0",
        port=int("8001")
    )
```

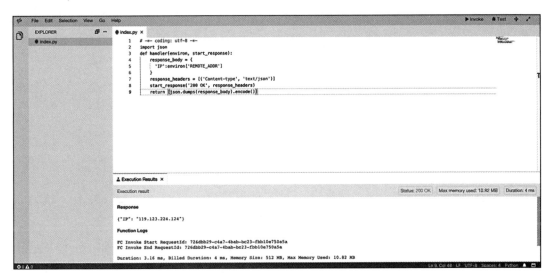

图 3-30　应用执行结果

图 3-31　通过函数计算调试 HTTP 触发器结果

图 3-32　客户端测试 HTTP 触发器

安装项目所需要的依赖到当前项目下，例如本项目只需要一个 flask 即可：

```
pip3 install flask -t ./
```

安装完成之后，可以在本地启动该项目进行基本测试，如图 3-33 所示。

图 3-33　本地测试结果

此时，我们已在阿里云函数计算上创建了一个 HTTP 函数。选择刚才的项目文件夹上传，同时函数入口要改成 index.app，如图 3-34 所示。

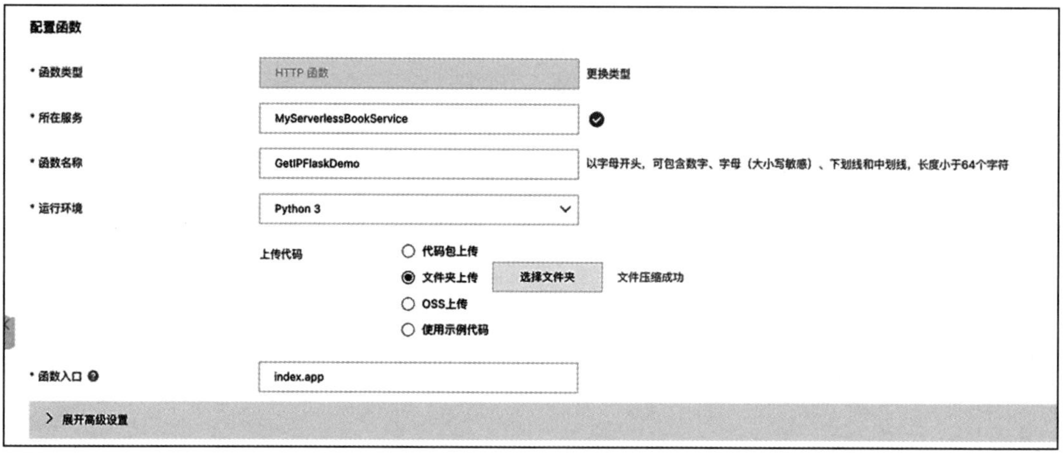

图 3-34　在函数计算上配置函数

然后点击"新建"按钮，进行函数创建。创建完成之后，可以在控制台点击"测试"按钮进行测试。如图 3-35 所示，可以看到已经成功输出 IP 地址。

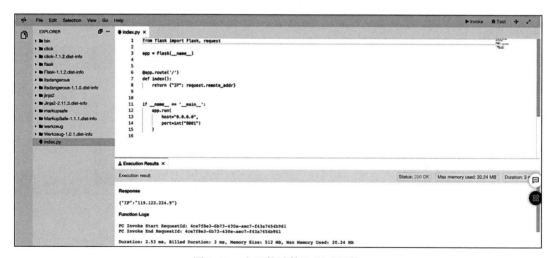

图 3-35　在函数计算上测试函数

当然，我们也可以使用默认生成的 URL 在本地进行测试，如图 3-36 所示。

图 3-36　在函数计算上调试 HTTP 触发器

测试结果如图 3-37 所示。

图 3-37　客户端测试 HTTP 触发器结果

3.2.3　举一反三

1. AWS Lambda

上面是以阿里云函数计算为例，在其他云厂商平台中实现该服务的方法与之类似，例如在 AWS Lambda 中，代码如下：

```
import json

def lambda_handler(event, context):
    return {
        'statusCode': 200,
        'body': json.dumps({"IP": event['requestContext']['http']['sourceIp']})
    }
```

运行结果如图 3-38 所示。

图 3-38　客户端测试 API 网关触发器

2. 腾讯云云函数

在腾讯云云函数中，代码如下：

```
# -*- coding: utf8 -*-
import json
def main_handler(event, context):
    response_body = {
        'IP': event['requestContext']['sourceIp']
```

```
    }
    return response_body
```

运行结果如图 3-39 所示。

图 3-39　客户端测试 API 网关触发器

3. 华为云函数工作流

在华为云函数工作流中，代码如下：

```
# -*- coding:utf-8 -*-
import json
def handler (event, context):
    return {
        "statusCode": 200,
        "isBase64Encoded": False,
        "body": json.dumps({"IP": event['headers']['x-real-ip']}),
        "headers": {
            "Content-Type": "application/json"
        }
    }
```

运行结果如图 3-40 所示。

图 3-40　客户端测试 API 网关触发器

至此，我们完成了一个简单地查询客户端 IP 的 API 服务的开发。相对于传统的自建服务器，Serverless 架构的优势非常明显，它让开发者仅关注自身的业务代码即可。无论是运行环境还是 API 网关等都交给云厂商来统一管理和维护。这对研发效率的提升、人力资源投入的降低，是有巨大帮助和推进作用的。除此之外，传统云主机需要机器一直运行，即使很长一段时间没有流量也要持续运行，而只要运行就会有费用产生。但是在 Serverless 架构下，当开发、测试完项目后，系统会处于静默状态。只有当请求到来、函数被触发的时候，系统才会产生费用。这对于整体资源成本的降低具有极大的帮助和促进作用。

3.3　触发器

触发器（Trigger）用于触发函数执行。不同云厂商会根据自己的业务，为 FaaS 平台提供多种触发器。其中比较常见的触发器包括 API 网关触发器、对象存储触发器、定时触发器等。阿里云函数计算提供的触发器如下。

- 对于事件函数，其提供的触发器包括对象存储触发器、API 网关触发器、日志服务触发器、MNS 触发器、定时触发器、表格存储触发器、消息队列 Kafka 版 Connector 触发器、IoT 触发器、云监控触发器、CDN 触发器以及事件总线 EventBridge 触发器等。
- 对于 HTTP 函数，其提供的触发器包括 HTTP 触发器。

当创建一个函数之后，我们更希望它在业务中发挥一定的作用。这时，如何让函数在业务中发挥作用，就要看配置的触发器了。

除此之外，触发器还可以按照函数的同步调用与异步调用来划分。通常情况下，函数调分为同步和异步调用。而函数是由事件驱动的，所以很多时候也将一些触发器区分为同步触发器和异步触发器。

所谓同步调用，即由同步触发器来触发函数，其所具有的特性是客户端期待服务端立即返回计算结果。请求到达函数计算时，会立即分配执行环境执行函数，如图 3-41 所示。

图 3-41　同步触发器示例

以 API 网关为例，API 网关同步触发函数计算，客户端会一直等待服务端的执行结果。如果执行过程中遇到错误，函数计算会将错误直接返回，而不会进行重试。这种情况下，客户端需要添加重试机制来做错误处理。

所谓异步调用，即由异步触发器触发函数，其通常是指客户端不急于立即知道函数结果，函数计算将请求丢入队列中即可返回成功，而不会等到函数调用结束，如图 3-42 所示。

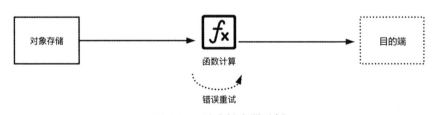

图 3-42　异步触发器示例

函数计算会逐渐消费队列中的请求，并分配执行环境和执行函数。如果执行过程中遇到错误，函数计算会进行重试。系统会以指数退避方式无限重试，直至成功。异步调用适用于数据处理，比如 OSS 触发器触发函数处理音视频、日志触发器触发函数清洗日志，都是对延时不敏感又需要尽可能保证任务执行成功的场景。如果用户需要了解失败的请求并对请求做自定义处理，可以使用目的端功能。

3.3.1 定时触发器

定时触发器是非常常见的一种触发器，也是绝大部分厂商所支持的触发器之一。它存在的意义就是在某个时间执行当前函数，例如每隔一段时间执行函数、每天定点执行函数或者每月/每周的某一天执行函数等。常见的应用场景如下。

- 批量数据的定时处理，例如每 1 小时收集全量数据并生成报表。
- 日常行为的调度，例如整点发送优惠券。
- 与业务解耦的异步任务，例如每天 0 点清理数据。

3.3.2 对象存储触发器

函数计算可以主动激发对象存储上的资源，但是如果对象存储的资源发生了变化，又如何告知函数计算呢？这时，我们就可以通过对象存储触发器来实现。通常情况下，对象存储触发器的规则包含两个部分。

- 行为：所谓的行为，是指上传、复制等操作，例如阿里云函数计算的对象存储触发器提供的行为包括：oss:ObjectCreated:PutObject（调用 PutObject 接口上传文件）、oss:ObjectCreated:PutSymlink（调用 PutSymlink 接口针对 OSS 上的 TargetObject 创建软链接）、oss:ObjectCreated:PostObject（调用 PostObject 接口使用 HTML 表单上传文件到指定的存储桶）、oss:ObjectCreated:CopyObject（调用 CopyObject 接口复制一个在 OSS 上已经存在的对象）等在内的 13 个基本行为。
- 规则：所谓的规则，是指在行为基础上进一步进行限制，例如如果用户上传的是 MP4 格式的视频，则转换成 AVI 格式，如果上传的是其他格式的视频，则不做操作，此时就可以使用创建行为（oss:ObjectCreated:*）与后缀 .mp4 进行组合，实现只有上传 MP4 格式的视频到指定存储桶，才会触发对应的函数进行转码操作。

对象存储触发器的用处有很多，常见的场景有：

- 图像的压缩、转换
- 音视频的转码、压缩
- 大数据的处理
- 文件解压等

3.3.3 API 网关触发器

API 网关触发器实际上是和函数计算结合最紧密的触发器之一。通过该触发器，我们可以快速实现传统的 API 服务。客户端通过 API 网关，将事件传递到函数计算，经过处理之后再返回。整个过程中，用户只需要关注业务逻辑即可，无须关注包括 Nginx 等在内的各种软件。同时，API 网关通常会提供相对完善、更简单的配置能力，例如白名单、黑名单、请求方法、请求参数、鉴权等。据有关组织统计，在 Serverless 架构中，FaaS+API 网关的搭配占调研应用的 70% 以上。这足以表明 API 网关在函数计算中的重要作用。

在阿里云函数计算中，我们可以认为有两种 API 网关触发器。虽然这种说法可能并不是十分准确，但是 API 网关触发器和 HTTP 触发器在一定程度上确实在解决同样的问题。

1. HTTP 触发器

在阿里云函数计算中，HTTP 触发器仅在 HTTP 函数中可以使用。相对于 API 网关触发器而言，其在一定程度上是有功能的减少，例如暂时没有提供黑名单、白名单等，但是有一个非常强大的优势：可以让使用者非常快速地将传统的 Web 项目迁移到函数计算上。

通常情况下，API 网关和函数计算所规约的数据结构是 JSON 类型。这就意味着传统的 Web 框架可能没办法很好地识别这个对象，需要将 JSON 对象转换成 Web 框架可识别的 Request 对象。但是 HTTP 触发器传递给函数的本身就是一个 Request 对象，这样用户可以非常简单、方便、快速地将传统的 Web 框架迁移到函数计算上。以 Python 的 Bottle 框架为例，我们只需要把入口方法设置为 index.app，并在函数计算中初始化 app 对象即可：

```
# index.py

import bottle


@bottle.route('/hello/<name>')
def index(name):
    return "Hello world"


app = bottle.default_app()


if __name__ == '__main__':
    bottle.run(host='localhost', port=8080, debug=True)
```

2. API 网关触发器

包括 AWS、阿里云等在内的绝大多数云厂商的 FaaS 产品支持 API 网关触发器。API 网关触发器与 HTTP 触发器类似，可用于搭建 Web 应用。相较于 HTTP 触发器，使用者可以使用 API 网关完成 IP 白名单或黑名单设置等高级操作。API 网关调用函数计算服务时，会将 API 的相关数据转换为 Map 形式传给函数计算服务。函数计算服务处理后，按照 Output Format 格式返回 statusCode、header、body 等相关数据。API 网关再将函数计算返回的内容映射到 statusCode、header、body 等位置并返给客户端，如图 3-43 所示。

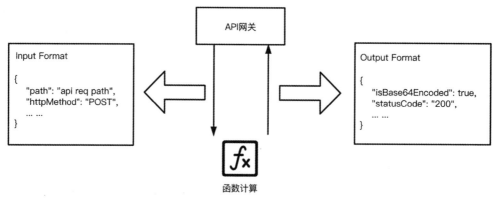

图 3-43 API 网关与函数计算结合的流程

3. CDN 触发器

CDN 触发器也是比较常见的一种触发器。该触发器的作用是当 CDN 系统捕获到指定类型、满足过滤条件的事件后，通过 CDN 事件触发器触发函数执行。

CDN 是建立并覆盖在承载网之上、由分布在不同区域的边缘节点服务器群组成的分布式网络。通常情况下，CDN 可以替代传统的以 Web 服务器为中心的数据传输模式，将源站资源缓存到云厂商所提供的全国各地的边缘服务器，供应用就近快速获取，提升用户体验，降低源站压力。函数计算通过配置内容分发网络事件触发器、集成 CDN 服务实现对 CDN 的各类事件的处理。例如，使用者可以设置函数和对应的 CDN 触发器来处理 www.anycodes.cn 域名下的资源刷新事件。当该域名下有资源刷新事件时，CDN 事件触发器会自动触发函数执行。

CDN 事件触发器可以实现函数计算与 CDN 服务的集成，使用场景如下。

- CDN 在预热（CachedObjectsPushed）和刷新（CachedObjectsRefreshed）用户数据后，通过触发器触发执行函数。用户可以及时得知资源预热 / 刷新的状态并进行下一步处理，避免不断轮询列表查询最新状态。
- 当在 CDN 上发现违禁内容（CachedObjectsBlocked）时，通过触发器触发执行函数直接去源站删除资源。
- 日志文件生成后（LogFileCreated），通过触发器触发执行函数处理日志。用户不需要长时间等待日志，即可及时转存或处理日志。
- 当某加速域名被停用（CdnDomainStopped）或者被启用（CdnDomainStarted），通过触发器触发执行函数及时做出相应的处理。

4. 消息相关触发器

在实际生产过程中，消息相关的产品是避不开的。消息产生之后需要有服务来对它进行消费。FaaS 平台中也会有消息相关的触发器，例如 Kafka 触发器等。这类触发器的触发条件通常有三部分。

- 时间部分：所谓的时间部分是指，距离上次触发时间达到预定的阈值之后，即使队列中的消息数量没有达到触发条件，仍然会触发对应的函数。
- 数量部分：当队列中消息达到一定数量时，会触发对应的函数。
- 大小限制：所谓的大小限制是指，当队列中消息达到某个预定的大小之后，会触发对应的函数。

5. 日志服务触发器

日志服务触发器也是非常常见的触发器。在日常生产中，应用会产生大量的日志。通过日志服务触发器触发函数可以消费增量的日志数据，并完成对数据的自定义加工。常见的日志服务触发器使用场景如下。

- 数据清洗、加工场景：通过日志服务，快速完成日志采集、加工、查询、分析，如图 3-44 所示。

图 3-44　日志触发器场景：数据清洗、加工场景

- 数据投递场景：为数据的目的端落地提供支撑，构建云上大数据产品间的数据管道，如图 3-45 所示。

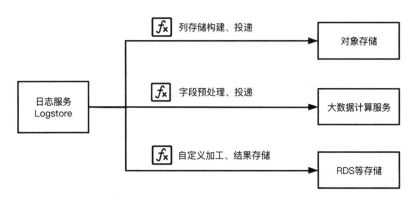

图 3-45　日志触发器场景：数据投递场景

6. 事件总线 EventBridge

事件总线 EventBridge 是云厂商所提供的无服务器事件总线服务，通常情况下支持自身云产品、自定义应用、SaaS 应用以标准化、中心化的方式接入。阿里云 EventBridge 能够以

标准化的 CloudEvents 1.0 协议在应用之间路由事件，帮助用户轻松构建松耦合、分布式的事件驱动架构。

EventBridge 通过事件连接应用程序。事件是系统状态发生变更的信号，例如客户支持 TT 的状态发生变更。要编写代码来响应事件，用户需要了解事件的 Schema，包括各种事件数据的标题、格式和验证规则等信息。EventBridge Schema 注册表可存储使用者组织的应用程序、云厂商服务或云厂商应用程序所生成的一系列 Schema，以方便查找。除此之外，使用者还可以下载 IDE 注册表中任何 Schema 的代码绑定，从而在代码中以强类型的对象形式来表示事件。

事件总线 EventBridge 的典型应用场景如下。

- 构建事件驱动型架构：借助事件总线 EventBridge，用户无须了解事件源，就可以直接筛选并发布事件。
- 微服务解耦：事件总线 EventBridge 可以实现不同系统之间的异步消息通信，从而将互相依赖的服务解耦。
- 异步执行：事件总线 EventBridge 可以使执行逻辑异步运行，减少用户的等待时间，增加系统的吞吐量。
- 状态变化追踪：事件总线 EventBridge 可以作为中心接收所有应用的状态变化，然后将这些应用状态变化分别路由到需要感知这些变化的服务。

7. "创造" 新的触发器

在实际生产中，我们可以发挥想象力自己 "创造" 新的触发器。与其说是 "创造" 新的触发器，不如说是在已有的触发器基础上进行灵活应用。例如 GitHub 支持 Webhook，配置页面如图 3-46 所示。

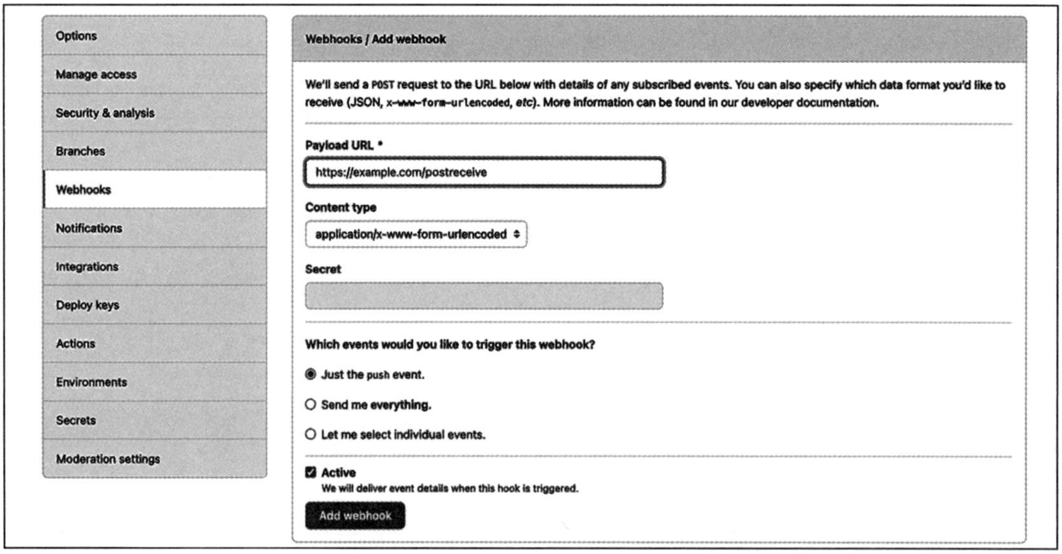

图 3-46 GitHub Webhook 配置页面

只需要在函数计算侧创建一个 HTTP 函数，绑定一个 HTTP 触发器，然后在 Payload URL 处设置好 HTTP 触发器后返回地址即可。当 GitHub 出现指定的行为，触发函数进行相关的提醒。例如我在设置 Webhook 时选择 Issues 和 Issue comments，如图 3-47 所示。

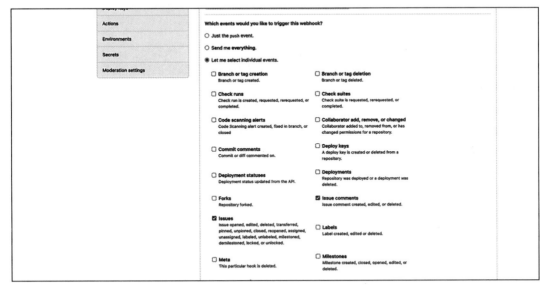

图 3-47　设置 Webhook 触发条件

此时，当有人在当前仓库下进行 Issue 相关操作，就会通过 HTTP 触发器触发指定函数。如果函数执行逻辑是触发钉钉机器人，并将信息发送到指定群聊中，效果会如图 3-48 所示。

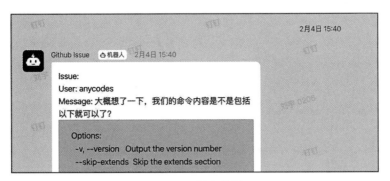

图 3-48　触发效果

3.4　传统 Web 框架迁移

与其说 Serverless 架构是一个新的概念 / 架构，不如说它是一个全新的思路、一种新的编程范式。在这种新的架构或者说新的编程范式下，使用全新的思路来做 Serverless 应用是再好不过的了，但是实际上并不是这样。原生的 Serverless 开发框架是非常少的。以 Web 框架为例，目前主流的 Web 框架均不支持 Serverless 部署，所以将传统框架更简单、更快速、更科学地部署到 Serverless 架构上就是一个值得探讨的问题。

3.4.1　请求集成方案

请求集成方案实际上就是把真实的 API 网关请求直接传递给 FaaS 平台，而不在中途增加任何转换逻辑。以阿里云函数计算的 HTTP 函数为例，当想要把传统框架（例如 Django、Flask、Express、Next.js 等）部署到阿里云函数计算平台上，并且享受 Serverless 带来的按量付费、弹性伸缩等红利时，得益于阿里云函数计算的 HTTP 函数和 HTTP 触发器，使用者不仅可以快速、简单地将框架部署到阿里云函数计算上，还可以保持和传统开发一样的体验。以 Python 的 Bottle 框架为例，开发一个 Bottle 项目：

```python
# index.py
import bottle

@bottle.route('/hello/<name>')
def index(name):
    return "Hello world"

if __name__ == '__main__':
    bottle.run(host='localhost', port=8080, debug=True)
```

当想要把该项目部署到阿里云函数计算上时，只需要增加一个 default_app 对象即可：

```python
app = bottle.default_app()
```

整个项目实现如下：

```python
# index.py
import bottle

@bottle.route('/hello/<name>')
def index(name):
    return "Hello world"

app = bottle.default_app()

if __name__ == '__main__':
    bottle.run(host='localhost', port=8080, debug=True)
```

当想在阿里云函数计算平台创建函数时，将函数入口设置为 index.app 即可。除了 Bottle 框架之外，其他的 Web 框架的操作方法是类似的。再以 Flask 为例：

```python
# index.py
from flask import Flask
app = Flask(__name__)
```

```
@app.route('/')
def hello_world():
    return 'Hello, World!'

if __name__ == '__main__':
    app.run(
        host="0.0.0.0",
        port=int("8001")
    )
```

在配置函数的时候设置入口函数为 index.app，即可保证该 Flask 项目运行在函数计算平台上。

当然，除了使用已有的语言化的 Runtime，还可以考虑使用 Custom Runtime 和 Custom Container 来实现。例如，一个 Web 项目完成之后，我们可以编写一个 Bootstrap 文件（在 Bootstrap 文件中写一些启动命令即可），要启动一个 Express 项目，把 Express 项目准备好之后，直接通过 Bootstrap 实现：

```
#!/usr/bin/env bash
export PORT=9000
npm run star
```

除了上面的方法，其实阿里云函数计算还提供了更简单的 Web 框架迁移方案，即直接将传统 Web 框架迁移到函数计算中。我们在函数计算控制台找到应用中心，可以看到 Web 应用框架，如图 3-49 所示。

图 3-49　阿里云函数计算应用中心

选择好对应的环境之后，只需要上传代码、做好简单的配置，即可让传统 Web 项目运行在阿里云函数计算平台上。

如果通过开发者工具进行部署，以 Serverless Devs 为例，可以先创建 index.py：

```
# -*- coding: utf-8 -*-
from bottle import route, run

@route('/')
def hello():
    return "Hello World!"

run(host='0.0.0.0', debug=False, port=9000)
```

然后编写资源和行为描述文件：

```
edition: 1.0.0
name: functionApp
access: defaule

services:
    bottleExample:                                              # 服务名称
        component: devsapp/bottle                               # 组件名称
        actions:
            pre-deploy:                                         # 在 deploy 之前运行
                - run: pip3 install -t . -r requirements.txt    # 要运行的命令行
                  path: ./src                                   # 命令行运行的路径
        props:                                                  # 组件的属性值
            region: cn-shenzhen
            service:
                name: serverless-devs-bottle
                description: Serverless Devs 示例程序
            function:
                name: bottle
                description: bottle 项目
                memorySize: 256
                code:
                    src: ./src
                customContainerConfig:
                    command: '["python3"]'
                    args: '["./bottle/index.py"]'
```

完成之后，执行 deploy 指令：

```
s deploy
```

部署如图 3-50 所示。

图 3-50 在 Serverless Devs 上部署 bottle 框架

根据返回的网址，可以看到如图 3-51 所示的结果。

图 3-51　Serverless Devs 部署结果预览

综上所述，通过阿里云函数计算进行传统 Web 框架的部署和迁移是相对方便的，并且得益于 HTTP 函数与 HTTP 触发器，整个过程侵入性非常低。当然，将传统 Web 框架部署到阿里云函数计算时，可选方案也是比较多的。

- 编程语言化的 Runtime：只需要写好函数入口即可。
- Custom Runtime：只需要写好 Bootstrap 即可。
- Custom Container：直接按照规范上传镜像文件即可。

部署途径也是多种多样的，具体如下。

- 直接在控制台创建函数。
- 在应用中心处创建 Web 应用。
- 使用开发者工具直接部署。

3.4.2　其他方案

相对于阿里云的 HTTP 函数以及 HTTP 触发器而言，AWS、华为云、腾讯云等 FaaS 平台需要借助 API 网关以及转换层来实现将传统 Web 框架部署到 FaaS 平台。

如图 3-52 所示，通常情况下使用 Flask 等框架实际上要通过 Web Server 进入下一个环节，而云函数更多是一个函数，本不需要启动 Web Server，所以可以直接调用 wsgi_app 方法。

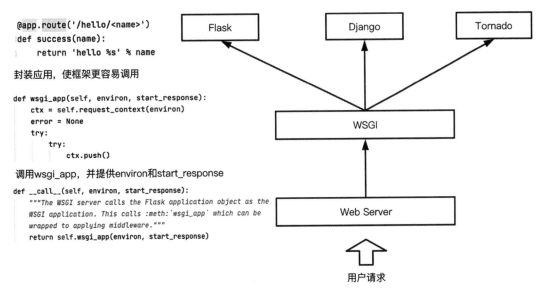

图 3-52　传统 WSGI Web Server 工作原理示例

这里的 environ 就是需要对 event/context 等进行处理的对象，也就是所说的转换层要做的工作；start_response 可以认为是一种特殊的数据结构，例如 response 结构形态等。以 Flask 项目为例，在腾讯云云函数上，转换层结构如下：

```python
import sys
import json
from urllib.parse import urlencode
from flask import Flask
try:
    from cStringIO import StringIO
except ImportError:
    try:
        from StringIO import StringIO
    except ImportError:
        from io import StringIO
from werkzeug.wrappers import BaseRequest
def make_environ(event):
    environ = {}
    for hdr_name, hdr_value in event['headers'].items():
        hdr_name = hdr_name.replace('-', '_').upper()
        if hdr_name in ['CONTENT_TYPE', 'CONTENT_LENGTH']:
            environ[hdr_name] = hdr_value
            continue
        http_hdr_name = 'HTTP_%s' % hdr_name
        environ[http_hdr_name] = hdr_value
    apigateway_qs = event['queryStringParameters']
    request_qs = event['queryString']
    qs = apigateway_qs.copy()
    qs.update(request_qs)
    body = ''
    if 'body' in event:
        body = event['body']
    environ['REQUEST_METHOD'] = event['httpMethod']
    environ['PATH_INFO'] = event['path']
    environ['QUERY_STRING'] = urlencode(qs) if qs else ''
    environ['REMOTE_ADDR'] = 80
    environ['HOST'] = event['headers']['host']
    environ['SCRIPT_NAME'] = ''
    environ['SERVER_PORT'] = 80
    environ['SERVER_PROTOCOL'] = 'HTTP/1.1'
    environ['CONTENT_LENGTH'] = str(len(body))
    environ['wsgi.url_scheme'] = ''
    environ['wsgi.input'] = StringIO(body)
    environ['wsgi.version'] = (1, 0)
    environ['wsgi.errors'] = sys.stderr
    environ['wsgi.multithread'] = False
    environ['wsgi.run_once'] = True
    environ['wsgi.multiprocess'] = False
    BaseRequest(environ)
```

```
        return environ
class LambdaResponse(object):
    def __init__(self):
        self.status = None
        self.response_headers = None
    def start_response(self, status, response_headers, exc_info=None):
        self.status = int(status[:3])
        self.response_headers = dict(response_headers)
class FlaskLambda(Flask):
    def __call__(self, event, context):
        if 'httpMethod' not in event:
            return super(FlaskLambda, self).__call__(event, context)
        response = LambdaResponse()
        body = next(self.wsgi_app(
            make_environ(event),
            response.start_response
        ))
        return {
            'statusCode': response.status,
            'headers': response.response_headers,
            'body': body
        }
```

当然，转换在某些情况下还是比较麻烦的，所以在很多时候，我们可以借助常见的开发者工具进行传统 Web 框架的部署，例如借助开源的开发者工具 Serverless Devs、Serverless Framework 等。

Serverless 应用开发、调试与优化

在 Serverless 架构下，虽然更多精力是关注业务代码，但是实际上对一些配置和成本也是需要关注的，并且必要的时候还需要根据配置与成本对 Serverless 应用进行配置和代码优化。

4.1　Serverless 应用开发观念的转变

Serverless 架构带来的除了一种新的架构、一种新的编程范式，还包括思路上的转变，尤其是开发过程中的一些思路转变。有人说要把 Serverless 架构看成一种天然的分布式架构，需要用分布式架构的思路去开发 Serverless 应用。诚然，这种说法是正确的。但是在一些情况下，Serverless 还有一些特性，所以要转变开发观念。

4.1.1　文件上传方法

在传统 Web 框架中，上传文件是非常简单和便捷的，例如 Python 的 Flask 框架：

```
f = request.files['file']
f.save('my_file_path')
```

但是在 Serverless 架构下，文件却不能直接上传，原因如下：

- 一般情况下，一些云平台的 API 网关触发器会将二进制文件转换成字符串，不便直接获取和存储；
- 一般情况下，API 网关与 FaaS 平台之间传递的数据包有大小限制，很多平台限制数据包大小为 6MB 以内；

● FaaS 平台大多是无状态的，即使存储到当前实例中，也会随着实例释放而使文件丢失。

所以，传统 Web 框架中常用的上传文件方案不太适合在 Serverless 架构中直接使用。在 Serverless 架构中，上传文件的方法通常有两种：一种是转换为 Base64 格式后上传，将文件持久化到对象存储或者 NAS 中，但 API 网关与 FaaS 平台之间传递的数据包有大小限制，所以此方法通常适用于上传头像等小文件的业务场景；另一种上传方法是通过对象存储等平台来上传，因为客户端直接通过密钥等来将文件直传到对象存储是有一定风险的，所以通常是客户端发起上传请求，函数计算根据请求内容进行预签名操作，并将预签名地址返给客户端，客户端再使用指定的方法上传，上传完成之后，通过对象存储触发器等来对上传结果进行更新等，如图 4-1 所示。

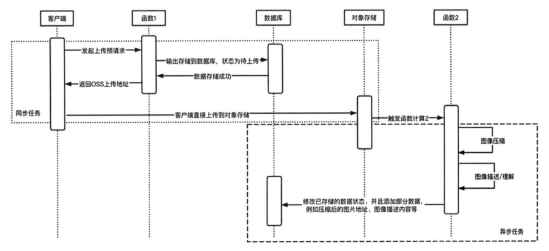

图 4-1　在 Serverless 架构下文件上传文件示例

以阿里云函数计算为例，针对上述两种常见的上传方法通过 Bottle 来实现。在函数计算中，先初始化对象存储相关的对象等：

```
AccessKey = {
    "id": '',
    "secret": ''
}
OSSConf = {
    'endPoint': 'oss-cn-hangzhou.aliyuncs.com',
    'bucketName': 'bucketName',
    'objectSignUrlTimeOut': 60
}

# 获取 / 上传文件到 OSS 的临时地址
auth = oss2.Auth(AccessKey['id'], AccessKey['secret'])
bucket = oss2.Bucket(auth, OSSConf['endPoint'], OSSConf['bucketName'])
# 对象存储操作
```

```
getUrl = lambda object, method: bucket.sign_url(method, object, OSSConf['object
    SignUrlTimeOut'])
getSignUrl = lambda object: getUrl(object, "GET")
putSignUrl = lambda object: getUrl(object, "PUT")

# 获取随机字符串
randomStr = lambda len: "".join(random.sample('abcdefghijklqrstuvwxyz123456789
    ABCDEFGZSA' * 100, len))
```

第一种上传方法，通过 Base64 上传之后，将文件持久化到对象存储：

```
# 文件上传
# URI: /file/upload
# Method: POST
@bottle.route('/file/upload', "POST")
def postFileUpload():
    try:
        pictureBase64 = bottle.request.GET.get('picture', '').split("base64,")[1]
        object = randomStr(100)
        with open('/tmp/%s' % object, 'wb') as f:
            f.write(base64.b64decode(pictureBase64))
        bucket.put_object_from_file(object, '/tmp/%s' % object)
        return response({
            "status": 'ok',
        })
    except Exception as e:
        print("Error: ", e)
        return response(ERROR['SystemError'], 'SystemError')
```

第二种上传方法，获取预签名的对象存储地址，再在客户端发起上传请求，直传到对象存储：

```
# 获取文件上传地址
# URI: /file/upload/url
# Method: GET
@bottle.route('/file/upload/url', "GET")
def getFileUploadUrl():
    try:
        object = randomStr(100)
        return response({
            "upload": putSignUrl(object),
            "download": 'https://download.xshu.cn/%s' % (object)
        })
    except Exception as e:
        print("Error: ", e)
        return response(ERROR['SystemError'], 'SystemError')
```

HTML 部分：

```
<div style="width: 70%">
```

```
<div style="text-align: center">
    <h3>Web 端上传文件 </h3>
</div>
<hr>
<div>
    <p>
        方案 1：上传到函数计算进行处理再转存到对象存储，这种方法比较直观，问题是 FaaS 平
        台与 API 网关处有数据包大小上限，而且对二进制文件处理并不好。
    </p>
    <input type="file" name="file" id="fileFc"/>
    <input type="button" onclick="UpladFileFC()" value=" 上传 "/>
</div>
<hr>
<div>
    <p>
        方案 2：直接上传到对象存储。流程是先从函数计算获得临时地址并进行数据存储 (例如将
        文件信息存到 Redis 等)，然后再从客户端将文件上传到对象存储，之后通过对象
        存储触发器触发函数，从存储系统 (例如已经存储到 Redis) 读取到信息，再对图
        像进行处理。
    </p>
    <input type="file" name="file" id="fileOss"/>
    <input type="button" onclick="UpladFileOSS()" value=" 上传 "/>
</div>
</div>
```

通过 Base64 上传的客户端 JavaScript 实现：

```
function UpladFileFC() {
    const oFReader = new FileReader();
    oFReader.readAsDataURL(document.getElementById("fileFc").files[0]);
    oFReader.onload = function (oFREvent) {
        const xmlhttp = window.XMLHttpRequest ? (new XMLHttpRequest()) : (new
            ActiveXObject("Microsoft.XMLHTTP"))
        xmlhttp.onreadystatechange = function () {
            if (xmlhttp.readyState == 4 && xmlhttp.status == 200) {
                alert(xmlhttp.responseText)
            }
        }
        const url = "https://domain.com/file/upload"
        xmlhttp.open("POST", url, true);
        xmlhttp.setRequestHeader("Content-type", "application/json");
        xmlhttp.send(JSON.stringify({
            picture: oFREvent.target.result
        }));
    }
}
```

客户端通过预签名地址，直传到对象存储的客户端 JavaScript 实现：

```
function doUpload(bodyUrl) {
```

```
const xmlhttp = window.XMLHttpRequest ? (new XMLHttpRequest()) : (new Active
    XObject("Microsoft.XMLHTTP"));
xmlhttp.open("PUT", bodyUrl, true);
xmlhttp.onload = function () {
    alert(xmlhttp.responseText)
};
xmlhttp.send(document.getElementById("fileOss").files[0]);
}

function UpladFileOSS() {
    const xmlhttp = window.XMLHttpRequest ? (new XMLHttpRequest()) : (new Active
        XObject("Microsoft.XMLHTTP"))
    xmlhttp.onreadystatechange = function () {
        if (xmlhttp.readyState == 4 && xmlhttp.status == 200) {
            const body = JSON.parse(xmlhttp.responseText)
            if (body['url']) {
                doUpload(body['url'])
            }
        }
    }
    const getUploadUrl = 'https://domain.com/file/upload/url'
    xmlhttp.open("POST", getUploadUrl, true);
    xmlhttp.setRequestHeader("Content-type", "application/json");
    xmlhttp.send();
}
```

整体效果如图 4-2 所示。

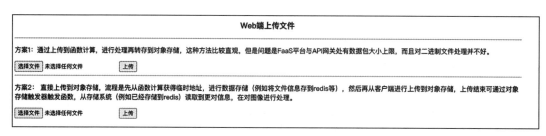

图 4-2　Serverless 架构下文件上传实验 Web 端效果

此时，我们可以在当前页面进行不同类型的文件上传方案实验。

4.1.2　文件读写与持久化方法

应用在执行过程中，可能会涉及文件的读写操作，或者是一些文件的持久化操作。在传统的云主机模式下，可以直接读写文件，或者将文件在某个目录下持久化，但是在 Serverless 架构下并不是这样的。

由于 FaaS 平台是无状态的，并且用过之后会被销毁，因此文件并不能直接持久化在实例中，但可以持久化到其他的服务中，例如对象存储、NAS 等。

同时，在不配置 NAS 的情况下，FaaS 平台通常情况下只具备 /tmp 目录可写权限，所以部分临时文件可以缓存在 /tmp 文件夹下。

4.1.3　慎用部分 Web 框架的特性

1. 异步

函数计算是请求级别的隔离，所以可以认为这个请求结束了，实例就有可能进入一个静默状态。而在函数计算中，API 网关触发器通常是同步调用（以阿里云函数计算为例，通常只在定时触发器、OSS 事件触发器、MNS 主题触发器和 IoT 触发器等几种情况下是异步触发）。这就意味着当 API 网关将结果返给客户端的时候，整个函数就会进入静默状态，或者被销毁，而不是继续执行完异步方法。所以通常情况下像 Tornado 等框架就很难在 Serverless 架构下发挥其异步的作用。当然，如果使用者需要异步能力，可以参考云厂商所提供的异步方法。以阿里云函数计算为例，阿里云函数计算为用户提供了一种异步调用能力。当函数的异步调用被触发后，函数计算会将触发事件放入内部队列，并返回请求 ID，而不会返回具体的调用情况及函数执行状态。如果用户希望获得异步调用的结果，可以通过配置异步调用目标来实现，如图 4-3 所示。

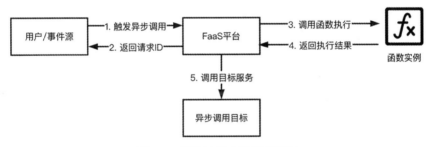

图 4-3　函数异步功能原理简图

2. 定时任务

在 Serverless 架构下，应用一旦完成当前请求，就会进入静默状态，甚至实例会被销毁，这就导致一些自带定时任务的框架没有办法正常执行定时任务。函数计算通常是由事件触发，不会自主定时启动。例如 Egg 项目中设定了一个定时任务，但是在实际的函数计算中如果没有通过触发器触发该函数，该函数不会被触发，也不会从内部自动启动来执行定时任务，此时可以使用定时触发器，通过定时触发器触发指定方法来替代定时任务。

4.1.4　要注意应用组成结构

1. 静态资源与业务逻辑

在 Serverless 架构下，静态资源更应该在对象存储与 CDN 的加持下对外提供服务，否则所有的资源都在函数中。通过函数计算对外暴露，不仅会让函数的业务逻辑并发度降低，也会造成更多的成本。尤其是将一些已有的程序迁移到 Serverless 架构上，例如 Wordpress 等，更要注意将静态资源与业务逻辑进行拆分，否则在高并发情况下，性能与成本都将会受到比较严峻的考验。

2. 业务逻辑的拆分

在众多云厂商中，函数的收费标准都是依靠运行时间、配置的内存以及产生的流量收费的。如果一个函数的内存设置不合理，会导致成本成倍增加。想要保证内存设置合理，更要保证业务逻辑结构的可靠性。

以阿里云函数计算为例，一个应用有两个对外接口，其中有一个接口的内存消耗在 128MB 以下，另一个接口的内存消耗稳定在 3000MB 左右。这两个接口平均每天会被触发 10 000 次，并且时间消耗均在 100 毫秒。如果两个接口写到一个函数中，那么这个函数可能需要将内存设置在 3072MB，同时用户请求内存消耗较少的接口在冷启动情况下难以得到较好的性能；如果两个接口分别写到函数中，则两个函数内存分别设置成 128MB 以及 3072MB 即可，如表 4-1 所示。

表 4-1 函数计算业务逻辑拆分效果

	函数 1	函数 2 内存	日消费	月消费
写到一个函数中	3072MB 20 000 次 / 日	—	66.38 元	1991.4 元
写到两个函数中	3072MB 10 000 次 / 日	128MB 10 000 次 / 日	34.59 元	1037.7 元
费用差	—	—	31.79 元	953.7 元

通过表 4-1，可以明确看出合理、适当地拆分业务会在一定程度上节约成本。上面例子的成本节约近 50%。

4.2 Serverless 应用调试秘诀

在应用开发过程中，或者应用开发完成，所执行结果不符合预期时，我们要进行一定的调试工作。但是在 Serverless 架构下，调试往往会受到极大的环境限制，出现所开发的应用在本地可以健康、符合预期的运行，但是在 FaaS 平台上发生一些不可预测的问题的情况。而且在一些特殊环境下，本地没有办法模拟线上环境，难以进行项目的开发和调试。

Serverless 应用的调试一直都是备受诟病的，但是各个云厂商并没有因此放弃在调试方向的深入探索。以阿里云函数计算为例，其提供了在线调试、本地调试等多种调试方案。

4.2.1 在线调试

1. 简单调试

所谓的简单调试，就是在控制台进行调试。以阿里云函数计算为例，其可以在控制台通过"执行"按钮，进行基本的调试，如图 4-4 所示。

图 4-4　函数在线简单调试页面

必要的时候，我们也可以通过设置 Event 来模拟一些事件，如图 4-5 所示。

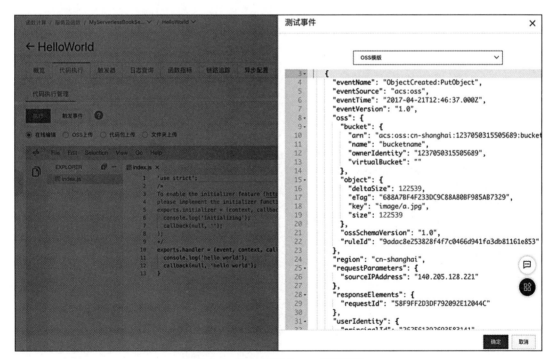

图 4-5　通过设置 Event 模拟事件

在线调试的好处是，可以使用线上的一些环境进行代码的测试。当线上环境拥有 VPC 等资源时，在本地环境是很难进行调试的，例如数据库需要通过 VPC 访问，或者有对象存储触发器的业务逻辑等。

2. 断点调试

除了简单的调试之外，部分云厂商也支持断点调试，例如阿里云函数计算的远程调试、腾讯云云函数的远程调试等。以阿里云函数计算远程调试为例，其可以通过控制台进行函数的在线调试。当创建好函数之后，用户可以选择远程调试，并点击"开启调试"按钮，如图 4-6 所示。

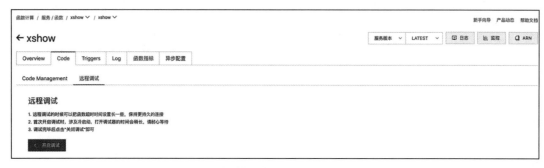

图 4-6　函数在线断点调试页面（一）

开启调试之后，稍等片刻，系统将会进入远程调试界面，如图 4-7 所示。

图 4-7　函数在线断点调试页面（二）

此时可以进行一些断点调试，如图 4-8 所示。

图 4-8　函数在线断点调试页面（三）

4.2.2　本地调试

1. 命令行工具

就目前来看，大部分 FaaS 平台都会为用户提供相对完备的命令行工具，包括 AWS 的 SAM CLI、阿里云的 Funcraft，同时也有一些开源项目例如 Serverless Framework、Serverless Devs 等对多云厂商的支持。通过命令行工具进行代码调试的方法很简单。以 Serverless Devs 为例，本地调试阿里云函数计算。

首先确保本地拥有一个函数计算的项目，如图 4-9 所示。

```
jiangyu@ServerlessSecurity python3 % ls
index.py        template.yaml
jiangyu@ServerlessSecurity python3 % cat index.py
# -*- coding: utf-8 -*-
import logging

# To enable the initializer feature (https://help.aliyun.com/document_detail/158208.html)
# please implement the initializer function as below:
# def initializer(context):
#   logger = logging.getLogger()
#   logger.info('initializing')

def handler(event, context):
  logger = logging.getLogger()
  logger.info('hello world')
  return 'hello world'
jiangyu@ServerlessSecurity python3 % cat template.yaml
MyFunctionDemo:
  Component: fc
  Provider: alibaba
  Properties:
    Region: cn-hangzhou
    Service:
      Name: ServerlessToolProject
      Description: 欢迎使用ServerlessTool
    Function:
      Name: serverless_demo_python3
      Description: 这是一个Python3的测试案例
      CodeUri: ./
      Handler: index.handler
      MemorySize: 128
      Runtime: python3
      Timeout: 5
```

图 4-9　本地函数计算项目

然后在项目下执行调试指令，例如在 Docker 中进行调试，如图 4-10 所示。

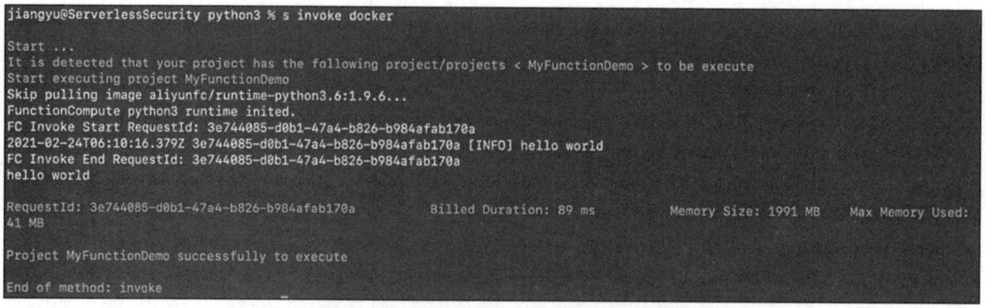

图 4-10　命令行工具调试函数计算

2. 编辑器插件

以 VScode 插件为例，当下载好阿里云函数计算的 VSCode 插件，并且配置好账号信息之后，可以在本地新建函数，并且在打点之后可以进行断点调试，如图 4-11 所示。

图 4-11　VSCode 插件调试函数计算

当函数调试完成之后，执行部署等操作。

4.2.3　其他调试方案

1. Web 框架的本地调试

在阿里云 FaaS 平台开发传统 Web 框架，以 Python 语言编写的 Bottle 框架为例，可以增加以下代码：

```
app = bottle.default_app()
```

并且对 run 方法进行条件限制 (if __name__ == '__main__')：

```
if __name__ == '__main__':
    bottle.run(host='localhost', port=8080, debug=True)
例如：
# index.py
import bottle

@bottle.route('/hello/<name>')
def index(name):
    return "Hello world"

app = bottle.default_app()

if __name__ == '__main__':
    bottle.run(host='localhost', port=8080, debug=True)
```

当部署应用到线上时，只需要在入口方法处填写 ndex.app，即可实现平滑部署。

2. 本地模拟事件调试

针对非 Web 框架，我们可以在本地构建一个方法，例如要调试对象存储触发器：

```
import json


def handler(event, context):
    print(event)


def test():
    event = {
        "events": [
            {
                "eventName": "ObjectCreated:PutObject",
                "eventSource": "acs:oss",
                "eventTime": "2017-04-21T12:46:37.000Z",
                "eventVersion": "1.0",
                "oss": {
                    "bucket": {
                        "arn": "acs:oss:cn-shanghai:123456789:bucketname",
                        "name": "testbucket",
                        "ownerIdentity": "123456789",
                        "virtualBucket": ""
                    },
                    "object": {
                        "deltaSize": 122539,
```

```
                                "eTag": "688A7BF4F233DC9C88A80BF985AB7329",
                                "key": "image/a.jpg",
                                "size": 122539
                            },
                            "ossSchemaVersion": "1.0",
                            "ruleId": "9adac8e253828f4f7c0466d941fa3db81161****"
                        },
                        "region": "cn-shanghai",
                        "requestParameters": {
                            "sourceIPAddress": "140.205.***.***"
                        },
                        "responseElements": {
                            "requestId": "58F9FF2D3DF792092E12044C"
                        },
                        "userIdentity": {
                            "principalId": "123456789"
                        }
                    }
                ]
            }
        handler(json.dumps(event), None)


    if __name__ == "__main__":
        print(test())
```

这样，通过构造一个 event 对象，即可实现模拟事件触发。

4.3　细数 Serverless 的配套服务

4.3.1　开发者工具

Serverless 开发者工具包括命令行工具、编辑器插件以及其他工具。

一般情况下，命令行工具有厂商一方工具和开源建设的三方工具两种，例如 AWS Lambda 的 SAM CLI、阿里云函数计算的 Funcraft 等就是典型的一方工具。这类工具的特点是和厂商、产品的匹配度非常高，一些特性的支持比较迅速，缺点是比较保守。Serverless Devs、Serverless Framework 就是典型的三方工具，这两个工具都支持 AWS Lambda、阿里云函数计算、腾讯云云函数等云厂商的 FaaS 产品。从客户端表现上来看，其都是 Serverless 开发者工具，都是组件化的命令行工具，也都支持多云；从形态上来看，Serverless Framework 更注重部署与运维方向，Serverless Devs 更注重 Serverless 应用的全生命周期。同时，Serverless Devs 相对 Serverless Framework 而言，增加了可视化界面，如图 4-12 所示。

通过该界面，用户可以快速地部署应用，如图 4-13 所示。

用户可以快速地管理云上 Serverless 相关资源，如图 4-14 所示。

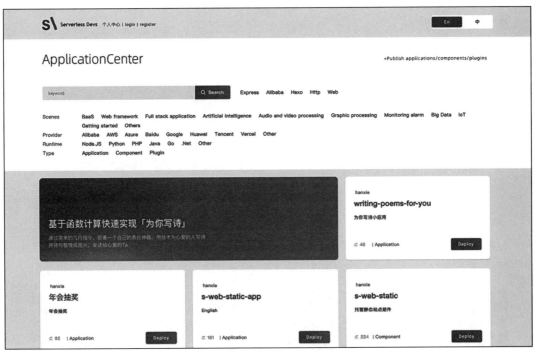

图 4-12　Serverless Devs GUI 首页

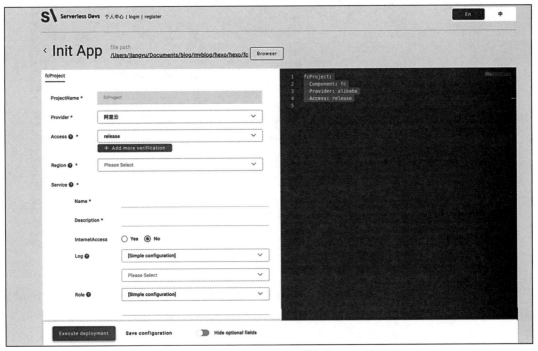

图 4-13　Serverless Devs GUI 可视化 Yaml 编辑页

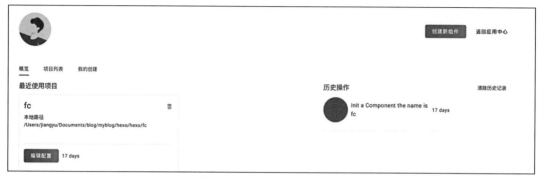

图 4-14　Serverless Devs GUI 项目管理页

除了命令行工具之外，为了更好地帮助用户编写代码和在线调试、部署函数，很多厂商基于不同的编辑器开发了插件，例如 AWS 提供的 Visual Studio Code（如图 4-15 所示）、Eclipse 插件。

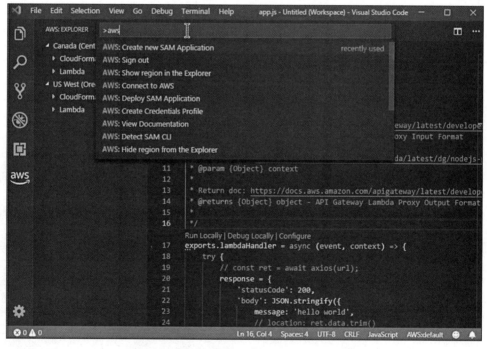

图 4-15　AWS Lambda 提供的 VSCode 插件

同样，Azure Functions 也提供了 Visual Studio Code 插件，如图 4-16 所示。Visual Studio 中的 Azure Functions 项目模板可用于创建项目，创建的项目可发布到 Azure 中的函数应用中。用户可使用函数应用将函数分组为一个逻辑单元，以便于管理、部署和共享资源。

腾讯云云函数也提供了 Tencent Serverless Tookit 相关的插件，如图 4-17 所示。

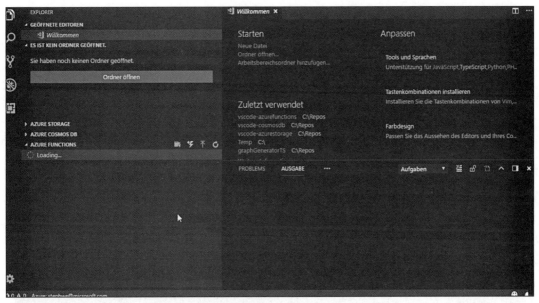

图 4-16　Azure Functions 提供的 VSCode 插件

图 4-17　腾讯云云函数提供的 VSCode 插件

阿里云在开发者工具层面提供了 VSCode 插件，如图 4-18 所示。

图 4-18 阿里云函数计算提供的 VSCode 插件

同时，阿里云函数计算还提供了 Cloud Toolkit 工具，实现了在本地 Jet Brains IDE 中运行、下载云端函数，创建、上传本地函数。以 IntelliJ IDEA 为例，其函数管理界面如图 4-19 所示。

除了上述命令行工具、编辑器插件之外，Serverless 开发者工具还有很多其他形式，例如典型的 IaC 产品 Pulumi 也支持多云 Serverless 操作。以 Google Cloud Functions 为例，创建一个 Slack bot：

图 4-19 阿里云函数计算 VSCode 插件函数管理界面

```
// secure config tokens to use to validate incoming messages as well as authenticate
// ourself to slack
const config = new pulumi.Config("mentionbot");
const slackToken = config.get("slackToken");
const verificationToken = config.get("verificationToken");

// A topic that we can enqueue slack events to so they can be processed in batch
// later on
const messageTopic = new gcp.pubsub.Topic("messages");

// Create an http endpoint that slack will use to push events to us.
const endpoint = new gcp.cloudfunctions.HttpCallbackFunction("bot", {
    callbackFactory: () => {
        const app = express();
        app.use(bodyParser.json());
        app.post("/events", (req, res) => {
```

```
// Importantly: This is the code that will run in your serverless GCP
// cloud function!

const body = req.body;

// Process the body as appropriate. If it's something we need to respond
// to immediately
// (like a verification request), then do so. Otherwise, add the message
// to our pubsub
// topic to be processed later:
const pubSub = new PubSub();
const topic = pubSub.topic(messageTopic.name.get());
topic.publish(Buffer.from(JSON.stringify(body)));

// Quickly respond with success so that slack doesn't retry.
res.status(200).end();
    });

    return app;
  }
});

messageTopic.onMessagePublished("processTopicMessage", async (data) => {
    // Actually handle the 'data' in the pubsub message.
    // Importantly: This is the code that will run in your serverless GCP cloud function!
});

// Give this url to slack to let them know where to post their events to.
export const url = endpoint.httpsTriggerUrl;
```

另外，Stackery 等产品（如图 4-20 所示）也为 Serverless 赋能，让用户可以像玩 Scratch 一样开发 Serverless 应用，进一步将 LowCode 与 Serverless 打通。

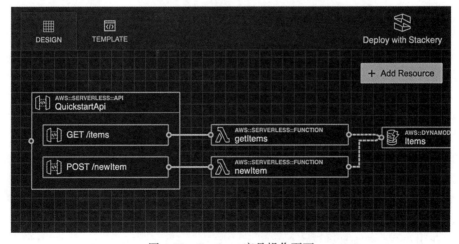

图 4-20　Stackery 产品操作页面

4.3.2 Serverless Workflow

Serverless Workflow（Serverless 工作流）是一个用来协调多个分布式任务执行的全托管云服务。

如图 4-21 所示，在 Serverless 工作流中，用户可以用顺序、分支、并行等方式来编排分布式任务。Serverless 工作流会按照设定好的步骤可靠地协调任务，跟踪每个任务的状态转换，并在必要时执行用户定义的重试逻辑，以确保工作流顺利完成。Serverless 工作流通过提供日志记录和审计来监视任务的执行，方便用户轻松地诊断和调试应用。Serverless 工作流简化了开发和运行业务流程所需要的任务协调、状态管理以及错误处理等烦琐的工作，让用户聚焦业务逻辑开发。

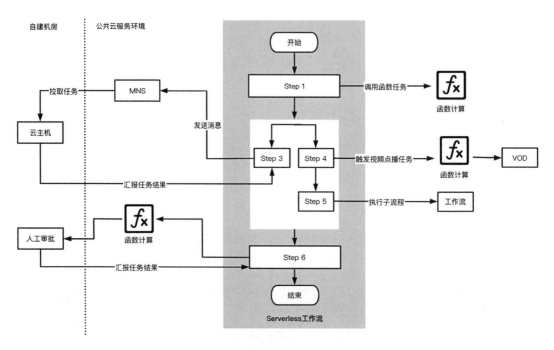

图 4-21　Serverless 工作流示例

Serverless 工作流可以协调分布式组件编排不同基础架构、不同网络、不同语言编写的应用，抹平混合云、专有云过渡到公共云或者从单体架构演进到微服务架构的落差。Serverless 工作流提供了丰富的控制逻辑，例如顺序、选择、并行等，让用户以更少的代码实现复杂的业务逻辑。Serverless 工作流为用户管理流程状态，提供内置检查点和回放能力，以确保应用程序按照预期逐步执行。错误重试和捕获可以让用户灵活地处理错误。Serverless 工作流根据实际执行步骤转换个数收费，执行结束不再收费。Serverless 工作流自动扩展，让用户免于管理硬件预算和扩展。

4.3.3 可观测性

Serverless 应用的可观测性是被很多用户所关注的。可观测性是通过外部表现判断系统内部状态来衡量的。在应用开发中，可观测性帮助用户判断系统内部的健康状况，在系统出现问题时，帮助用户定位问题、排查问题、分析问题；在系统平稳运行时，帮助用户评估风险，预测可能出现的问题。在 Serverless 应用开发中，如果观察到函数的并发度持续升高，很可能是业务推广团队努力工作使业务规模迅速扩张。为了避免达到并发度限制阈值，开发者就需要提前提升并发度。以阿里云函数计算为例，阿里云函数计算在可观测性层面提供了多种维度，包括 Logging、Metric 以及 Tracing 等，如图 4-22 所示。

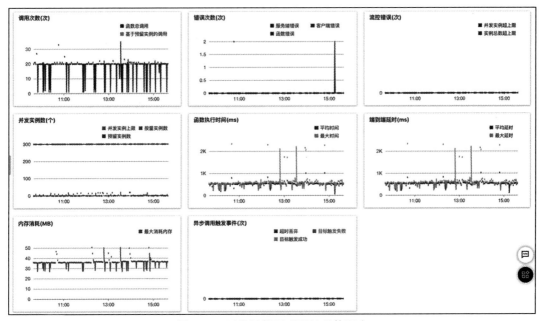

图 4-22　函数计算可观测性整体图表

在控制台监控中心，我们可以查看整体的 Metric、服务级 Metric 以及每个函数的 Metric。除此之外，我们还可以看到当前函数的请求记录，如图 4-23 所示。

Request ID	请求时间	执行时间(ms)	内存使用(M)	冷启动情况	执行状态
b48baa95-6000-4ebf-a09f-df4fb59326e2	2021年02月24日 17:28:22	8186.61	85.58		✓ Success
64cf3d4f-0a26-4c60-b8bc-ac732976053d	2021年02月24日 17:28:22	8196.37	97.19		✓ Success
bc07b375-f0d3-47cc-9846-23c9cc3daabb	2021年02月24日 17:28:22	8216.80	101.26		✓ Success
6f9c8125-7e02-47ae-89a1-74e8cfb1038d	2021年02月24日 17:28:22	8213.85	102...		✓ Success
a5885320-4981-454d-bbd5-dfff93563d50	2021年02月24日 17:28:22	8229.21	90.95		✓ Success
75692c71-66bf-4f4a-950b-1448d10209c3	2021年02月24日 17:28:22	8216.97	110.95		✓ Success
cda9b802-cfbb-48cf-8065-294cbacf44f9	2021年02月24日 17:28:22	8228.69	82.00		✓ Success

图 4-23　函数计算可观测性函数请求记录

根据不同的请求记录，可以查看到函数的详细信息，如图 4-24 所示。

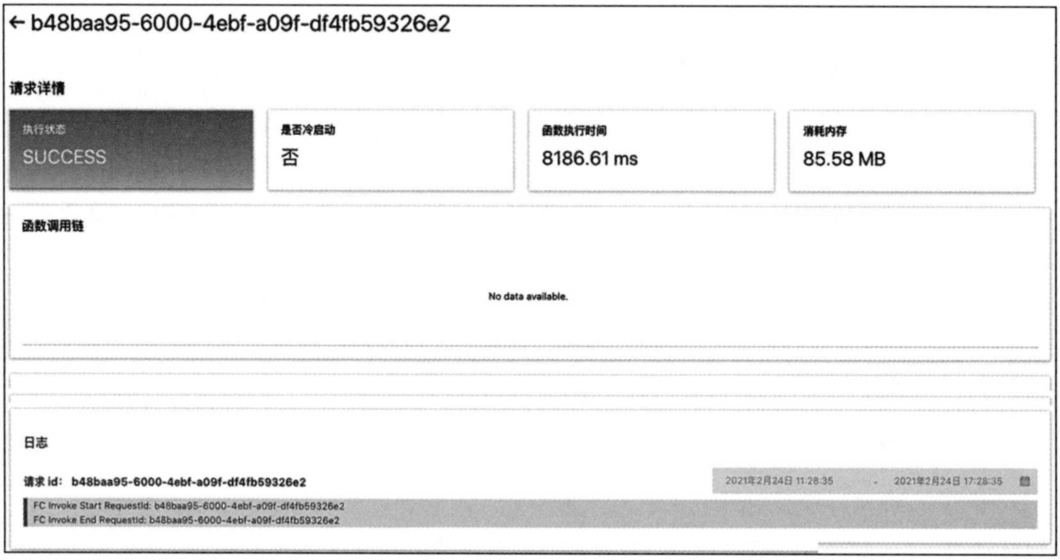

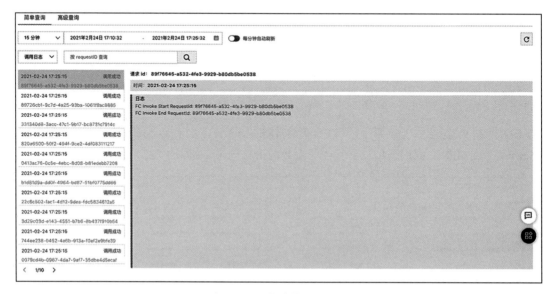

图 4-24 函数计算可观测性请求级记录详细信息

除了在控制台的监控中心处可以查看到函数的日志等信息，我们在函数详情页面也可以看到函数的详细日志信息，如图 4-25 所示。

图 4-25 函数计算日志查看

Tracing 相关信息如图 4-26 所示。

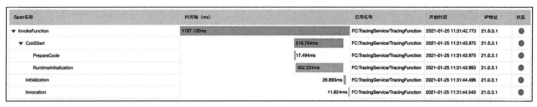

图 4-26　函数计算可观测性 Tracing 相关信息

4.4　Serverless 应用优化

4.4.1　资源评估依旧重要

Serverless 架构虽然是按量付费的，但是并不代表它就一定比传统的服务器租用费用低。如果对自己的项目评估不准确，对一些指标设置不合理，Serverless 架构所产生的费用可能是巨大的。

一般情况下，FaaS 平台的收费和三个指标有直接关系，即所配置的函数规格（例如内存规格等）、程序所消耗的时间以及产生的流量费用。通常情况下，程序所消耗的时间可能与内存规格、程序本身所处理的业务逻辑有关。流量费用与程序本身和客户端交互的数据包大小有关。所以在这三个常见的指标中，可能因为配置不规范导致计费出现比较大偏差的就是内存规格。以阿里云函数计算为例，假设有一个 Hello World 程序，每天都会被执行 10 000 次，不同规格的内存所产生的费用（不包括网络费用）如表 4-2 所示。

表 4-2　阿里云函数计算不同内存规格收费统计

内存规格（单位：MB）	128	256	512	1024	2048	3072
平均计费时间（单位：毫秒）	100	100	100	100	100	100
日消费（单位：元）	1.39	2.77	5.54	11.07	22.13	33.19
月消费（单位：元）	41.7	83.1	166.2	351	663.9	995.7

通过表 4-2 可以看到，当程序在 128MB 规格的内存中可以正常执行，如果错误地将内存规格设置成 3072MB，可能每月产生的费用将会暴涨 25 倍！所以在上线 Serverless 应用之前，要对资源进行评估，以便以更合理的配置来进一步降低成本。

4.4.2　合理的代码包规格

各个云厂商的 FaaS 平台中都对代码包大小有着限制。抛掉云厂商对代码包的限制，单纯地说代码包的规格可能会产生的影响，通过函数的冷启动流程可以看到，如图 4-27 所示。

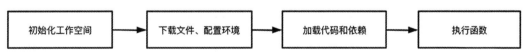

图 4-27　函数冷启动流程简图

在函数冷启动过程中，当所上传的代码包过大，或者文件过多导致解压速度过慢，就会使加载代码过程变长，进一步导致冷启动时间变久。

设想一下，当有两个压缩包，一个是只有 100KB 的代码压缩包，另一个是 200MB 的代码压缩包，两者同时在千兆的内网带宽下理想化（即不考虑磁盘的存储速度等）下载，即使最大速度可以达到 125MB/s，那么前者的下载时间只有不到 0.01 秒，后者需要 1.6 秒。除了下载时间之外，加上文件的解压时间，那么两者的冷启动时间可能就相差 2 秒。一般情况下，对于传统的 Web 接口，如果要 2 秒以上的响应时间，实际上对很多业务来说是不能接受的，所以在打包代码时就要尽可能地降低压缩包大小。以 Node.js 项目为例，打包代码包时，我们可以采用 Webpack 等方法来压缩依赖包大小，进一步降低整体代码包的规格，提升函数的冷启动效率。

4.4.3 合理复用实例

为了更好地解决冷启动的问题、更合理地利用资源，各个云厂商的 FaaS 平台中是存在实例复用情况的。所谓的实例复用，就是当一个实例完成一个请求后并不会释放，而是进入静默的状态。在一定时间范围内，如果有新的请求被分配过来，则会直接调用对应的方法，而不需要再初始化各类资源等，这在很大程度上减少了函数冷启动的情况出现。为了验证，我们可以创建两个函数：

函数 1：

```
# -*- coding: utf-8 -*-

def handler(event, context):
    print("Test")
    return 'hello world'
```

函数 2：

```
# -*- coding: utf-8 -*-

print("Test")

def handler(event, context):
    return 'hello world'
```

在控制台点击"测试"按钮，对上述两个函数进行测试，判断其是否在日志中输出了"Test"，统计结果如表 4-3 所示。

表 4-3 函数复用记录

	第一次	第二次	第三次	第四次	第五次	第六次	第七次	第八次	第九次
函数 1	有	有	有	有	有	有	有	有	有
函数 2	有	无	无	有	无	无	无	无	无

可以看到，其实实例复用的情况是存在的。进一步思考，如果 print("Test") 语句是一个初始化数据库连接，或者是函数 1 和函数 2 加载了一个深度学习模型，是不是函数 1 就是每

次请求都会执行，而函数 2 可以复用已有对象？

所以在实际的项目中，有一些初始化操作是可以按照函数 2 实现的，例如：

- 在机器学习场景下，在初始化的时候加载模型，避免每次函数被触发都会加载模型。
- 在初始化的时候建立链接对象，避免每次请求都创建链接对象。
- 其他一些需要首次加载时下载、加载的文件在初始化时实现，提高实例复用效率。

4.4.4　善于利用函数特性

各个云厂商的 FaaS 平台都有一些特性。所谓的平台特性，是指这些功能可能并不是 CNCF WG-Serverless Whitepaper v1.0 中规定的能力或者描述的能力，仅仅是作为云平台根据自身业务发展和诉求从用户角度出发挖掘出来并且实现的功能，可能只是某个云平台或者某几个云平台所拥有的功能。这类功能一般情况下如果利用得当会让业务性能有质的提升。

1. Pre-freeze & Pre-stop

以阿里云函数计算为例，在平台发展过程中，用户痛点（尤其是阻碍传统应用平滑迁移至 Serverless 架构）如下。

- 异步背景指标数据延迟或丢失：如果在请求期间没有发送成功，则可能被延迟至下一次请求，或者数据点被丢弃。
- 同步发送指标增加延时：如果在每个请求结束后都调用类似 Flush 接口，不仅增加了每个请求的延时，对于后端服务也产生了不必要的压力。
- 函数优雅下线：实例关闭时应用有清理连接、关闭进程、上报状态等需求。在函数计算中实例下线时，开发者无法掌握，也缺少 Webhook 通知函数实例下线事件。

根据这些痛点，阿里云发布了运行时扩展（Runtime Extensions）功能。该功能在现有的 HTTP 服务编程模型上扩展，在已有的 HTTP 服务器模型中增加了 PreFreeze 和 PreStop Webhook。扩展开发者负责实现 HTTP handler，监听函数实例生命周期事件，如图 4-28 所示。

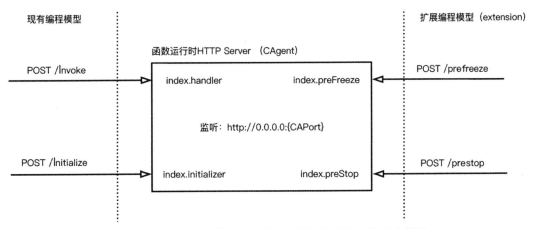

图 4-28　扩展编程模型与现有编程模型处理的工作内容简图

- PreFreeze：在每次函数计算服务决定冷冻当前函数实例前，函数计算服务会调用 HTTP GET/prefreeze 路径，扩展开发者负责实现相应逻辑以确保完成实例冷冻前的必要操作，例如等待指标发送成功等，如图 4-29 所示。函数调用 InvokeFunction 的时间不包含 PreFreeze Hook 的执行时间。

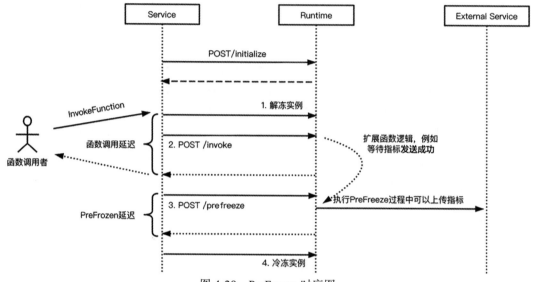

图 4-29　PreFreeze 时序图

- PreStop：在每次函数计算决定停止当前函数实例前，函数计算服务会调用 HTTP GET/prestop 路径，扩展开发者负责实现相应逻辑以确保完成实例释放前的必要操作，如等待数据库链接关闭，以及上报、更新状态等，如图 4-30 所示。

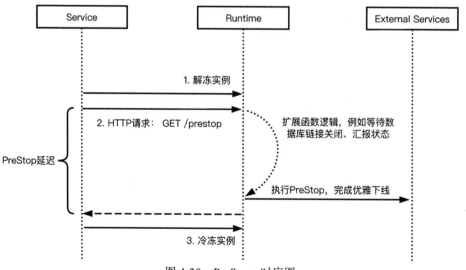

图 4-30　PreStope 时序图

2. 单实例多并发

众所周知，各云厂商的函数计算通常是请求级别的隔离，即当客户端同时发起 3 个请求到函数计算，理论上会产生 3 个实例进行应对，这个时候可能会涉及冷启动以及请求之间状态关联等问题。因此，部分云厂商提供了单实例多并发的能力（例如阿里云函数计算）。该能力允许用户为函数设置一个实例并发度（InstanceConcurrency），即单个函数实例可以同时处理多个请求，如图 4-31 所示。

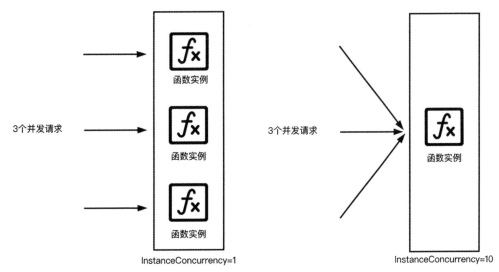

图 4-31　单实例多并发效果简图

如图 4-31 所示，假设同时有 3 个请求需要处理，当实例并发度设置为 1 时，函数计算需要创建 3 个实例来处理这 3 个请求，每个实例分别处理 1 个请求；当实例并发度设置为 10 时（即 1 个实例可以同时处理 10 个请求），函数计算只需要创建 1 个实例就能处理这 3 个请求。

单实例多并发的优势如下。

- 减少执行时长，节省费用。例如，偏 I/O 函数可以在一个实例内并发处理请求，减少了实例数，从而减少总的执行时长。
- 请求之间可以共享状态。多个请求可以在一个实例内共用数据库连接池，从而减少和数据库之间的连接数。
- 降低冷启动概率。由于多个请求可以在一个实例内处理，创建新实例的次数会减少，冷启动概率降低。
- 减少占用 VPC IP。在相同负载下，单实例多并发可以降低总的实例数，从而减少 VPC IP 的占用。

单实例多并发的应用场景比较广泛，例如函数中有较多时间在等待下游服务响应的场景就比较适合使用该功能。单实例多并发也有不适合应用的场景，例如函数中有共享状态且不能并发访问时，单个请求的执行要消耗大量 CPU 及内存资源，这时就不适合使用单实例多并发功能。

Chapter 3 第 5 章

从零搭建 FaaS 平台

本章带领读者从零搭建一个 FaaS 平台。

5.1 零基础上手 Knative 应用

5.1.1 Knative 简介

Knative 是一款基于 Kubernetes 的 Serverless 框架。其目标是制定云原生、跨平台的 Serverless 编排标准。Knative 通过整合容器构建（或者函数）、工作负载管理（动态扩缩）以及事件模型这三者实现其 Serverless 标准。

在 Knative 体系架构下，各角色的协作关系如图 5-1 所示。

- 开发者是指 Serverless 服务的开发人员可以直接使用原生 Kubernetes API 基于 Knative 部署 Serverless 服务。
- 贡献者主要是指社区的贡献者。
- Knative 可以被集成到支持的环境中，例如云厂商或者企业内部。目前，Knative 是基于 Kubernetes 来实现的，所以可以认为有 Kubernetes 的地方就可以部署 Knative。
- 用户指终端用户，其通过 Istio 网关访问服务或者事件系统触发 Knative 中的 Serverless 服务。

作为一个通用的 Serverless 框架，Knative 由 3 个核心组件组成。

- Tekton：提供从源码到镜像的通用构建能力。Tekton 组件主要负责从代码仓库获取源码并编译成镜像，推送到镜像仓库。所有这些操作都是在 Kubernetes Pod 中进行的。
- Eventing：提供事件的接入、触发等一整套事件管理能力。Eventing 组件针对 Serverless

事件驱动模式做了一套完整的设计，包括外部事件源的接入、事件注册、订阅以及事件过滤等功能。事件模型可以有效地解耦生产者和消费者的依赖关系。生产者可以在消费者启动之前生成事件，消费者也可以在生产者启动之前监听事件。

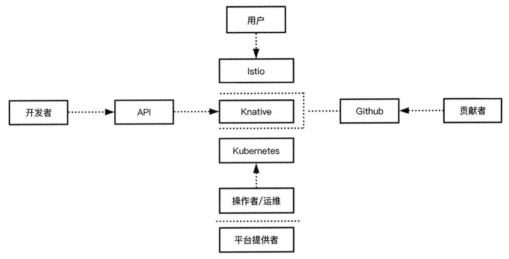

图 5-1　在 Knative 体系架构下各角色的协作关系

- Serving：管理 Serverless 工作负载，可以和事件很好地结合，并且提供了基于请求驱动的自动伸缩能力，而且在没有服务需要处理的时候可以缩容到零。Serving 组件的职责是管理工作负载以对外提供服务。Serving 组件最重要的特性就是自动伸缩的能力。目前，其伸缩边界无限制。Serving 还具有灰度发布能力。

5.1.2　Knative 部署

本节将会以在阿里云部署 Kantive 服务为例，详细说明如何部署 Knative 相关服务。首先，登录到容器服务管理控制台，如图 5-2 所示。

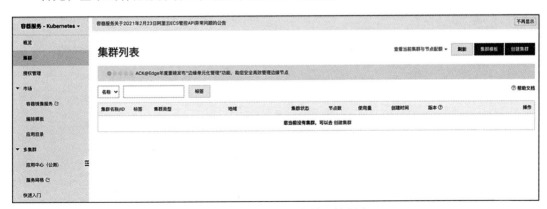

图 5-2　阿里云容器服务管理控制台

如没有集群，可以先选择创建集群，如图 5-3 所示。

图 5-3 配置与创建集群

创建集群比较缓慢，耐心等待集群创建完成，成功之后如图 5-4 所示。

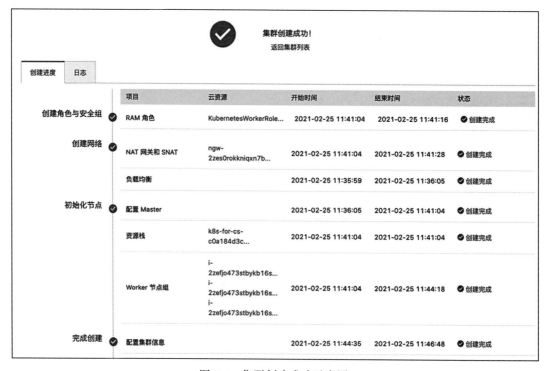

图 5-4 集群创建成功示意图

进入集群之后，选择左侧的"应用"，找到"Knative"并点击"一键部署"，如图 5-5 所示。

图 5-5　创建 Knative 应用

稍等片刻，Knative 安装完成之后，可以看到核心组件已经处于"已部署"状态，如图 5-6 所示。

图 5-6　Knative 应用部署完成

至此，我们完成了 Knative 的部署。

5.1.3 体验测试

首先需要创建一个 EIP，并将其绑定到 API Server 服务上，如图 5-7 所示。

图 5-7 为 API Server 绑定 EIP

完成之后，进行 Serverless 应用的测试。选择应用中的"Kantive 应用"，并且在服务管理中选择"使用模板创建"，如图 5-8 所示。

图 5-8 快速创建示例应用

创建完成之后，可以看到控制台已经出现一个 Serverless 应用，如图 5-9 所示。

名称	状态	默认域名	访问网关	创建时间	操作
helloworld-go	● 成功	helloworld-go.default.example.com	101.200.87.158	2021-02-25 13:05:03	详情 | 查看Yaml | 删除

提示：服务访问前，请先将访问服务的域名与访问网关进行 Host 绑定

图 5-9 示例应用创建成功

此时，我们可以点击应用名称查看该应用的详情，如图 5-10 所示。

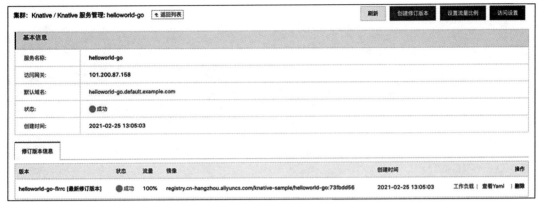

图 5-10　查看示例应用详情

为了便于测试，可以在本地设置 Host：

```
101.200.87.158 helloworld-go.default.example.com
```

设置完成之后，在浏览器中打开系统分配的域名，可以看到已经输出预期的结果，如图 5-11 所示。

图 5-11　浏览器测试示例应用

至此，我们完成了一个基于 Knative 的 Serverless 应用的部署和测试。

此时，我们还可以通过 CloudShell 进行集群的管理等。在集群列表页面，选择通过 CloudShell 进行管理，如图 5-12 所示。

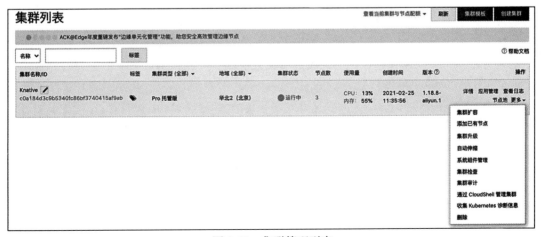

图 5-12　集群管理列表

通过 CloudShell 管理已创建的集群，如图 5-13 所示。

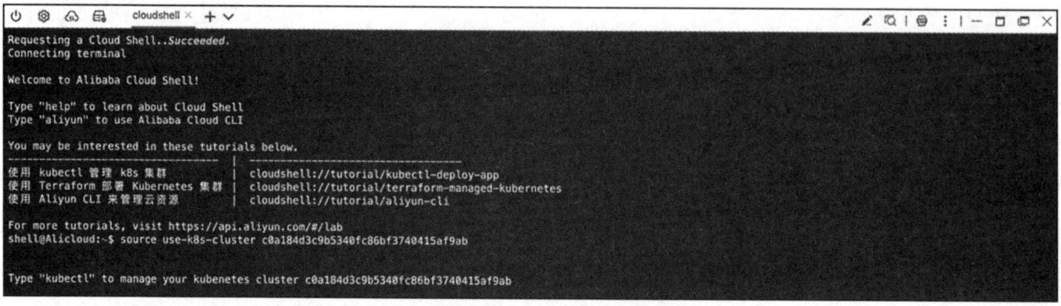

图 5-13　CloudShell 窗口

执行指令：

```
kubectl get knative
```

可以看到，刚部署的 Knative 应用，如图 5-14 所示。

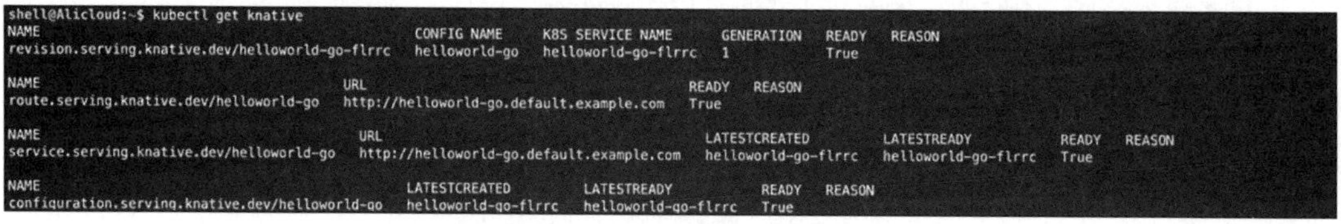

图 5-14　CloudShell 查看 Knative 应用

5.2　自建 Apache OpenWhisk 平台

5.2.1　OpenWhisk 简介

OpenWhisk 是一个开源、无服务器的云平台，可以在运行时容器中通过执行扩展的代码响应各种事件，而无须用户关心相关的基础设施架构。OpenWhisk 是基于云的分布式事件驱动（Eventbased）的编程服务。OpenWhisk 提供一种编程模型，将事件处理程序注册到云服务中，以处理各种不同的服务。其可以支持数千触发器和调用，可以对不同规模的事件进行响应。

OpenWhisk 是由许多组件构建的，如图 5-15 所示。

这些组件让 OpenWhisk 成为一款优秀的开源 FaaS 平台。

5.2.2　OpenWhisk 部署

实验机器操作系统为 Ubuntu 18.04 Desktop。

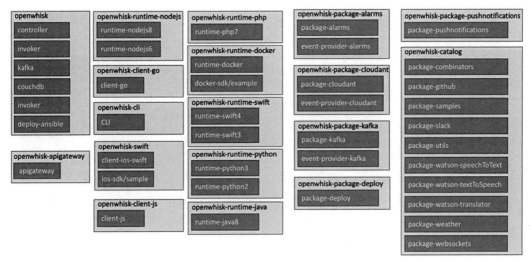

图 5-15 Apache OpenWhisk 组件结构

使用 GitHub 上所提供的 incubator-openwhisk 进行安装，如果本机没有安装 Git，需要先安装 Git：

```
apt install git
```

接下来克隆 repo 到本地目录：

```
git clone https://github.com/apache/incubator-openwhisk.git openwhisk
```

克隆完成之后，显示如图 5-16 所示。

```
root@iZbp17g7arp62ydvvtwxdhZ:~# git clone https://github.com/apache/incubator-openwhisk.git openwhisk
Cloning into 'openwhisk'...
remote: Enumerating objects: 51550, done.
remote: Total 51550 (delta 0), reused 0 (delta 0), pack-reused 51550
Receiving objects: 100% (51550/51550), 66.02 MiB | 13.41 MiB/s, done.
Resolving deltas: 100% (27856/27856), done.
Checking connectivity... done.
root@iZbp17g7arp62ydvvtwxdhZ:~#
```

图 5-16 Apache OpenWhisk 项目 Clone

进入 OpenWhisk 目录，并且执行脚本。OpenWhisk 是由 Scala 开发的，运行需要安装 Java 环境。下面的脚本实现了 Java 环境的安装，以及其他的所需要的软件：

```
cd openwhisk && cd tools/ubuntu-setup && ./all.sh
```

Apache OpenWhisk 安装配置如图 5-17 所示。

```
Created symlink /etc/systemd/system/multi-user.target.wants/docker.service → /lib/systemd/system/docker.service.
Created symlink /etc/systemd/system/sockets.target.wants/docker.socket → /lib/systemd/system/docker.socket.
Setting up docker-ce-rootless-extras (5:20.10.3~3-0~ubuntu-bionic) ...
Processing triggers for man-db (2.8.3-2ubuntu0.1) ...
Processing triggers for ureadahead (0.100.0-21) ...
Processing triggers for systemd (237-3ubuntu10.44) ...
+ sudo -E bash -c 'echo '\''DOCKER_OPTS="-H tcp://0.0.0.0:4243 -H unix:///var/run/docker.sock --storage-driver=aufs"'\'' >> /etc/default/docker'
++ whoami
+ sudo gpasswd -a root docker
Adding user root to group docker
+ sudo service docker restart
```

图 5-17 Apache OpenWhisk 安装配置

OpenWhisk 使用 ansible 进行部署，环境变量定义在 ansible/environments/group_vars/all 下：

```
limits:
invocationsPerMinute: "{{ limit_invocations_per_minute | default(60) }}"
concurrentInvocations: "{{ limit_invocations_concurrent | default(30) }}"
concurrentInvocationsSystem: "{{ limit_invocations_concurrent_system | default
    (5000) }}"
firesPerMinute: "{{ limit_fires_per_minute | default(60) }}"
sequenceMaxLength: "{{ limit_sequence_max_length | default(50) }}"
```

上面程序定义了 OpenWhisk 在系统中的限制。

- invocationsPerMinute 表示同一个 Namespace 每分钟调用 Action 的数量。
- concurrentInvocations 表示同一个 Namespace 的并发调用数量。
- concurrentInvocationsSystem 表示系统中所有 Namespace 的并发调用数量。
- firesPerMinute 表示同一个 Namespace 中每分钟调用 Trigger 的数量。
- sequenceMaxLength 表示 Action 的最大序列长度。

如果需要修改上述的默认值，可以把修改后的值添加到文件 ansible/environments/local/ group_vars/all 的末尾。例如，Action 的最大序列长度为 100，可以将 sequenceMaxLength: 120 添加到文件的末尾。

接下来，为 OpenWhisk 配置一个持久存储的数据库，有 CouchDB 和 Cloudant 可选。以 CouchDB 为例，配置环境：

```
export OW_DB=CouchDB
export OW_DB_USERNAME=root
export OW_DB_PASSWORD=PASSWORD
export OW_DB_PROTOCOL=http
export OW_DB_HOST=172.17.0.1
export OW_DB_PORT=5984
```

在 openwhisk/ansible 目录下，运行脚本，如图 5-18 所示。

```
ansible-playbook -i environments/local/ setup.yml
```

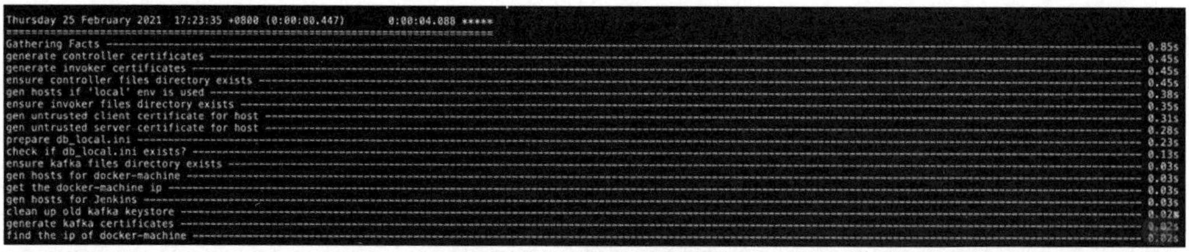

图 5-18　执行脚本过程

接下来使用 CouchDB 部署 OpenWhisk，确保本地已经有了 db_local.ini。在 openwhisk/ 目录下执行部署命令：

```
./gradlew distDocker
```

如果部署过程中出现问题（如图 5-19 所示），可能是没有安装 npm 导致的，此时可以执行如下指令。

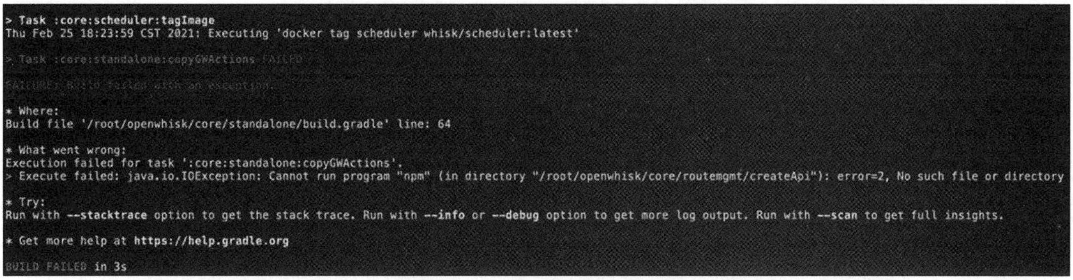
> Task :core:scheduler:tagImage
Thu Feb 25 18:23:59 CST 2021: Executing 'docker tag scheduler whisk/scheduler:latest'
> Task :core:standalone:copyGWActions FAILED
FAILURE: Build failed with an exception.
* Where:
Build file '/root/openwhisk/core/standalone/build.gradle' line: 64
* What went wrong:
Execution failed for task ':core:standalone:copyGWActions'.
> Execute failed: java.io.IOException: Cannot run program "npm" (in directory "/root/openwhisk/core/routemgmt/createApi"): error=2, No such file or directory
* Try:
Run with --stacktrace option to get the stack trace. Run with --info or --debug option to get more log output. Run with --scan to get full insights.
* Get more help at https://help.gradle.org
BUILD FAILED in 3s

图 5-19 部署过程可能报错示例

```
apt install npm
```

稍等片刻，可以看到 Build 成功页面，如图 5-20 所示。

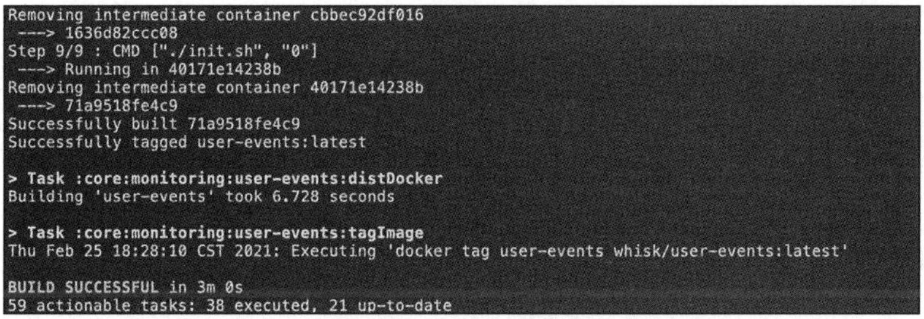
Removing intermediate container cbbec92df016
---> 1636d82ccc08
Step 9/9 : CMD ["./init.sh", "0"]
---> Running in 40171e14238b
Removing intermediate container 40171e14238b
---> 71a9518fe4c9
Successfully built 71a9518fe4c9
Successfully tagged user-events:latest
> Task :core:monitoring:user-events:distDocker
Building 'user-events' took 6.728 seconds
> Task :core:monitoring:user-events:tagImage
Thu Feb 25 18:28:10 CST 2021: Executing 'docker tag user-events whisk/user-events:latest'
BUILD SUCCESSFUL in 3m 0s
59 actionable tasks: 38 executed, 21 up-to-date

图 5-20 Build 成功示例

接下来进入 openwhisk/ansible 目录：

```
ansible-playbook -i environments/local/ couchdb.yml
ansible-playbook -i environments/local/ initdb.yml
ansible-playbook -i environments/local/ wipe.yml
ansible-playbook -i environments/local/ apigateway.yml
ansible-playbook -i environments/local/ openwhisk.yml
ansible-playbook -i environments/local/ postdeploy.yml
```

执行脚本过程如图 5-21 所示。

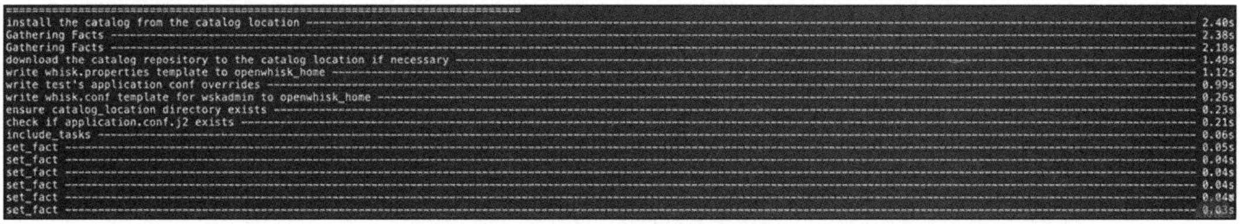
install the catalog from the catalog location 2.40s
Gathering Facts 2.38s
Gathering Facts 2.18s
download the catalog repository to the catalog location if necessary 1.49s
write whisk.properties template to openwhisk_home 1.12s
write test's application conf overrides 0.99s
write whisk.conf template for wskadmin to openwhisk_home 0.26s
ensure catalog_location directory exists 0.23s
check if application.conf.j2 exists 0.21s
include_tasks 0.06s
set_fact 0.05s
set_fact 0.04s
set_fact 0.04s
set_fact 0.04s
set_fact 0.04s
set_fact 0.03s

图 5-21 执行脚本过程

部署成功后，OpenWhisk 会在系统中启动几个 Docker 容器。我们可以通过 docker ps 来查看：

```
docker ps --format "{{.Image}} \t {{.Names }}"
```

安装成功后的容器列表如图 5-22 所示。

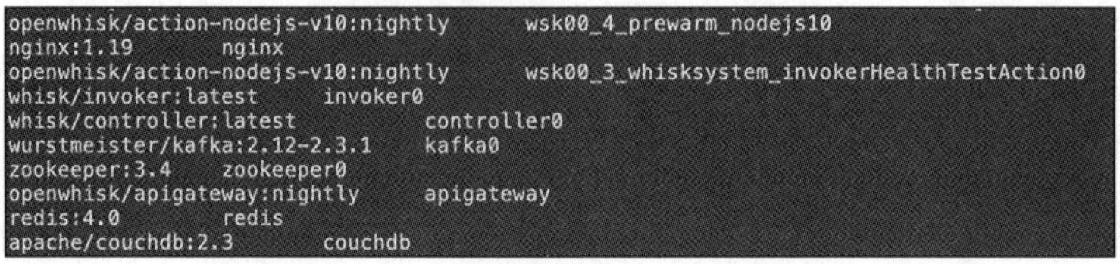

```
openwhisk/action-nodejs-v10:nightly      wsk00_4_prewarm_nodejs10
nginx:1.19        nginx
openwhisk/action-nodejs-v10:nightly      wsk00_3_whisksystem_invokerHealthTestAction0
whisk/invoker:latest      invoker0
whisk/controller:latest          controller0
wurstmeister/kafka:2.12-2.3.1    kafka0
zookeeper:3.4     zookeeper0
openwhisk/apigateway:nightly     apigateway
redis:4.0         redis
apache/couchdb:2.3        couchdb
```

图 5-22 安装成功后的容器列表

5.2.3 开发者工具

OpenWhisk 提供了一个统一的命令行接口 wsk。生成的 wsk 在 openwhisk/bin 下。其有两个属性需要配置。

- API host 用于部署 OpenWhisk 的主机名或 IP 地址的 API。
- Authorization key（用户名或密码）用来授权操作 OpenWhisk 的 API。

设置 API host，在单机配置中的 IP 应该为 172.17.0.1，如图 5-23 所示。

```
./bin/wsk property set --apihost '172.17.0.1'
```

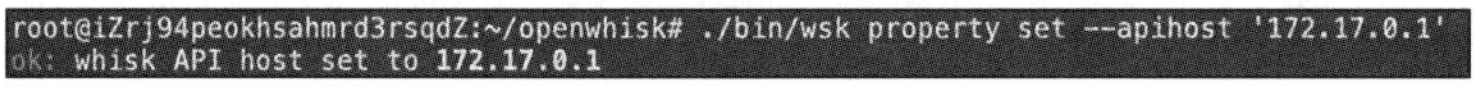

```
root@iZrj94peokhsahmrd3rsqdZ:~/openwhisk# ./bin/wsk property set --apihost '172.17.0.1'
ok: whisk API host set to 172.17.0.1
```

图 5-23 设置 API host

设置 key：

```
./bin/wsk property set --auth `cat ansible/files/auth.guest
```

权限设置如图 5-24 所示。

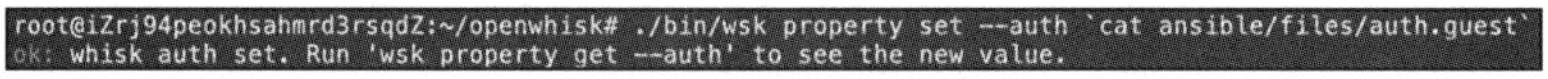

```
root@iZrj94peokhsahmrd3rsqdZ:~/openwhisk# ./bin/wsk property set --auth `cat ansible/files/auth.guest`
ok: whisk auth set. Run 'wsk property get --auth' to see the new value.
```

图 5-24 设置权限

OpenWhisk 将 CLI 的配置信息存储在 ~/.wskprops 中。这个文件的位置也可以通过环境变量 WSK_CONFIG_FILE 来指定。

验证 CLI：

```
wsk action invoke /whisk.system/utils/echo -p message hello -result
{
    "message": "hello"
}
```

5.2.4　体验测试

创建简单的动作（action），代码如下：

```
# test.py
def main(args):
    num = args.get("number", "30")
    return {"fibonacci": F(int(num))}


def F(n):
    if n == 0:
        return 0
    elif n == 1:
        return 1
    else:
        return F(n - 1) + F(n - 2)
```

创建动作：

```
/bin/wsk action create myfunction ./test.py  --insecure
```

函数创建如图 5-25 所示。

```
root@iZrj94peokhsahmrd3rsqdZ:~/openwhisk# ./bin/wsk action create myfunction ./test.py  --insecure
ok: created action myfunction
```

图 5-25　创建函数

触发动作：

```
./bin/wsk -i action invoke myfunction --result --blocking --param nember 20
```

得到结果，如图 5-26 所示。

```
root@iZrj94peokhsahmrd3rsqdZ:~/openwhisk# ./bin/wsk -i action invoke myfunction --result --blocking --param nember 20
{
    "fibonacci": 832040
}
```

图 5-26　执行函数

至此，我们完成了 OpenWhisk 项目的部署以及测试。

5.3　快速搭建 Kubeless 平台

5.3.1　Kubeless 简介

Kubeless 是基于 Kubernetes 的原生无服务器框架。其允许用户部署少量的代码（函数），而无须担心底层架构。它被部署在 Kubernetes 集群之上，并充分利用 Kubernetes 的特性及资源类型，可以克隆 AWS Lambda、Azure Functions、Google Cloud Functions 上的内容。

Kubeless 主要特点可以总结为以下几个方面。

- 支持 Python、Node.js、Ruby、PHP、Go、.NET、Ballerina 语言编写和自定义运行时。
- Kubeless CLI 符合 AWS Lambda CLI。
- 事件触发器使用 Kafka 消息系统和 HTTP 触发器。
- Prometheus 默认监视函数的调用和延时。
- 支持 Serverless 框架插件。

由于 Kubeless 的功能特性是建立在 Kubernetes 之上的，因此对于熟悉 Kubernetes 的人来说非常容易部署 Kubeless。其主要实现是将用户编写的函数在 Kubernetes 中转变为 CRD（Custom Resource Definition，自定义资源），并以容器的方式运行在集群中。

5.3.2 Kubeless 部署

在已有的 Kubernetes 集群上进行 Kubeless 服务的创建：

```
export RELEASE=$(curl -s https://api.github.com/repos/kubeless/kubeless/releases/
    latest | grep tag_name | cut -d '"' -f 4)
kubectl create ns kubeless
kubectl create -f https://github.com/kubeless/kubeless/releases/download/$RELEASE/
    kubeless-$RELEASE.yaml
```

创建成功后如图 5-27 所示。

```
shell@Alicloud:~$ export RELEASE=$(curl -s https://api.github.com/repos/kubeless/kubeless/releases/latest | grep tag_name | cut -d '"' -f 4)
shell@Alicloud:~$ kubectl create ns kubeless
namespace/kubeless created
shell@Alicloud:~$ kubectl create -f https://github.com/kubeless/kubeless/releases/download/$RELEASE/kubeless-$RELEASE.yaml
configmap/kubeless-config created
deployment.apps/kubeless-controller-manager created
serviceaccount/controller-acct created
clusterrole.rbac.authorization.k8s.io/kubeless-controller-deployer created
clusterrolebinding.rbac.authorization.k8s.io/kubeless-controller-deployer created
customresourcedefinition.apiextensions.k8s.io/functions.kubeless.io created
customresourcedefinition.apiextensions.k8s.io/httptriggers.kubeless.io created
customresourcedefinition.apiextensions.k8s.io/cronjobtriggers.kubeless.io created
```

图 5-27　安装和配置 Kubeless

查看基本信息：

```
kubectl get pods -n kubeless
```

相关 Pod 信息如图 5-28 所示。

```
shell@Alicloud:~$ kubectl get pods -n kubeless
NAME                                          READY   STATUS             RESTARTS   AGE
kubeless-controller-manager-78f67756c5-smnnd  0/3     ContainerCreating  0          69s
```

图 5-28　查看 Kubeless 相关 Pod

查看 Deployment 信息：

```
kubectl get deployment -n kubeless
```

其相关信息如图 5-29 所示。

```
shell@Alicloud:~$ kubectl get deployment -n kubeless
NAME                         READY   UP-TO-DATE   AVAILABLE   AGE
kubeless-controller-manager  0/1     1            0           88s
```

图 5-29 查看 Kubeless Deployment 相关信息

查看 customresourcedefinition 信息：

```
kubectl get customresourcedefinition
```

其相关信息如图 5-30 所示。

```
shell@Alicloud:~$ kubectl get customresourcedefinition
NAME                                          CREATED AT
aliyunlogconfigs.log.alibabacloud.com         2021-02-25T07:04:52Z
batchreleases.alicloud.com                    2021-02-25T07:06:59Z
cronjobtriggers.kubeless.io                   2021-02-25T07:08:31Z
functions.kubeless.io                         2021-02-25T07:08:31Z
httptriggers.kubeless.io                      2021-02-25T07:08:31Z
probes.monitoring.coreos.com                  2021-02-25T07:06:12Z
prometheusrules.monitoring.coreos.com         2021-02-25T07:06:12Z
servicemonitors.monitoring.coreos.com         2021-02-25T07:06:12Z
volumesnapshotclasses.snapshot.storage.k8s.io 2021-02-25T07:06:41Z
volumesnapshotcontents.snapshot.storage.k8s.io 2021-02-25T07:06:41Z
volumesnapshots.snapshot.storage.k8s.io       2021-02-25T07:06:41Z
```

图 5-30 查看 customresourcedefinition 信息

5.3.3 下载命令行工具

下载 Kubeless 工具，并解压：

```
export OS=$(uname -s| tr '[:upper:]' '[:lower:]')
curl -OL https://github.com/kubeless/kubeless/releases/download/$RELEASE/kubeless_
    $OS-amd64.zip
unzip kubeless_$OS-amd64.zip
```

解压之后查看：

```
./bundles/kubeless_linux-amd64/kubeless
```

具体如图 5-31 所示。

```
shell@Alicloud:~$ ./bundles/kubeless_linux-amd64/kubeless
Serverless framework for Kubernetes

Usage:
  kubeless [command]

Available Commands:
  autoscale         manage autoscale to function on Kubeless
  completion        Generate completion script
  function          function specific operations
  get-server-config Print the current configuration of the controller
  help              Help about any command
  topic             manage message topics in Kubeless
  trigger           trigger specific operations
  version           Print the version of Kubeless

Flags:
  -h, --help   help for kubeless

Use "kubeless [command] --help" for more information about a command.
```

图 5-31 使用 Kubeless 命令行工具

5.3.4 体验测试

创建测试代码 helloworld.py：

```
def hello(event, context):
    print(event)
    return event['data']
```

部署项目：

```
./bundles/kubeless_linux-amd64/kubeless function deploy hello-world --runtime
    python3.6 --from-file helloworld.py --handler helloworld.hello
```

部署成功之后，查看项目信息：

```
kubectl get functions
```

函数列表如图 5-32 所示。

```
shell@Alicloud:~$ kubectl get functions
NAME          AGE
hello-world   50s
```

图 5-32 查看函数列表

查看实例函数：

```
./bundles/kubeless_linux-amd64/kubeless function ls
```

函数状态如图 5-33 所示。

```
shell@Alicloud:~$ ./bundles/kubeless_linux-amd64/kubeless function ls
NAME          NAMESPACE    HANDLER             RUNTIME      DEPENDENCIES    STATUS
hello-world   default      helloworld.hello    python3.6                    0/1 NOT READY
shell@Alicloud:~$ ./bundles/kubeless_linux-amd64/kubeless function ls
NAME          NAMESPACE    HANDLER             RUNTIME      DEPENDENCIES    STATUS
hello-world   default      helloworld.hello    python3.6                    1/1 READY
```

图 5-33 查看函数状态

触发函数：

```
./bundles/kubeless_linux-amd64/kubeless function call hello-world --data 'Hello
    world!'
```

触发完成之后，看到输出结果：

```
shell@Alicloud:~$ ./bundles/kubeless_linux-amd64/kubeless function call hello-world --data 'Hello world!'
Hello world!
```

查看实例中输出的日志，如图 5-34 所示。

172.20.0.131 - - [25/Feb/2021:07:21:23 +0000] "GET /metrics HTTP/1.1" 200 3867 "" "Prometheus/" 0/1464
{'data': b'Hello world!', 'event-id': '9tHTyo2h7bKQA0o', 'event-type': 'application/x-www-form-urlencoded', 'event-time': '2021-02-25T0
7:21:32Z', 'event-namespace': 'cli.kubeless.io', 'extensions': {'request': <PicklableBottleRequest: POST http://123.57.226.93:6443/>}}

图 5-34　在实例中查看日志

至此，我们在 Kubernetes 集群上成功地创建了 Kubeless 服务，并顺利地体验了 Kubeless
版的 Hello World 实现。

第三部分 *Part 3*

工程实践

Chapter 6 第 6 章

Serverless 与监控告警、自动化运维

本章将介绍 Serverless 的监控告警与自动化运维功能。

6.1 通过 Serverless 架构实现监控告警功能

在实际生产中，经常需要编写一些监控脚本来监控网站服务或 API 服务的健康状况，包括是否可用、响应速度是否足够快等。传统的方法是直接使用网站监控平台（如 DNSPod 监控、360 网站服务监控、阿里云监控等）提供的监控告警服务。这些监控平台的运行机制是先让用户自己设置要监控的网址和预期的时间阈值，再由监控平台部署在各地区的服务器定期发起请求对网站或服务的可用性进行判断。这些服务很多是大众化的，通用性强，但不能满足一些定制化需求。例如，现在要监控某网站的状态码和在不同区域访问该网站的延时，并设置一个延时阈值，当网站状态异常或者延时过大时，通过邮件等进行告警。对于这样一个定制化需求，目前大部分监控平台其实很难直接实现，所以定制开发一个网站状态监控工具就显得尤为必要。

Serverless 架构有一个很重要的应用场景是运维、监控与告警，本章就来通过阿里云函数计算、腾讯云云函数等 FaaS 平台部署相关的监控脚本，对目标网站或者目标服务进行监控告警。

6.1.1 Web 服务监控告警

1. 简单版监控告警

针对 Web 服务，先设计一个简单版监控告警功能的流程，如图 6-1 所示。

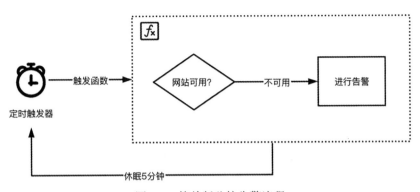

图 6-1 简单版监控告警流程

在该流程中，仅对网站的状态码进行监控，若返回的状态码是 200，则判定网站可正常访问，否则进行告警。简单的代码实现如下：

```python
# -*- coding: utf8 -*-
import ssl
import smtplib
import urllib.request
from email.mime.text import MIMEText
from email.header import Header

# 关闭 SSL 验证
ssl._create_default_https_context = ssl._create_unverified_context


def sendEmail(content, to_user):
    '''
发送邮件
    :param content: 邮件内容
    :param to_user: 接收人
    :return:
    '''
    sender = 'service@anycodes.cn'        # 发送人邮箱地址
    receivers = [to_user]                 # 接收人邮箱地址

    # 邮件内容
    mail_msg = content
    message = MIMEText(mail_msg, 'html', 'utf-8')
    message['From'] = Header(" 网站监控 ", 'utf-8')
    message['To'] = Header(" 站长 ", 'utf-8')
    subject = " 网站监控告警 "
    message['Subject'] = Header(subject, 'utf-8')

    try:
        smtpObj = smtplib.SMTP_SSL("smtp.exmail.qq.com", 465)
        smtpObj.login(' 发送人邮箱地址 ', ' 密码 ')
        smtpObj.sendmail(sender, receivers, message.as_string())
```

```
        except Exception as e:
            print(e)


def getStatusCode(url):
    '''
获取网站的状态码
    :param url: 网址
    :return: 状态码
    '''
    return urllib.request.urlopen(url).getcode()


def handler(event, context):
    # 待监控的地址
    url = "http://www.anycodes.cn"

    # 如果状态码不是 200，则进行告警
    if getStatusCode(url) == 200:
        print("您的网站 %s 可以访问！" % (url))
    else:
        sendEmail("您的网站 %s 不可以访问！" % (url), "接收人邮箱地址")

    return None
```

　　在传统的云主机中，需要将代码上传到云主机，并设置定时任务。例如在 Ubuntu Server 操作系统下，需要使用 Cron 工具，并完成配置和启动等操作。但是在 Serverless 架构下，只需要将代码部署到函数计算中，并配合设置定时触发器即可，无须安装或配置额外的软件、工具。

　　以阿里云函数计算为例，可以创建函数部署项目，如图 6-2 所示。

图 6-2　阿里云函数计算部署结果

完成后，还可以配置定时触发器，如图 6-3 所示。

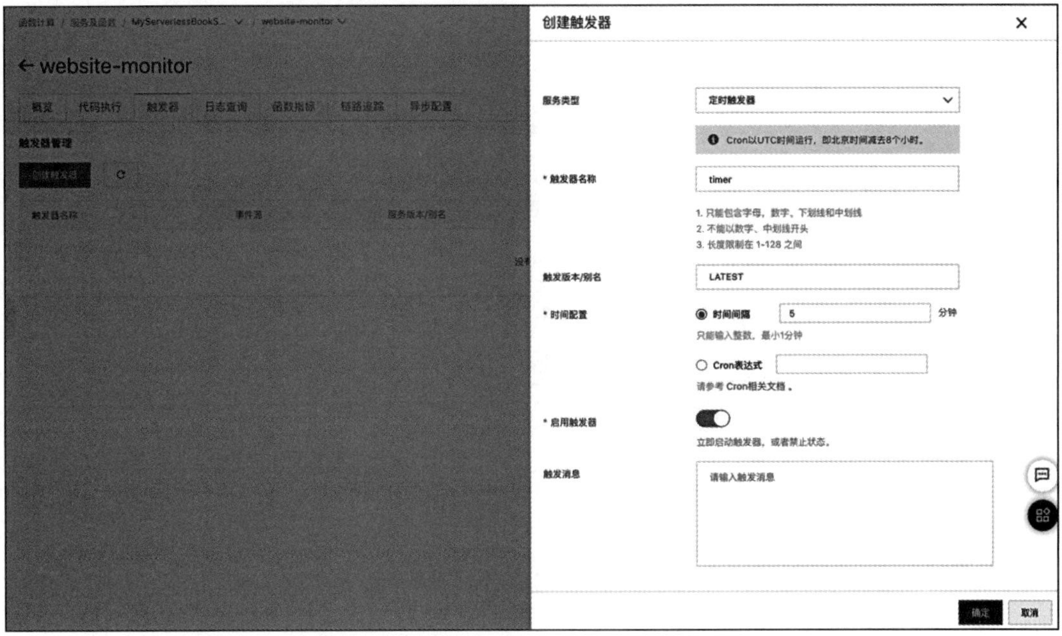

图 6-3　阿里云函数计算配置定时触发器

完成以上配置之后，即完成了一个简单版网站监控告警功能的开发。该简单监控脚本每 5 分钟会执行一次，当所监控的网站不可访问时，所配置的邮箱会收到告警，如图 6-4 所示。

网站监控告警 ☆ 🗗
发件人：网站监控 <>
　　　（由 service@52exe.cn 代发）❓
时　间：2019年8月15日(星期四) 晚上8:31
收件人：站长

您的网站http://www.anycodes.cn 不可以访问！

图 6-4　邮箱告警示例

2. 优化版监控告警

上面实现的是极其简单的状态码监控与告警功能。在实际生产中，可能存在一定的不确定性，例如网站的某些接口功能已经不能提供正常服务，但是该网站的被监控页面依旧可以返回 200 状态码；或者网站的响应速度已经非常缓慢，但是被监控页面依旧返回 200 状态码。所以，对网站或者服务的监控不能只看其能不能返回 200 状态码，还要看链接耗时、下载耗时以及在不同地区、通过不同运营商访问网站或者服务时的延时信息等。针对上述需求，对代码进行额外的更新与优化，具体如下：

1）通过在线网速测试网站，通过抓包获取不同地区、不同运营商的请求特征；

2）编写爬虫程序和在线网速测试模块；

3）将编写的程序和模块集成到前面的项目中。

这里以站长工具网站中的国内网站测速工具为例。可以通过网页查到相关信息，对部分数据进行整理和封装，形成一个定制化的监控告警工具，如图 6-5 所示。

监测结果 [超时重试]								
监测点 ⇕	解析IP ⇕	HTTP状态	总耗时 ⇕	解析时间 ⇕	连接时间 ⇕	下载时间 ⇕	文件大小 ⇕	下载速度 ⇕
湖南衡阳[电信]	119.3.44.39	200	350ms	220ms	78ms	52ms	-KB	2.86KB
广东佛山[电信]	119.3.44.39	200	1462ms	1315ms	88ms	59ms	-KB	0.68KB
陕西西安[电信]	119.3.44.39	200	370ms	223ms	89ms	58ms	-KB	2.70KB
浙江绍兴[电信]	119.3.44.39	200	403ms	231ms	52ms	120ms	-KB	2.48KB

图 6-5　站长工具网站监测页面

通过网络爬虫相关技术对网页进行分析，获取请求特征（包括 URL、Form data、及 Headers 等相关信息）。可以发现该监控网站在使用不同监测点对网站发出请求时，是通过 Form data 中的 guid 参数实现的。部分监测点的 guid 如下：

```
广东佛山电信 f403cdf2-27f8-4ccd-8f22-6f5a28a01309
江苏宿迁多线 74cb6a5c-b044-49d0-abee-bf42beb6ae05
江苏常州移动 5074fb13-4ab9-4f0a-87d9-f8ae51cb81c5
浙江嘉兴联通 ddfeba9f-a432-4b9a-b0a9-ef76e9499558
```

此时，可以编写基本的爬虫代码来对响应结果进行解析。

以 "62a55a0e-387e-4d87-bf69-5e0c9dd6b983 江苏宿迁 [电信]" 为例，可以通过如下代码进行简单的测试：

```python
# -*- coding: utf8 -*-
import urllib.request
import urllib.parse

# 待测速网站地址
url = "* 某测速网站地址 *"

# 请求的 form_data
form_data = {
    'guid': '62a55a0e-387e-4d87-bf69-5e0c9dd6b983',
    'host': 'anycodes.cn',
    'ishost': '1',
    'encode': 'ECvBP9vjbuXRi0CVhnXAbufDNPDryYzO',
    'checktype': '1',
}

# 请求头
headers = {
```

```
    'Host': 'tool.chinaz.com',
    'Origin': '* 某测速网站地址 *',
    'Referer': '* 某测速网站地址 *',
    'User-Agent': 'Mozilla/5.0 (Macintosh; Intel Mac OS X 10_14_3) AppleWebKit/
        537.36 (KHTML, like Gecko) Chrome/74.0.3729.108 Safari/537.36',
    'X-Requested-With': 'XMLHttpRequest'
}

requestData = urllib.parse.urlencode(form_data).encode('utf-8')
requestAttr = urllib.request.Request(url=url, data=requestData, headers=
    headers)
responseAttr = urllib.request.urlopen(requestAttr)
print(responseAttr.read().decode("utf-8"))
```

获得的结果如下：

```
({
    state: 1,
    msg: '',
    result: {
        ip: '119.28.190.46',
        httpstate: 200,
        alltime: '212',
        dnstime: '18',
        conntime: '116',
        downtime: '78',
        filesize: '-',
        downspeed: '4.72',
        ipaddress: ' 新加坡新加坡 ',
        headers: 'HTTP/1.1 200 OK br>Server: ...',
        pagehtml: ''
    }
})
```

在这个结果中，可以提取部分数据，例如"江苏宿迁 [电信]"访问目标网站的基础数据如下：

```
总耗时: alltime:'212'
链接耗时: conntime:'116'
下载耗时: downtime:'78'
```

此时，可以改造代码对更多节点进行测试：

```
江苏宿迁 [ 电信 ] 总耗时 :223   链接耗时 :121   下载耗时 :81
广东佛山 [ 电信 ] 总耗时 :44    链接耗时 :27    下载耗时 :17
广东惠州 [ 电信 ] 总耗时 :56    链接耗时 :34    下载耗时 :22
广东深圳 [ 电信 ] 总耗时 :149   链接耗时 :36    下载耗时 :25
浙江湖州 [ 电信 ] 总耗时 :3190  链接耗时 :3115  下载耗时 :75
辽宁大连 [ 电信 ] 总耗时 :468   链接耗时 :255   下载耗时 :170
江苏泰州 [ 电信 ] 总耗时 :180   链接耗时 :104   下载耗时 :69
安徽合肥 [ 电信 ] 总耗时 :196   链接耗时 :110   下载耗时 :73
……
```

测试完成后，可以获得各个节点的基本信息，进而对之前的监控告警功能进行升级：

```python
# -*- coding: utf8 -*-
import ssl
import re
import socket
import smtplib
import urllib.request
from email.mime.text import MIMEText
from email.header import Header

# 设置整体的请求超时时间
socket.setdefaulttimeout(2.5)
# 关闭 SSL 验证
ssl._create_default_https_context = ssl._create_unverified_context


def getWebTime():
    '''
获取网站的延时信息
    :return: 每个节点的延时
    '''
    service_content = []
    service_status = True

    node = [
        ('62a55a0e-387e-4d87-bf69-5e0c9dd6b983', '江苏宿迁 [ 电信 ]'),
        ('f403cdf2-27f8-4ccd-8f22-6f5a28a01309', '广东佛山 [ 电信 ]'),
        ('5bea1430-f7c2-4146-88f4-17a7dc73a953', '河南新乡 [ 多线 ]'),
        ('1f430ff0-eae9-413a-af2a-1c2a8986cff0', '河南新乡 [ 多线 ]'),
        ('ea551b59-2609-4ab4-89bc-14b2080f501a', '河南新乡 [ 多线 ]'),
        ('2805fa9f-05ea-46bc-8ac0-1769b782bf52', '黑龙江哈尔滨 [ 联通 ]'),
        ('722e28ca-dd02-4ccd-a134-f9d4218505a5', '广东深圳 [ 移动 ]'),
        ('8e7a403c-d998-4efa-b3d1-b67c0dfabc41', '广东深圳 [ 移动 ]'),
    ]

    url = "* 某测速网站地址 *"
    for eve_node in node.split('\n'):
        node_name = eve_node[1]
        form_data = {
            'guid': eve_node[0],
            'host': 'anycodes.cn',
            'ishost': '1',
            'encode': 'ECvBP9vjbuXRi0CVhnXAbufDNPDryYzO',
            'checktype': '1',
        }
        headers = {
            'Host': '* 某测速网站地址 *',
            'Origin': '* 某测速网站地址 *',
            'Referer': '* 某测速网站地址 *',
            'User-Agent': 'Mozilla/5.0 (Macintosh; Intel Mac OS X 10_14_3) Apple
```

```
                WebKit/537.36 (KHTML, like Gecko) Chrome/74.0.3729.108 Safari/
                537.36',
            'X-Requested-With': 'XMLHttpRequest'
        }
        try:
            service_info = urllib.request.urlopen(
                urllib.request.Request(
                    url=url,
                    data=urllib.parse.urlencode(form_data).encode('utf-8'),
                    headers=headers
                )
            ).read().decode("utf-8")
            try:
                alltime = re.findall("alltime:'(.*?)'", service_info)[0]
                conntime = re.findall("conntime:'(.*?)'", service_info)[0]
                downtime = re.findall("downtime:'(.*?)'", service_info)[0]
                temp_service_content = "%s\t总耗时:%s\t链接耗时:%s\t下载耗时:%s" %
                    (node_name, alltime, conntime, downtime)
            except:
                temp_service_content = "%s 链接异常! " % (node_name)
                service_status = False
        except:
            temp_service_content = "%s 链接超时! " % (node_name)
            service_status = False
        service_content.append(temp_service_content)
    return (service_status, service_content)


def sendEmail(content, to_user):
    '''
发送邮件
    :param content: 邮件内容
    :param to_user: 发送人
    :return:
    '''
    sender = 'service@anycodes.cn'          # 发送人邮箱地址
    receivers = [to_user]                   # 接收人邮箱地址

    # 邮件内容
    mail_msg = content
    message = MIMEText(mail_msg, 'html', 'utf-8')
    message['From'] = Header("网站监控", 'utf-8')
    message['To'] = Header("站长", 'utf-8')
    subject = "网站监控告警"
    message['Subject'] = Header(subject, 'utf-8')

    try:
        smtpObj = smtplib.SMTP_SSL("smtp.exmail.qq.com", 465)
        smtpObj.login('发送人邮箱地址', '密码')
        smtpObj.sendmail(sender, receivers, message.as_string())
    except Exception as e:
```

```
        print(e)


def handler(event, context):
    # 待监控的地址
    url = "http://www.anycodes.cn"

    service_status, service_content = getWebTime()
    if not service_status:
        sendEmail(" 您的网站 %s 的状态: <br>%s" % (url, "<br>".join(service_content)),
            "service@52exe.cn")
```

为了便于学习，上述代码对测试节点进行了缩减。通过部署，当网站出现超时情况时，可得到如图 6-6 所示的结果。

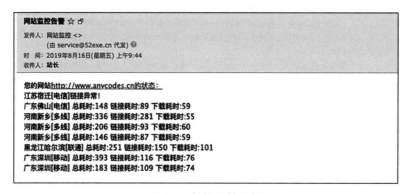

图 6-6　邮箱告警示例

当然，在实际生产过程中，可以根据业务需求对告警的灵敏度和监控的频率进行调整。至此就完成了简单版网站监控告警功能的升级。

在实际生产中，还可以继续对上述的监控告警功能进行如下升级。

● 如果出现链接异常，可以重试几次，如果连续出现异常，再进行告警。

● 当请求出现问题时，可以根据成功率判断是否告警。例如在图 6-6 中，"河南新乡 [多线]"有 3 个节点，其中两个节点的链接耗时是比较小的，而一个比较高，且高于平均值。此时我们可以认为该节点的请求存在异常，所以可以设定当某节点的异常率高于 50% 时进行告警。图 6-6 中的"河南新乡 [多线]"处于正常范围内，不进行告警。

6.1.2　云服务监控告警

6.1.1 节以阿里云函数计算为例，对网站状态及健康状况等信息进行了监控告警，在实际的生产运维中，还非常有必要对云服务进行监控告警。例如，在使用 Hadoop、Spark 的时候要对节点的健康状况进行监控，在使用 Kubernetes 的时候要对 API Server、Etcd 等多维度指标进行监控，在使用 Kafka 的时候要对数据积压量以及 Topic、Consumer 等指标进行监控。对这些服务的监控往往不能简单地通过 URL 及状态码来进行判断。在传统的运维中，通常会在其他机器上设置一个定时任务，对相关服务进行旁路监控。本节将会基于 Serverless 技术，以腾讯云 CKafka 产品为例建设相关的监控告警功能。

在使用云上的 Kafka 时，通常要看数据积压量，因为如果 Consumer 集群出现故障，或者消费能力突然降低导致数据积压，很可能会对服务产生不可预估的影响。下面将会以腾讯云云函数及腾讯云 CKafka 为例，通过组合多个云产品（包括云监控、云 API 及云短信等）来实现短信告警、邮件告警及企业微信告警功能。

首先，设计一个简单的服务监控告警流程图，如图 6-7 所示。

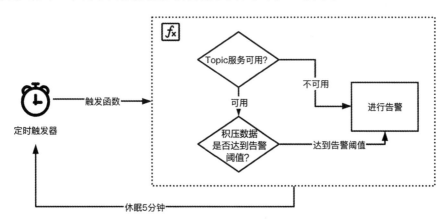

图 6-7　服务监控告警流程示意图

在开始项目之前，要准备一些基础模块，具体如下。

1）Kafka 数据积压量获取模块：

```python
def GetSignature(param):
    # 公共参数
    param["SecretId"] = ""
    param["Timestamp"] = int(time.time())
    param["Nonce"] = random.randint(1, sys.maxsize)
    param["Region"] = "ap-guangzhou"
    # param["SignatureMethod"] = "HmacSHA256"
    #生成待签名字符串
    sign_str = "GETckafka.api.qcloud.com/v2/index.php?"
    sign_str += "&".join("%s=%s" % (k, param[k]) for k in sorted(param))
    #生成签名
    secret_key = ""
    if sys.version_info[0] > 2:
        sign_str = bytes(sign_str, "utf-8")
        secret_key = bytes(secret_key, "utf-8")
    hashed = hmac.new(secret_key, sign_str, hashlib.sha1)
    signature = binascii.b2a_base64(hashed.digest())[:-1]
    if sys.version_info[0] > 2:
        signature = signature.decode()
```

```python
        signature = urllib.parse.quote(signature)
        return signature


def GetGroupOffsets(max_lag, phoneList):
    param = {}
    param["Action"] = "GetGroupOffsets"
    param["instanceId"] = ""
    param["group"] = ""
    signature = GetSignature(param)
    param["Signature"] = signature
    url = "https://ckafka.api.qcloud.com/v2/index.php?Action=GetGroupOffsets&"
    url += "&".join("%s=%s" % (k, param[k]) for k in sorted(param))
    req_attr = urllib.request.urlopen(url)
    res_data = req_attr.read().decode("utf-8")
    json_data = json.loads(res_data)
    for eve_topic in json_data['data']['topicList']:
        temp_lag = 0
        result_list = []
        for eve_partition in eve_topic["partitions"]:
            lag = eve_partition["lag"]
            temp_lag = temp_lag + lag
        if temp_lag > max_lag:
            result_list.append(
                {
                    "topic": eve_topic["topic"],
                    "lag": lag
                }
            )
        print(result_list)
        if len(result_list) > 0:
            KafkaLagRobot(result_list)
            KafkaLagSMS(result_list, phoneList)
```

2）接入企业微信机器人模块：

```python
def KafkaLagRobot(content):
    url = ""
    data = {
        "msgtype": "markdown",
        "markdown": {
            "content": content,
        }
    }
    data = json.dumps(data).encode("utf-8")
    req_attr = urllib.request.Request(url, data)
    resp_attr = urllib.request.urlopen(req_attr)
    resp_attr.read().decode("utf-8")
```

3）接入腾讯云短信服务模块：

```python
def KafkaLagSMS(infor, phone_list):
```

```
url = ""
strMobile = phone_list
strAppKey = ""
strRand = str(random.randint(1, sys.maxsize))
strTime = int(time.time())
strSign = "appkey=%s&random=%s&time=%s&mobile=%s" % (strAppKey, strRand, strTime,
    ",".join(strMobile))
sig = hashlib.sha256()
sig.update(strSign.encode("utf-8"))

data = {
    "ext": "",
    "extend": "",
    "params": [
        infor,
    ],
    "sig": sig.hexdigest(),
    "sign": "你的 sign",
    "tel": phone_list,
    "time": strTime,
    "tpl_id": "你的模板 id"
}
data = json.dumps(data).encode("utf-8")
req_attr = urllib.request.Request(url=url, data=data)
resp_attr = urllib.request.urlopen(req_attr)
resp_attr.read().decode("utf-8")
```

4）发送邮件告警模块：

```
def sendEmail(content, to_user):
    sender = 'service@anycodes.cn'
    message = MIMEText(content, 'html', 'utf-8')
    message['From'] = Header("监控", 'utf-8')
    message['To'] = Header("站长", 'utf-8')
    message['Subject'] = Header("告警", 'utf-8')
    try:
        smtpObj = smtplib.SMTP_SSL("smtp.exmail.qq.com", 465)
        smtpObj.login('service@anycodes.cn', '密码')
        smtpObj.sendmail(sender, [to_user], message.as_string())
    except smtplib.SMTPException as e:
        logging.debug(e)
```

完成模块编写后，即可在入口方法中根据整体业务编排模块，并将其投入生产。

6.1.3　总结

通过上述场景实践，读者可以了解到 Serverless 相关产品在运维领域的基本应用，尤其是监控告警的基本使用方法和初步设计灵感。设计网站监控程序实际上是一个很初级的入门场景。希望大家可以将更多的监控告警功能与 Serverless 技术结合，例如监控自己的 MySQL 压力情况、监控自己已有服务器的数据指标等。通过对这些指标的监控告警，不仅可以让管理者及时发现服务的潜在风险，也可以通过一些自动化流程实现项目的自动化运维。

通过上述场景实践，还可以对项目进行额外优化并将其应用在不同的领域或场景中。例如，可以增加短信告警、微信告警、企业微信告警等多个维度（后续的应用场景会举例说明），以确保相关人员及时收到告警信息；也可以通过监控某个小说网站、视频网站等了解自己关注的小说或者视频的更新情况，以便于追更等。

其实，无论采用哪个云厂商的 FaaS 平台，其整体效果都是一致的。限于篇幅，本文只分别以阿里云函数计算和腾讯云云函数为例进行讲解，希望读者可以发挥自己的想象，在更多的 FaaS 平台上进行学习和实践。

6.2　钉钉 / 企业微信机器人：GitHub 触发器与 Issue 机器人

众所周知，在 Serverless 领域中，触发器是 FaaS 必不可少的一部分。一个 FaaS 平台的触发器数量、质量及类型往往决定着它能否成为主流平台，因为触发器不仅是一种功能的体现，更是一个解决普遍性业务诉求的重要途径。目前，各个云厂商基本都会提供 API 网关触发器、对象存储触发器、时间触发器等，还有的厂商提供了消息触发器、日志触发器，甚至与 SQL 相关的触发器、CDN 触发器等。那么在实际生产中，这些看起来"很基础"的触发器是否可以升级为"高级"触发器呢？

本节将会采用 GitHub 的 Webhooks 功能与 API 网关触发器 /HTTP 触发器结合的方式，讲述 GitHub 触发器和 Issue 机器人的例子，同时会使用 Serverless Devs 开发者工具，以阿里云函数计算为例进行实践。

6.2.1　GitHub 触发器的实现

在日常生产中，使用 GitHub 的时候，往往会有一些监听 GitHub 事件的需求，例如是否有人提了 PR，是否有人推送了代码，是否有人提了 Issue 等。这些需求可以通过 GitHub 提供的 Webhooks 功能来定制化实现。GitHub Webhooks 配置页面如图 6-8 所示。

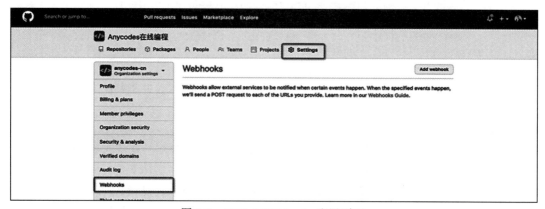

图 6-8　GitHub Webhooks 配置页面

Webhooks 是一个非常简单的事件触发配置入口，即当预先设定的某些操作被触发时，可以通过所配置的 WebHooks 地址将其发送到指定的服务上。

1. 创建 HTTP 函数

为了验证 GitHub 所提供的 Webhooks 功能，以阿里云函数计算为例，创建一个 HTTP 函数，并配置 HTTP 触发器，输出用户以 POST 方法请求的 Body 体：

```python
# -*- coding: utf-8 -*-

import json
import uuid


# Response
class Response:
    def __init__(self, start_response, response, errorCode=None):
        self.start = start_response
        responseBody = {
            'Error': {"Code": errorCode, "Message": response},
        } if errorCode else {
            'Response': response
        }
        # 默认增加 UUID，便于后期定位
        responseBody['ResponseId'] = str(uuid.uuid1())
        print("Response: ", json.dumps(responseBody))
        self.response = json.dumps(responseBody)

    def __iter__(self):
        status = '200'
        response_headers = [('Content-type', 'application/json; charset=UTF-8')]
        self.start(status, response_headers)
        yield self.response.encode("utf-8")


def handler(environ, start_response):
    try:
        request_body_size = int(environ.get('CONTENT_LENGTH', 0))
    except (ValueError):
        request_body_size = 0

    body = json.loads(environ['wsgi.input'].read(request_body_size).decode("utf-8"))
print(body)

    return Response(start_response, "success")
```

可以通过阿里云函数计算提供的在线测试功能进行简单的测试，如图 6-9 所示。

可以看到，系统已经打印出通过 POST 方法请求的 Body 体内容。

图 6-9　函数 HTTP 触发器测试

2. 配置 Webhooks

完成创建、测试函数后，将生成的默认 URL 配置到 GitHub 的仓库中，如图 6-10 所示。

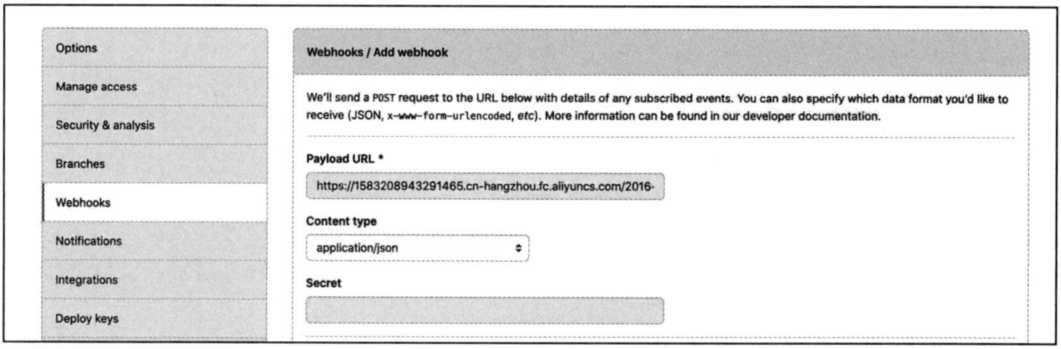

图 6-10　配置 GitHub Webhooks

填写完配置信息后，点击 Add webhook 按钮进行保存即可。配置完成的界面如图 6-11 所示。

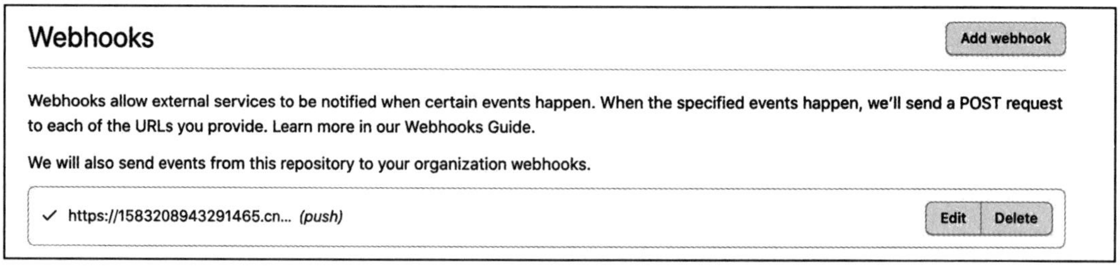

图 6-11　GitHub Webhooks 配置完成

此时可以点击该 Webhooks 配置，查看相关的请求记录，包括 Request 和 Response 等相关信息，如图 6-12 所示。

图 6-12　GitHub Webhooks 触发详情

同时，可以在函数计算侧查看对应函数的触发器及参数传递情况，如图 6-13 所示。

图 6-13　函数计算日志

可以看到，函数计算侧已经收到请求并做出了响应，同时也产生了相关日志记录。至此，通过函数计算的 HTTP 触发器和 GitHub 的 Webhooks 功能，实现了 GitHub 触发器。

6.2.2　GitHub Issue 的识别

为了确保用户在 GitHub Issue 中提出的 Issue 能被看到，可以通过 GitHub 触发器实现 GitHub Issue 的内容，进而实现 GitHub Issue 机器人。

为了获取用户提出的 Issue 内容，可以先对 Webhooks 内容进行设置，如图 6-14 所示。

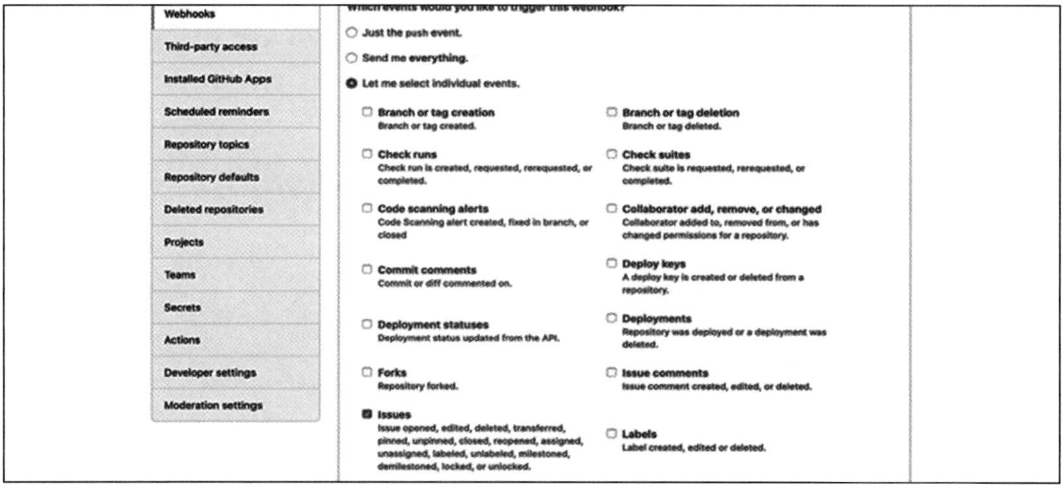

图 6-14 GitHub Webhooks 触发条件配置

可以将刚才设置的 Just the push event 更改为 Let me select individual events，并勾选 Issues。保存之后，尝试提交一个 Issue，并在 Webhooks 中查看 Request 的相关信息，如图 6-15 所示。

图 6-15 GitHub Webhooks 触发详情

可以看到，刚刚提交的 Issue 已经顺利发起了请求并得到了成功的 Response。接下来，可以对函数代码进行升级，进一步捕捉 Action 为 opened 的 Issue 详情。例如在入口方法中增加以下代码：

```
if body['action'] == 'opened':
    print("title: ", body['issue']['title'])
    print("url  : ", body['issue']['url'])
    print("body : ", body['issue']['body'])
    responseData = "issue opened"
```

此时，再次提交 Issue 进行测试，如图 6-16 所示。

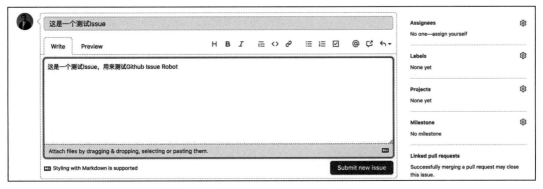

图 6-16　修改仓库内容以触发 Webhooks

创建完成后，即可在日志中看到如图 6-17 所示的结果。

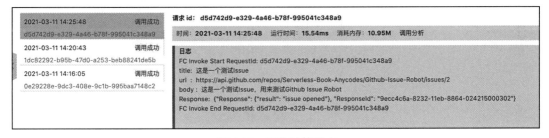

图 6-17　函数计算日志

至此，GitHub Issue 监控功能就实现了。

6.2.3　钉钉机器人／企业微信机器人的实现

上文中已经获得了 GitHub Issue 的基本信息，接下来将钉钉机器人／企业微信机器人与其融合，实现当有人在指定的仓库提交 Issue 时，钉钉机器人／企业微信机器人发送通知的功能。

其实，无论是钉钉机器人还是企业微信机器人，都是通过一个 Hook 的地址实现事件触发，即按照要求将参数以指定的方法向指定的地址发起请求触发。

此时，可以创建一个钉钉机器人，如图 6-18 所示。

图 6-18　钉钉机器人配置

创建之后，可以获得 Hook 地址，保存 Hook 地址，并通过以下代码发起请求：

```
# -*- coding: utf-8 -*-
import json
import urllib.request

url = "https://"
headers = {
    "Content-Type": "application/json"
}
urllib.request.urlopen(urllib.request.Request(url, json.dumps({
    "msgtype": "text",
    "text": {
        "content": "body"
    }
}).encode("utf-8"), headers=headers))
```

注意，对于不同类型的消息，传输的消息类型是不同的，具体可以参考钉钉机器人 / 企业微信机器人开发文档。

以钉钉机器人为例，其接受的 Text 格式内容如下：

```
{
    "msgtype": "text",
    "text": {
        "content": "我就是我，是不一样的烟火 @156xxxx8827"
    },
```

```
    "at": {
        "atMobiles": [
            "156xxxx8827",
            "189xxxx8325"
        ],
        "isAtAll": false
    }
}
```

其接受的 Markdown 格式内容如下：

```
{
    "msgtype": "markdown",
    "markdown": {
        "title": "杭州天气",
        "text": "#### 杭州天气 @156xxxx8827\n" +
                "> 9 度，西北风 1 级，空气良 89，相对湿度 73%\n\n" +

                "> ![screenshot](https://gw.alicdn.com/tfs/TB1ut3xxbsrBKNjSZFp
                    XXcXhFXa-846-786.png)\n" +
                "> ###### 10 点 20 分发布 [ 天气 ](http://www.thinkpage.cn/) \n"
    },
    "at": {
        "atMobiles": [
            "156xxxx8827",
            "189xxxx8325"
        ],
        "isAtAll": false
    }
}
```

以企业微信机器人为例，其接受的 Markdown 格式内容如下：

```
{
    "msgtype": "markdown",
    "markdown": {
        "content": "实时新增用户反馈 <font color=\"warning\">132 例 </font>，请相关
            同事注意。\n
        > 类型 :<font color=\"comment\"> 用户反馈 </font> \n
        > 普通用户反馈 :<font color=\"comment\">117 例 </font> \n
        >VIP 用户反馈 :<font color=\"comment\">15 例 </font>"
    }
}
```

这里具体使用的数据结构或参数格式可以根据业务需求而定。

6.2.4　Issue 机器人的实现

将上面两部分代码整合，可以得到基于 Serverless 架构的 GitHub Issue 机器人（钉钉版）：

```
# -*- coding: utf-8 -*-
import json
```

```python
import uuid
import urllib.request


# Response
class Response:
    def __init__(self, start_response, response, errorCode=None):
        self.start = start_response
        responseBody = {
            'Error': {"Code": errorCode, "Message": response},
        } if errorCode else {
            'Response': response
        }
        # 默认增加 UUID, 便于后期定位
        responseBody['ResponseId'] = str(uuid.uuid1())
        print("Response: ", json.dumps(responseBody))
        self.response = json.dumps(responseBody)

    def __iter__(self):
        status = '200'
        response_headers = [('Content-type', 'application/json; charset=UTF-8')]
        self.start(status, response_headers)
        yield self.response.encode("utf-8")


def handler(environ, start_response):
    try:
        request_body_size = int(environ.get('CONTENT_LENGTH', 0))
    except (ValueError):
        request_body_size = 0
    requestBody = json.loads(environ['wsgi.input'].read(request_body_size).decode
        ("utf-8"))

    responseData = "not issue opened"

    if requestBody['action'] == 'opened':
        print("title: ", requestBody['issue']['title'])
        print("url  : ", requestBody['issue']['url'])
        print("body : ", requestBody['issue']['body'])

        url = "https://"
        headers = {
            "Content-Type": "application/json"
        }
        urllib.request.urlopen(urllib.request.Request(url, json.dumps({
            "msgtype": "text",
            "text": {
                "content": "body"
            }
        }).encode("utf-8"), headers=headers))
```

```
        responseData = "issue opened"

    return Response(start_response, {"result": responseData})
```

其中，url = "https://" 是在创建机器人时获得的 Hook 地址。代码中的数据结构如下：

```
{
    "msgtype": "text",
    "text": {
        "content": "body"
    }
}
```

这是根据钉钉机器人 / 企业微信机器人提供的文档，针对不同类型的消息设计的数据结构。例如此时要用钉钉机器人，所以这里设置的结果为：

```
tempText = 'Issue:\nUser: %s \nMessage: %s \n[ 链接地址 ](%s)'%(jsonData['sender']
    ['login'], jsonData['issue']['body'] ,jsonData['issue']['html_url'])
data = {
    "msgtype": "markdown",
    "markdown": {
        "title": "GitHub Issue 提醒 ",
        "text": tempText
    }
}
```

将项目部署到线上之后，当有人在 GitHub 上提出 Issue 时，我们就会收到如图 6-19 所示的提示。

图 6-19　GitHub Issue 钉钉机器人效果示例

至此，一个 Issue 机器人就完成了。

6.2.5　总结

希望通过本节的学习，读者能够学会如何更加灵活地使用 HTTP 触发器 /API 网关触发器，了解 GitHub 的 Webhooks 和函数计算的一个有趣结合，掌握钉钉机器人和企业微信机器人的制作方法。本节还介绍了一个比较完整的实践：通过 Github Webhooks、钉钉机器人 / 企业微信机器人、阿里云函数计算及 HTTP 触发器 /API 网关触发器，实现了一个 Github Issue 机器人。

当然，本节只是抛砖引玉，在实际操作过程中，可以融入更多思路，例如通过 Webhooks 与 Serverless 实现一个 CI/CD 的小工具等。其实 Serverless 可以做的事情还有很多，使用者可以"大开脑洞"去创造，去发现更多玩法。

6.3 触发器和函数赋能自动化运维

Serverless 架构在运维层面有着得天独厚的优势，不仅因为其事件触发可以有针对性地获取、响应一些事件，还因为其轻量化、低运维的特性让很多运维开发者甚是喜爱。

在实际生产中，如果可以将线上环境的变动以事件的形式触发函数，由函数进行一系列运维操作，那么 Serverless 将会在自动化运维的过程中发挥出更重要的作用和更大的价值，也会让传统服务的自动化运维变得更加简单、轻便。例如：当线上主机异常中止时，可以触发函数，通过云厂商提供的 API 备份数据盘，再对主机进行恢复；当服务器压力过大时，可以通过云监控事件触发函数进行集群扩容。当然，如果云厂商并没有提供常见的云监控触发器等，那么在将线上环境的变动以事件形式触发函数时，也可以考虑通过函数计算的定时触发器进行某些业务指标的轮询，进而实现对传统业务的部分自动化运维。

本节以阿里云函数计算与云监控触发器结合为例。假设一台云服务器 ECS 因系统错误而重启，在传统的架构下，运维人员或者 ECS 用户需要紧急响应，人工验证，并创建快照等对服务进行一定的运维操作。本节将会站在 Serverless 架构的角度，通过云监控中的 ECS 重启事件触发函数执行，自动找出 ECS 挂接的云盘，并为云盘自动创建快照；也将会以腾讯云云函数与时间触发器结合为例，满足定时重启云主机的需求。

6.3.1 云盘自动快照

云盘自动快照这个功能是通过 Serverless 架构实现的自动化运维，整个项目分为两个主要部分：业务逻辑和触发器配置。

业务逻辑部分主要是通过阿里云函数计算调用云盘相关的 SDK，实现快照建立功能；触发器配置部分则是通过云监控触发器，为对应的函数计算配置相关的触发条件。

在编写业务逻辑之前，需要清楚云监控触发器所产生的事件格式，即云监控在触发函数时，与函数计算所规约的事件数据结构（函数入口方法的 event 参数），具体如下。

```
{
    "product": "ECS",
    "content": {
        "executeFinishTime": "2018-06-08T01:25:37Z",
        "executeStartTime": "2018-06-08T01:23:37Z",
        "ecsInstanceName": "timewarp",
        "eventId": "e-t4nhcpqcu8fqushpn3mm",
        "eventType": "InstanceFailure.Reboot",
        "ecsInstanceId": "i-bp18l0uopocfc98xxxx"
```

```
    },
    "resourceId": "acs:ecs:cn-hangzhou:12345678:instance/i-bp18l0uopocfc98xxxx",
    "level": "CRITICAL",
    "instanceName": "instanceName",
    "status": "Executing",
    "name": "Instance:SystemFailure.Reboot:Executing",
    "regionId": "cn-hangzhou"
}
```

明确数据结构之后，可以开始编写核心业务逻辑，代码如下。

```python
# -*- coding: utf-8 -*-
import logging
import json, random, string
from aliyunsdkcore import client
from aliyunsdkecs.request.v20140526.CreateSnapshotRequest import CreateSnapshot-
    Request
from aliyunsdkecs.request.v20140526.DescribeDisksRequest import DescribeDisksRequest
from aliyunsdkcore.auth.credentials import StsTokenCredential
LOGGER = logging.getLogger()
clt = None


def handler(event, context):
    creds = context.credentials
    sts_token_credential = StsTokenCredential(creds.access_key_id, creds.access_
        key_secret, creds.security_token)
    evt = json.loads(event)
    content = evt.get("content")
    ecsInstanceId = content.get("ecsInstanceId")
    regionId = evt.get("regionId")
    global clt
    clt = client.AcsClient(region_id=regionId, credential=sts_token_credential)
    name = evt.get("name").lower()

    if name in ['Instance:SystemFailure.Reboot:Executed'.lower(),
                "Instance:InstanceFailure.Reboot:Executed".lower()]:
        request = DescribeDisksRequest()
        request.add_query_param("RegionId", regionId)
        request.set_InstanceId(ecsInstanceId)
        response = _send_request(request)
        disks = response.get('Disks').get('Disk', [])
        for disk in disks:
            diskId = disk["DiskId"]
            create_ecs_snap_by_id(diskId)
            LOGGER.info("Create ecs snap success, ecs id = %s , disk id = %s ",
                ecsInstanceId, diskId)


def create_ecs_snap_by_id(disk_id):
    LOGGER.info("Create ecs snap, disk id is %s ", disk_id)
```

```
request = CreateSnapshotRequest()
request.set_DiskId(disk_id)
request.set_SnapshotName("reboot_" ''.join(random.choice(string.ascii_
    lowercase) for _ in range(6)))
response = _send_request(request)
return response.get("SnapshotId")


# 发送 API 请求
def _send_request(request):
    request.set_accept_format('json')
    try:
        response_str = clt.do_action_with_exception(request)
        LOGGER.info(response_str)
        response_detail = json.loads(response_str)
        return response_detail
    except Exception as e:
        LOGGER.error(e)
```

　　完成业务逻辑的核心代码之后，可以将代码部署到函数计算中。然后在云监控的控制台进行相关的触发设置，此时可以在阿里云云监控平台选择事件监控报警规则，如图 6-20 所示。

图 6-20　云监控报警规则页面

　　然后创建事件报警，可以选择事件报警规则，如图 6-21 所示。

　　完成配置之后，将动作设置为函数计算即可。选择刚刚部署的函数，如图 6-22 所示。

　　这样当 ECS 重启事件发生之后，云监控就会通过事件触发指定的函数以执行自动化运维的业务逻辑：找出 ECS 挂接的云盘，并为云盘自动创建快照。

6.3.2　服务器定时重启

　　并不是所有 FaaS 平台都像阿里云函数计算一样拥有云监控触发器，可以非常简单、快速、轻松地感知到业务或服务的变化，并以事件触发的形式，触发函数计算，实现自动化运维。如果所使用的 FaaS 平台本身不具备云监控触发器，应当如何对服务器进行监控和自动化运维呢？

图 6-21　报警事件规则配置

以笔者正在做的一个项目为例，该项目所使用的服务器需要每天凌晨进行初始化（根据已有的镜像重装系统）。在传统的架构下，需要一个额外的服务来实现该功能；而在 Serverless 架构下，只需要一个函数即可实现完整的业务逻辑，若同时配置时间触发器，还可实现整个需求的开发。代码如下。

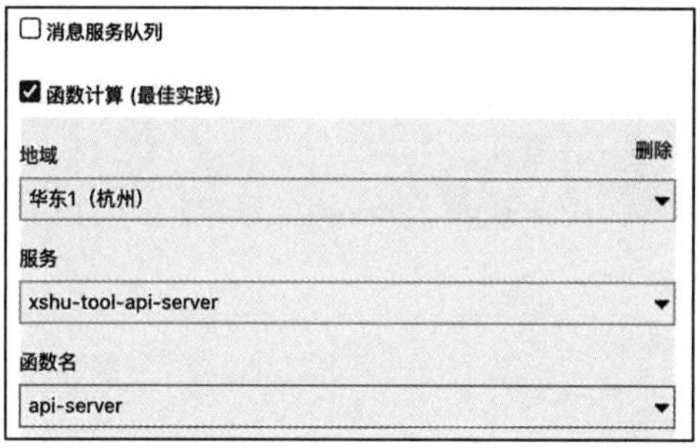

图 6-22　报警事件规则函数计算触发配置

```python
# -*- coding: utf8 -*-

from tencentcloud.common import credential
from tencentcloud.common.profile.client_profile import ClientProfile
from tencentcloud.common.profile.http_profile import HttpProfile
from tencentcloud.cvm.v20170312 import cvm_client, models

ImageId = ""
InstanceId = ""
secretId = ""
secretKey = ""


def main_handler(event, context):
```

```
try:
    cred = credential.Credential(secretId, secretKey)
    httpProfile = HttpProfile()
    httpProfile.endpoint = "cvm.tencentcloudapi.com"

    clientProfile = ClientProfile()
    clientProfile.httpProfile = httpProfile
    client = cvm_client.CvmClient(cred, "ap-shanghai", clientProfile)

    req = models.ResetInstanceRequest()
    params = '{"InstanceId":"%s","ImageId":"%s","LoginSettings":{"KeepImag
        eLogin":"TRUE"}}' % (InstanceId, ImageId)
    req.from_json_string(params)

    resp = client.ResetInstance(req)
    print(resp.to_json_string())

except Exception as err:
    print(err)
```

完成业务逻辑的核心代码之后，可以将函数部署到线上，部署完成后，还需要配置时间触发器（定时触发器），如图 6-23 所示。

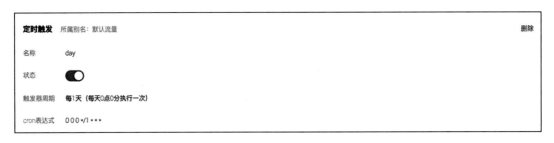

图 6-23　时间触发器配置

配置完成后，就可以满足定时云主机的重装诉求，即每天凌晨，系统会根据指定的镜像重新初始化云主机。

6.3.3　总结

通过 Serverless 架构，可以将一些触发器和业务逻辑友好、简单地组合起来。无论是日志触发器、云监控触发器还是时间触发器，都可以通过与业务逻辑结合，简单、轻量化地定制自动化运维脚本。相对传统的自动化运维脚本而言，基于 Serverless 架构的自动化运维脚本会更加简单、轻量、稳定。

读者可以发挥想象力，将更多的运维逻辑和 Serverless 架构结合，进一步拓展 Serverless 架构的应用场景。

6.4　Serverless CI/CD 实践案例

CI/CD 是一种通过在应用开发阶段引入自动化来频繁向客户交付应用的方法。CI/CD 的核心概念是持续集成、持续交付和持续部署。作为一个面向开发和运营团队的解决方案，CI/CD 主要针对在集成新代码时所引发的问题。具体而言，CI/CD 可让持续自动化和持续监控贯穿于应用的整个生命周期（从集成和测试到交付与部署）。这些关联的事务通常被统称为 CI/CD 管道，由开发和运维团队以敏捷方式协同支持。CI/CD 流程简图如图 6-24 所示。

图 6-24　CI/CD 流程简图

在 Serverless 架构下，一个完整的功能或者服务通常由很多函数构成，而这种比较细粒度的功能开发往往会给后期的项目维护带来极大不便，包括但不限于函数管理的不便，项目的构建、发布层面的不便等。

此时在 Serverless 架构中，CI/CD 就显得尤为重要。更加科学、安全的持续集成和部署过程不仅会让整体的业务流程更加规范，也会在一定程度上降低人为操作、手工集成部署出错的概率，还会大幅降低运维人员的工作负担。本节将会以 Serverless Devs 开发者工具为例，通过 GitHub Action 实现函数计算相关服务的 CI/CD 功能。

6.4.1　CI/CD 实践

要想通过 CI/CD 将 Serverless 项目持续集成和部署到云厂商提供的 FaaS 平台上，需要使用合适的开发者工具。此时可以根据云厂商的实际情况选择不同的开发者工具，当然也可以选择一些常见的开源 Serverless 开发者工具，例如 Serverless Devs、Serverless Framework 等。本节将以 Serverless Devs 为例，将 GitHub 上的代码仓库通过 GitHub。Action 功能部署到阿里云函数计算平台。

我们首先需要了解 GitHub Action 是什么。GitHub Action 是 GitHub 在 2018 年 10 月推出的持续集成服务。GitHub Action 和 Serverless Devs 结合，不仅可以实现持续集成服务，还可以通过密钥的配置等，进一步实现 Serverless 应用的发布功能。

GitHub Action 是用 YAML 格式文件来描述流程的，所以可以通过 YAML 格式对 Serverless Devs 工具进行初始化，并进行一定的配置，最后将预置的代码部署到线上。整体的部署流程可以细化为：

- Checkout 操作；
- 初始化 Serverless Devs；
- 配置阿里云密钥信息；
- 进行一些 CI 操作（可选）；

- 进行一些 CD 操作（部署到线上）。

例如，以下是一个实现的 GitHub Action YAML 文件。

```
name: serverless CI/CD

on:
    push:
        branches: [master]

jobs:
    serverless-cicd-job:
        name: Serverless cicd
        runs-on: ubuntu-latest
        steps:
        - name: Checkout
          uses: actions/checkout@v2
        - name: Initializing Serverless-Devs
          uses: Serverless-Devs/serverless-devs-initialization-action@main
          with:
              provider: alibaba
              AccessKeyID: ${{ secrets.ALIYUN_ACCESS_KEY_ID }}
              AccessKeySecret: ${{ secrets.ALIYUN_ACCESS_KEY_SECRET }}
              AccountID: ${{ secrets.ALIYUN_ACCOUNT_ID }}
        - name: Config
          run: sudo --preserve-env s config add -p alibaba --AccessKeyID $
              {{ secrets.ALIYUN_ACCESS_KEY_ID }} --AccessKeySecret ${{ secrets.
              ALIYUN_ACCESS_KEY_SECRET }} --AccountID ${{ secrets.ALIYUN_
              ACCOUNT_ID }}
        - name: Deploying
          run: sudo --preserve-env s deploy
```

在该流程中，YAML 文件所描述的行为主要是当有代码推送到 master 分支后进行如下操作：

1）Checkout 操作；

2）通过 Serverless-Devs/serverless-devs-initialization-action@main 初始化 Serverless Devs；

3）通过 s config add 指令从环境变量读取配置的 Secrets 信息，并进行密钥配置；

4）通过 s deploy 指令进行项目部署（CD）。

此时，为了验证该 YAML 文件的具体工作与行为，可以通过创建仓库来进一步实践，如图 6-25 所示。

在创建代码仓库的时候需要特别注意，为了确保触发 GitHub Action，需要将对应的 YAML 文件放置到 .github/workflows 目录下。例如这里将该 Action 的任务命名为 cicd，则 cicd.yaml 文件的路径为 .github/workflows/cicd.yaml，如图 6-26 所示。

接下来，可以在 Settings（设置）中的 Secrets 选项下配置密钥信息，如图 6-27 所示。

图 6-25　GitHub 仓库示例

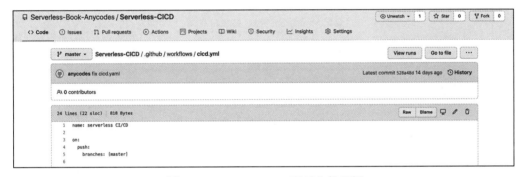

图 6-26　GitHub Action 配置文件示例

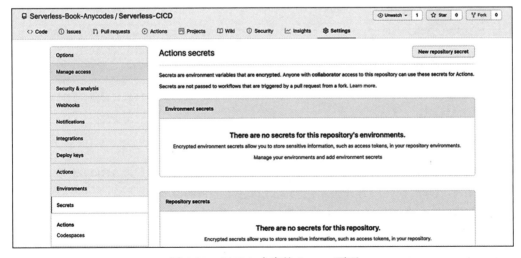

图 6-27　GitHub 仓库的 Secrets 页面

配置的目的是，通过配置 YAML 文件中所需要的阿里云密钥信息，使项目可以正常地执行 CD 任务。

- secrets.ALIYUN_ACCESS_KEY_ID：阿里云密钥 ACCESS_KEY_ID。
- secrets.ALIYUN_ACCESS_KEY_SECRET：阿里云密钥 ACCESS_KEY_SECRET。
- secrets.ALIYUN_ACCOUNT_ID：阿里云用户 ID。

明确了 Name 和对应的变量值之后，配置过程如图 6-28 所示。

图 6-28　GitHub 仓库配置密钥示例

配置完成的结果如图 6-29 所示。

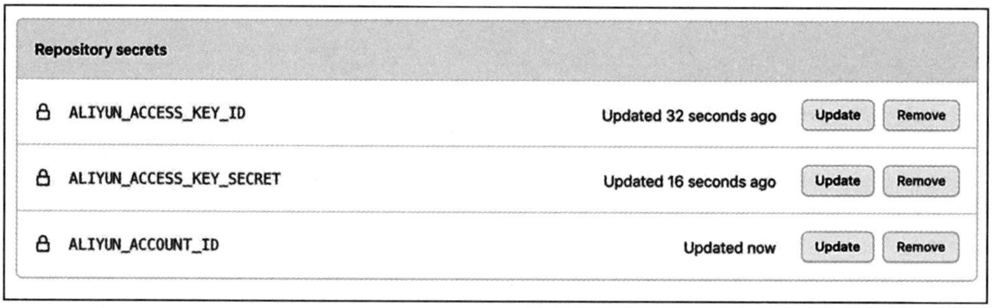

图 6-29　GitHub 仓库配置密钥结果示例

此时，可以通过将代码推送到 master 分支以触发该仓库的 GitHub Action 中的 CI/CD 任务。可以在本地修改代码内容并将新代码提交到仓库中，如图 6-30 所示。

在代码被推送到仓库的 master 分支之后，可以看到 Serverless CI/CD 流程已经被触发，如图 6-31 所示。

稍等片刻，就可以看到 GitHub Action 已经完成了整个流程，同时可以在日志中看到部署结果，如图 6-32 所示。

```
(venv) jiangyu@ServerlessSecurity express % git add .github/workflows/cicd.yml
(venv) jiangyu@ServerlessSecurity express % git commit -m 'fix cicd.yaml'
[master 306d6b1] fix cicd.yaml
 1 file changed, 1 insertion(+), 1 deletion(-)
(venv) jiangyu@ServerlessSecurity express % git push origin master
Enumerating objects: 9, done.
Counting objects: 100% (9/9), done.
Delta compression using up to 8 threads
Compressing objects: 100% (3/3), done.
Writing objects: 100% (5/5), 399 bytes | 399.00 KiB/s, done.
Total 5 (delta 2), reused 0 (delta 0)
remote: Resolving deltas: 100% (2/2), completed with 2 local objects.
To https://github.com/Serverless-Book-Anycodes/Serverless-CICD.git
   3339407..306d6b1  master -> master
```

图 6-30　将代码推送到 GitHub 指定仓库的示例

图 6-31　GitHub Action 触发示例

图 6-32　GitHub Action 执行完成示例

此时可以看到函数已经被更新到线上。至此就完成了 Serverless CI/CD 的实践案例。

6.4.2 总结

要想非常简单、快速、方便地完成 Serverless 应用的 CI/CD 建设，一个完善的开发者工具是必不可少的。Serverless Devs 是一款多云的开发者工具，可以非常简单、快速、方便地部署 AWS、阿里云、腾讯云等多个云厂商的函数计算等相关服务，同时它也是一个开源项目，可以供用户随时随地地贡献组件，以满足不同场景的诉求。

通过 Serverless Devs 与 GitHub Action 结合，可以用极低的成本完成 Serverless 项目的 CI/CD 建设，这样不仅可以部署函数计算，还可以部署对象存储、API 网关等多种云服务。希望通过本章的学习，读者能够对 Serverless CI/CD 有一个初步的认识，并快速在自己的项目中应用起来，进入更安全、更科学的应用集成、部署实战中。

第 7 章 | *Chapter 7*

Serverless 在图像、音视频处理中的应用

本章带领读者了解 Serverless 在图像、音视频处理中的应用。

7.1 Serverless 架构下的图片压缩与加水印

在实际项目开发的过程中，图像处理需求是非常常见的。以某网站系统为例，当用户将图片上传之后，需要在图片列表页显示其缩略图，并在用户点击查看图片详情之后再显示原图。这样的做法不仅提高了列表页的加载速度，也大幅度减轻了服务器的带宽压力。除此之外，有一些网站为了防止图片被盗用，往往还会在图片上添加一些水印来说明出处，这样做一方面提高了产品曝光度，另一方面也对外加强了版权能力建设。

在传统架构下，对图像进行压缩、添加水印等一系列操作时，通常有两种处理方案。

- 在本地处理后再上传：这种方案往往伴随着不确定性，例如客户端可能会被破解或者恶意修改，导致上传之后的图片并非处理过的图片，而是原图。
- 上传之后，在服务端进行处理：这种方案虽然是大部分平台所采纳的方案，但是由于图像处理所消耗的资源相对较大，所以比较占用资源，成本较高。

在 Serverless 架构下，图片的压缩、加水印会有新的处理方案吗？相对于传统方案，是否可以在性能上进一步提升、成本上进一步降低呢？本节将会通过 Serverless Devs 开发者工具，以阿里云函数计算为例，通过对象存储触发器等相关产品实现一个图片压缩与加水印的服务。

7.1.1 Serverless 的图片压缩方案

传统意义上的图像压缩方案更多是在服务端做压缩处理，少部分会在客户端做处理。

以在服务端做图像的压缩、加水印操作为例，流程图如图 7-1 所示。

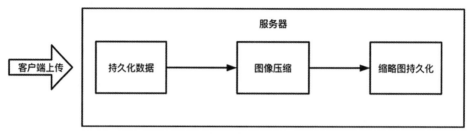

图 7-1　传统图像压缩方案示例（服务器）

在 Serverless 架构下，想要进行图片压缩并且持久化，就需要引入计算单元和存储单元。计算单元就是进行运算的服务（例如函数计算等），存储单元就是数据持久化的服务（例如对象存储等）。在客户端做图像压缩的流程如图 7-2 所示。

图 7-2　传统图像压缩方案示例（客户端）

无论是在传统架构，还是在 Serverless 架构下做图像压缩，图像压缩流程上基本是一致的，只是在读取源数据以及存储目标数据的位置上有细微差距。但是，在实际使用过程中，这两者的性能和成本却有着极大的区别，如图 7-3 所示。

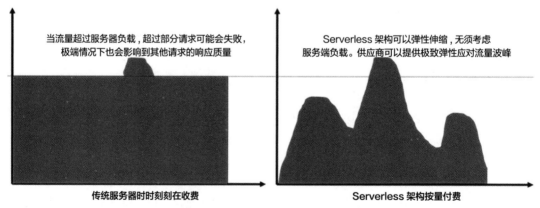

图 7-3　传统架构和 Serverless 架构弹性与费用对比

如图 7-3 所示，主要有如下区别。

- 区别 1：当通过传统模式满足图像压缩的需求时，需要有一台服务器一直运行，持续性进行成本投入；而 Serverless 架构采用按量付费模式，有请求则收费，无请求则不收费；相对传统架构，在优化理想的前提下，Serverless 在成本上会有比较大的降低。

- 区别 2：当收到的请求过多时，传统架构很容易出现服务器负载过高的情况，甚至可能导致服务端出现无响应等各类问题，这会对业务造成极大的影响；但是在 Serverless 架构中，开发者无须关注负载问题，当流量波峰到来时，函数会被快速进行扩容，应对流量波峰，而当流量波谷到来时，会进行缩容，降低成本支出。

可以基于 Serverless 架构实现简单的图像压缩功能，简单示例如图 7-4 所示。

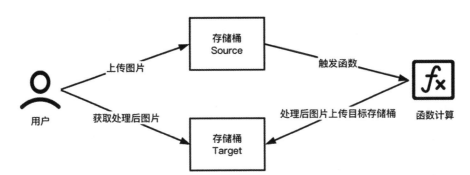

图 7-4　Serverless 架构下图片处理案例

　　如图 7-4 所示，当用户上传图片到 Source 存储桶之后，通过对象存储触发器触发函数计算进行图像压缩的业务流程，图像压缩完成之后，可以上传到 Target 存储桶并持久化存储。此时当再次请求图片时，用户就可以通过 Target 存储桶得到压缩后的图片。当然，这里也可以根据不同的文件夹或者不同的前缀、后缀来进行区分。例如用户上传图片到某存储桶的 /source 目录下，函数计算处理之后持久化到该存储桶的 /target 目录下。但是，通过同一存储桶进行触发和持久化操作时，触发器需要配置前缀、后缀条件，以防止循环触发，进而产生高额的费用。

　　在整个流程中需要准备两个存储桶，以及一份图像压缩的业务逻辑。以 Python 语言为例，可以通过 Pillow 中的 resize 方法实现，例如将图片的长宽变为原图的一半：

```python
from PIL import Image

image = Image.open('{PATH}')
width = image.size[0] / 2
height = image.size[1] / 2
image.resize((int(width), int(height)))
```

除了核心的压缩业务逻辑外，还需要通过触发的事件进行数据源的解析，并获得原图。以阿里云函数计算为例，对象存储与函数计算所规约的数据结构为：

```json
{
    "events": [
        {
            "eventName": "ObjectCreated:PutObject",
            "eventSource": "acs:oss",
```

```json
    "eventTime": "2017-04-21T12:46:37.000Z",
    "eventVersion": "1.0",
    "oss": {
        "bucket": {
            "arn": "acs:oss:cn-shanghai:123456789:bucketname",
            "name": "testbucket",
            "ownerIdentity": "123456789",
            "virtualBucket": ""
        },
        "object": {
            "deltaSize": 122539,
            "eTag": "688A7BF4F233DC9C88A80BF985AB7329",
            "key": "image/a.jpg",
            "size": 122539
        },
        "ossSchemaVersion": "1.0",
        "ruleId": "9adac8e253828f4f7c0466d941fa3db81161e853"
    },
    "region": "cn-shanghai",
    "requestParameters": {
        "sourceIPAddress": "140.205.128.221"
    },
    "responseElements": {
        "requestId": "58F9FF2D3DF792092E12044C"
    },
    "userIdentity": {
        "principalId": "123456789"
    }
        }
    ]
}
```

通过该结构，可以明确原图的 Object Key 为：

```
event[0]["oss"]["object"]["key"]
```

接下来，可以通过上述结构和处理压缩的业务逻辑代码进行组合的方式，实现图像压缩的功能：

```python
# -*- coding: utf-8 -*-

import os
import oss2
import json
from PIL import Image

# 密钥信息
AccessKey = {
    "id": os.environ.get('AccessKeyId'),
    "secret": os.environ.get('AccessKeySecret')
}
```

```python
# Source 存储桶配置信息
OSSSourceConf = {
    'endPoint': os.environ.get('OSSConfEndPoint'),
    'bucketName': os.environ.get('OSSConfBucketSourceName'),
    'objectSignUrlTimeOut': int(os.environ.get('OSSConfObjectSignUrlTimeOut'))
}

# Target 存储桶配置信息
OSSTargetConf = {
    'endPoint': os.environ.get('OSSConfEndPoint'),
    'bucketName': os.environ.get('OSSConfBucketTargetName'),
    'objectSignUrlTimeOut': int(os.environ.get('OSSConfObjectSignUrlTimeOut'))
}

# 获取 / 上传文件到 OSS 的临时地址
auth = oss2.Auth(AccessKey['id'], AccessKey['secret'])
sourceBucket = oss2.Bucket(auth, OSSSourceConf['endPoint'], OSSSourceConf
    ['bucketName'])
targetBucket = oss2.Bucket(auth, OSSTargetConf['endPoint'], OSSTargetConf
    ['bucketName'])


# 图片压缩
def compressImage(image, width):
    height = image.size[1] / (image.size[0] / width)
    return image.resize((int(width), int(height)))


def handler(event, context):
    event = json.loads(event.decode("utf-8"))

    for eveEvent in event["events"]:
        # 获取 object
        image = eveEvent["oss"]["object"]["key"]
        localFileName = "/tmp/" + event["events"][0]["oss"]["object"]["eTag"]
        localReadyName = localFileName + "-result.png"

        # 下载图片
        sourceBucket.get_object_to_file(image, localFileName)

        # 图像压缩
        imageObj = Image.open(localFileName)
        imageObj = compressImage(imageObj, width=500)
        imageObj.save(localReadyName)

        # 数据回传
        with open(localReadyName, 'rb') as fileobj:
            targetBucket.put_object(image, fileobj.read())

    return 'oss trigger'
```

上述代码中涉及配置密钥信息的操作。在很多企业级项目中，密钥的明文配置会被认为是高风险的操作，所以可能涉及禁止明文配置密钥，此时可以通过云厂商提供的角色来获取密钥。以阿里云函数计算为例，可以在创建服务时配置相关的角色和对应的权限，当需要使用密钥的时候，可以通过函数的 context 参数获取，例如可以通过如下代码获取临时密钥：

```
accessKeyId = context['credentials']['accessKeyId']
accessKeySecret = context['credentials']['accessKeySecret']
stsToken = context['credentials']['securityToken']
```

当完成代码开发以及触发器的配置之后，向存储桶上传图片，就可以看到 Target 存储桶中生成的缩略图。至此，基于 Serverless 架构的图像压缩业务的开发就完成了。

其实无论哪个云厂商，都可以通过以上业务逻辑实现图像压缩功能的建设，只需要使用对应的 event 数据结果和对应的对象存储 API 即可。以腾讯云为例，腾讯云的对象存储与云函数的规约结构为：

```
{
    "Records": [
    {
        "cos": {
            "cosSchemaVersion": "1.0",
            "cosObject": {
                "url": "http://testpic-1253970026.cos.ap-chengdu.myqcloud.com/
                    testfile",
                "meta": {
                    "x-cos-request-id": "NWMxjRfMTUyMV8yNzhhZjM=",
                    "Content-Type": ""
                },
                "vid": "",
                "key": "/1253970026/testpic/testfile",
                "size": 1029
            },
            "cosBucket": {
                "region": "cd",
                "name": "testpic",
                "appid": "1253970026"
            },
            "cosNotificationId": "unkown"
        },
        "event": {
            "eventName": "cos:ObjectCreated:Post",
            "eventVersion": "1.0",
            "eventTime": 1545205770,
            "eventSource": "qcs::cos",
            "requestParameters": {
                "requestSourceIP": "192.168.15.101",
                "requestHeaders": {
                    "Authorization": "q-sign-algorithm= b4c29001c2b449b14"
                }
```

```
        },
        "eventQueue": "qcs:0:lambda:cd:appid/1253970026:default.printevent.
            $LATEST",
        "reservedInfo": "",
        "reqid": 179398952
      }
   }]
}
```

根据该结构，使用腾讯云对象存储的 SDK，可以在腾讯云云函数中实现图像压缩功能，例如：

```python
# -*- coding: utf8 -*-
import os
from PIL import Image
from qcloud_cos_v5 import CosConfig
from qcloud_cos_v5 import CosS3Client

# 基本密钥信息
AccessKey = {
    "secretId": os.environ.get('SecretId'),
    "secretKey": os.environ.get('SecretKey')
}
# 配置地域信息
Region = os.environ.get('Region')

# 配置 Source 存储桶
CosSourceConf = {
    'bucketName': os.environ.get('CosConfBucketSourceName'),
}

# 配置 Target 存储桶
CosTargetConf = {
    'bucketName': os.environ.get('CosConfBucketTargetName'),
}

# 创建 COS 客户端
cosConfig = CosConfig(Region=Region, SecretId=AccessKey['secretId'], SecretKey=
    AccessKey['secretKey'])
cosClient = CosS3Client(cosConfig)


def compressImage(image, width):
    height = image.size[1] / (image.size[0] / width)
    return image.resize((int(width), int(height)))


def main_handler(event, context):
    for record in event['Records']:
        # 获取 object
```

```
image = "/".join(record['cos']['cosObject']['key'].split("/")[3:])
localFileName = "/tmp/" + record['cos']['cosObject']['meta']["x-cos-
    request-id"]
localReadyName = localFileName + "-result"

# 下载图片
response = cosClient.get_object(Bucket=CosSourceConf['bucketName'],
    Key=image)
response['Body'].get_stream_to_file(localFileName)

# 图片压缩
image = Image.open(localFileName)
image = compressImage(image, width=500)
image.save(localReadyName)

# 数据回传
cosClient.put_object_from_local_file(
    Bucket=CosTargetConf['bucketName'],
    LocalFilePath=localReadyName,
    Key=image
)

return 'cos trigger'
```

至此就顺利地完成了图像压缩功能的业务改造，实现了腾讯云云函数中的图像压缩功能。

7.1.2　Serverless 的图片加水印方案

除了所处理图片的操作行为不同之外，图片水印的方案和图像压缩的整体方案是类似的。将上文中图像压缩的模块替换为水印的模块，即可实现基于 Serverless 架构的图片加水印功能：

```
# 图片水印
def watermarImage(image, watermarkStr):
    font = ImageFont.truetype("Brimborion.ttf", 40)
    drawImage = ImageDraw.Draw(image)
    height = []
    width = []
    for eveStr in watermarkStr:
        thisWidth, thisHeight = drawImage.textsize(eveStr, font)
        height.append(thisHeight)
        width.append(thisWidth)
    drawImage.text((image.size[0] - sum(width) - 10,
                    image.size[1] - max(height) - 10),
                    watermarkStr,
                    font=font,
                    fill=(255, 255, 255, 255))

    return image
```

上述代码主要实现了图像的水印能力：

- 通过 ImageFont.truetype() 方法导入字体文件，并设置字体大小等；
- 通过 drawImage.textsize() 将预定的水印内容绘制到图片上；
- 最后返回图像对象。

7.1.3　项目部署与测试

以阿里云函数计算为例，通过 Serverless Devs 开发者工具将项目部署到线上，同时实现压缩与加水印的功能。

- 针对图像压缩：将宽度压缩到 500，高度按比例缩放。
- 针对水印部分：增加水印 Hello Serverless Devs。

通过函数的入口方法，对压缩模块与水印模块进行逻辑编排，并完成部分的日志输出：

```python
def handler(event, context):
    event = json.loads(event.decode("utf-8"))

    for eveEvent in event["events"]:
        # 获取 object
        print(" 获取 object")
        image = eveEvent["oss"]["object"]["key"]
        localFileName = "/tmp/" + event["events"][0]["oss"]["object"]["eTag"]
        localReadyName = localFileName + "-result.png"

        # 下载图片
        print(" 下载图片 ")
        print("image: ", image)
        print("localFileName: ", localFileName)
        sourceBucket.get_object_to_file(image, localFileName)

        # 图像压缩
        print(" 图像压缩 ")
        imageObj = Image.open(localFileName)
        imageObj = compressImage(imageObj, width=500)
        imageObj = watermarImage(imageObj, "Hello Serverless Devs")
        imageObj.save(localReadyName)
        # 数据回传
        print(" 数据回传 ")
        with open(localReadyName, 'rb') as fileobj:
            targetBucket.put_object(image, fileobj.read())
        print("Url: ", "http://" + OSSTargetConf['bucketName'] + "." + OSSTarget
            Conf['endPoint'] + "/" + image)
    return 'oss trigger'
```

在准备好核心业务逻辑之后，需要准备相关的资源描述文件 s.yaml，以供 Serverless Devs 识别和使用。在该 Yaml 中，主要包括如下内容。

1）**全局变量部分**，这部分主要放置了全局变量，例如 Region 信息、密钥信息等。

```
vars:
    Region: cn-beijing
    AccessKeyId: ${Env(AccessKeyId)}
    AccessKeySecret: ${Env(AccessKeySecret)}
    OSSConfBucketSourceName: serverlessbook-image-source
    OSSConfBucketTargetName: serverlessbook-image-target
    OSSConfObjectSignUrlTimeOut: 1200
        OSSEndPoint: https://*******
```

其中 AccessKeyId 和 AccessKeySecret 是阿里云的密钥信息。在 Serverless Devs 中，Yaml 的配置是可以带有变量的，举例如下。

- 获取当前机器中的环境变量：${Env(环境变量)}，例如 ${Env(SecretId)}。
- 获取外部文档的变量：${File(路径)}，例如 ${File(./path)}。
- 获取全局变量：${Global.*}。
- 获取其他项目的变量：${ProjectName.Properties.*}。
- 获取 Yaml 中其他项目的结果变量：${ProjectName.Output.*}。

所以，这里的 AccessKeyId 和 AccessKeySecret 是获取本地环境变量的一些密钥信息。

2）**原存储桶配置**，即上传图片的存储桶。

```
SourceBucket:
    component: devsapp/oss
    props:
        region: ${ vars.Region}
        bucket: ${ vars.OSSConfBucketSourceName}
        codeUri: ./test
```

3）**目标存储桶配置**，用于存储生成缩略图和水印的存储桶。

```
TargetBucket:
    component: devsapp/oss
    props:
        region: ${ vars.Region}
        bucket: ${ vars.OSSConfBucketTargetName}
        acl: public-read
```

4）**业务逻辑配置**，函数计算相关的资源配置。

```
ServerlessBookImageDemo:
    component: devsapp/fc
    props:
        region: ${ vars.Region}
        service:
            name: ServerlessBook
            description: Serverless 图书案例
            logConfig: auto
        function:
            name: serverless_image
            description: 图片压缩、水印
```

```
codeUri: ./src
handler: index.handler
memorySize: 128
runtime: python3
timeout: 5
environmentVariables:
    AccessKeyId: ${ vars.AccessKeyId}
    AccessKeySecret: ${ vars.AccessKeySecret}
    OSSConfBucketSourceName: ${vars.OSSConfBucketSourceName}
    OSSConfBucketTargetName: ${vars.OSSConfBucketTargetName}
    OSSConfEndPoint: ${vars.OSSEndPoint}
    OSSConfObjectSignUrlTimeOut: '1200'
triggers:
- name: OSSTrigger
  type: OSS
  parameters:
      bucketName: ${SourceBucket.Output.Bucket}
      events:
          - 'oss:ObjectCreated:*'
      filter:
          Key:
              Prefix: ''
              Suffix: ''
```

完成资源描述的配置之后，还需要安装该业务所需要的依赖，例如 pillow 等。同时需要准备字体文件，例如上述代码中提到的 Brimborion.ttf 等（可以按照需要将其替换成所需的字体文件）。

接着，可以针对业务逻辑部分（即项目 ServerlessBookImageDemo），通过 install 指令进行依赖的安装。此外，需要额外注意的是，有一些依赖是不能跨平台直接使用的，需要在相同的环境下进行安装和编译，此时可以选择通过 Docker 进行安装。

安装完依赖后，可以通过 deploy 指令执行部署操作：

```
s deploy
```

然后可以通过如下指令查看相关日志。

```
s ServerlessBookImageDemo logs -t
```

此时可以准备一张图片，上传到 Source 存储桶。以笔者在桂林游玩时所拍摄的照片为例，如图 7-5 所示。

当通过对象存储上传该图片之后，稍等片刻，即可看到监听日志的对话框产生了日志的输出，如图 7-6 所示。

此时点开转换成功的 URL，可以看到如图 7-7 所示结果。

由图可知，图片由原先的 26.5MB 压缩到了 377KB，并且在图的下方出现了水印信息。

至此，通过对象存储、函数计算以及相关的触发器等技术，完成了图像的压缩和加水印的功能开发。

图 7-5 待处理原图

```
FC Invoke Start RequestId: 5FA509AD224F963135BBC489
获取object
下载图片
image:  source.png
localFileName:  /tmp/D869D95CBBDADA47EE670B5ED2A06D39
图像压缩
数据回传
Url:  http://serverlessbook-image-target.oss-cn-beijing.aliyuncs.com/source.png
FC Invoke End RequestId: 5FA509AD224F963135BBC489
```

图 7-6 监听日志输出结果

7.1.4 总结

本节成功实现了用户上传图像,通过 Serverless 架构对其进行压缩与增加水印的功能。在该功能中,可以看到,通过 Serverless 架构可以解决很多传统生产中的问题,也可以更节约资源。以本文为例,当服务面临高并发时,传统情况下,很可能会由于图像压缩、水印的操作导致服务挂掉,但是通过这样的策略,即使出现高并发,也仅仅是将图片传入对象存储,至于转换、压缩以及水印的逻辑等都是由 Serverless 架构实现,既安全稳定,又节约成本和资源。

图 7-7　压缩与加水印后的图片

限于篇幅，本节仅仅以压缩与水印为例，除此之外，还可以有图像标准化、不同尺寸图像制作、视频压缩、不同分辨率的视频制作，甚至是通过深度学习对图像进行打标签等。这些都可以交给 Serverless 架构完成。

7.2　Serverless 架构下的音视频处理

在 Serverless 架构的应用案例中，经常可以看到音视频处理的身影。无论是 AWS Lambda 的最佳实践，还是阿里云函数计算、腾讯云云函数的最佳实践，都有着比较完整的音视频压缩、转码的案例或者解决方案。

以视频压缩转码为例，无论是短视频平台，还是传统的视频网站，抑或是其他一些附带视频播放能力的网站，在实际生产过程中，都无法离开视频压缩与转码。将用户上传的不同格式的视频进行统一转码，有利于前端的标准化解析；将视频进行有效合理的压缩，有利于减少带宽、节约成本。然而在传统架构下，因为音视频压缩与转码是比较消耗资源的，所以通常会留有一定的资源来单独做音视频压缩和转码，这里就涉及如下这些问题。

- 资源预留比较多，导致整体成本增加比较大，尤其是在流量低谷，压缩转码任务不多的时候，会造成资源大规模浪费。

- 资源预留比较少，导致整体的转码能力大规模降低，尤其是在压缩转码任务比较多的时候，可能会导致任务大规模积压，效率大幅度降低，甚至会影响用户侧体验。例如用户上传某个视频之后，迟迟处于压缩转码状态，而不能尽快预览等。

Serverless 架构凭借其按量付费的模式以及天生具有的弹性能力，可以在音视频转码的场景下发挥巨大作用。当转码任务比较少的时候，Serverless 架构会按需准备实例，进一步节约资源；当任务比较多的时候，Serverless 的弹性能力会准备更多的实例来应对，在保证低成本的同时，进一步提高整体的效能。本节将通过阿里云函数计算，结合对象存储触发器、NAS 以及 Serverless 工作流等相关产品，实现一个高性能的并行视频转码服务。

7.2.1 准备 ffmpeg

进行音视频转码时，通常会使用 ffmpeg 工具。

ffmpeg 是一套可以用来记录、转换数字音频、视频，并能将其转化为流的开源计算机程序，采用 LGPL 或 GPL 许可证。它提供了录制、转换以及流化音视频的完整解决方案，包含非常先进的音频 / 视频编解码库 libavcodec。为了保证高可移植性和编解码质量，libavcodec 里很多代码都是从头开发的。

ffmpeg 在 Linux 平台下开发，但也可以在其他操作系统环境中编译运行，包括 Windows、Mac OS X 等。这个项目最早由 Fabrice Bellard 发起，2004 年至 2015 年间由 Michael Niedermayer 主要负责维护。许多 ffmpeg 的开发人员都来自 MPlayer 项目，而且当前 ffmpeg 也是放在 MPlayer 项目组的服务器上。项目的名称来自 MPEG 视频编码标准，前面的 ff 代表 Fast Forward。

在实际生产中，ffmpeg 确实也是一个非常好的工具，可以实现视频的压缩、转码等操作。如果想在 Serverless 架构下使用 ffmpeg 进行音视频转码、压缩等操作，那么就要解决如何在 FaaS 平台使用 ffmpeg 的问题。

首先，要知道不同的 FaaS 平台在执行函数代码时所处的环境详情，以 AWS Lambda 为例，可以在文档中看到不同运行时对应的环境信息等，如图 7-8 所示。

▶ Managing functions	**Deprecated runtimes**			
▶ Invoking functions				
▶ Lambda applications				
▼ Lambda runtimes	**Name**	**Identifier**	**Operating system**	**Deprecation completed date**
Runtime support policy	.NET Core 1.0	dotnetcore1.0	Amazon Linux	July 30, 2019
Execution environment	.NET Core 2.0	dotnetcore2.0	Amazon Linux	May 30, 2019
Container images	Node.js 0.10	nodejs	Amazon Linux	October 31, 2016
Runtime API	Node.js 4.3	nodejs4.3	Amazon Linux	March 6, 2020
Extensions API	Node.js 4.3 edge	nodejs4.3-edge	Amazon Linux	April 30, 2019
Runtime modifications	Node.js 6.10	nodejs6.10	Amazon Linux	August 12, 2019
Logs API	Node.js 8.10	nodejs8.10	Amazon Linux	March 6, 2020
Custom runtimes	Node.js 10.x	nodejs10.x	Amazon Linux 2	May 28, 2021
Tutorial – Custom runtime				

图 7-8　AWS Lambda 运行境信息

以阿里云函数计算为例，也可以在不同运行时下找到对应操作系统的相关描述，如图 7-9 所示。

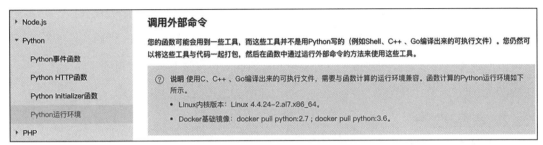

图 7-9　阿里云函数计算 Python 运行环境信息

当明确操作系统之后，可以通过 ffmpeg 的官网找到不同操作系统对应的代码资源，如图 7-10 所示。

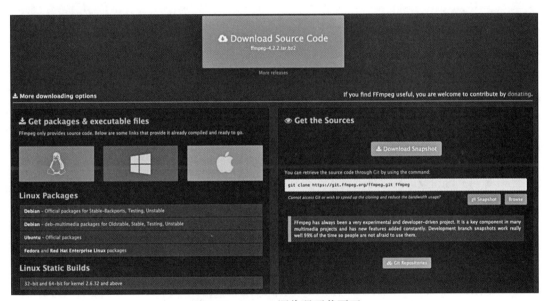

图 7-10　ffmpeg 源代码下载页面

此时，可以在对应的操作系统上下载对应的代码包，例如：

```
wget http://www.ffmpeg.org/releases/ffmpeg-3.1.tar.gz
```

完成之后，可以解压并进入目录，执行编译安装指令：

```
tar -zxvf ffmpeg-3.1.tar.gz && cd ffmpeg-3.1
./configure && make && make install
```

如果在 CentOS 等操作系统中执行 ./configure 操作时，出现了 yasm/nasm not found or too old. Use --disable-yasm for a crippledbuild 错误，可能是由于系统中未安装 yasm 时导致

的（yasm 是汇编编译器，ffmpeg 为了提高效率使用了汇编指令，如 MMX 和 SSE 等），此时可以使用如下代码完成 ffmpeg 的编译安装。

```
wget http://www.tortall.net/projects/yasm/releases/yasm-1.3.0.tar.gz
tar zxvf yasm-1.3.0.tar.gz && cd yasm-1.3.0
./configure && make && make install
```

可以在当前目录下看到生成了文件：ffmpeg。此时可以在写业务逻辑的时候，将这个文件同步上传到对应的 FaaS 平台。

7.2.2 音视频处理

1. 简单视频水印案例

以阿里云函数计算为例，可以借助对象存储触发器，依靠 ffmpeg 工具，完成音视频处理操作。以实现一个简单的视频水印为例，如图 7-11 所示。

图 7-11　简单视频水印案例流程简图

业务逻辑如下所示。

- 根据触发的事件，获取源视频信息。
- 下载源视频。
- 通过 ffmpeg 添加水印，通常情况下包括如下参数。
  - -i input.flv：表示要进行水印添加处理的视频。
  - -acodec copy-vcodec copy：表示保持音视频编码不变。
  - -b 300k：表示处理视频的比特率。
  - -vf "…"：中间便是水印处理参数，movie 是指图片水印路径，搭配 overlay 一起使用，重要的是 overlay= 后面的部分。其中，第一个参数表示水印距离视频左边的距离，第二个参数表示水印距离视频上边的距离，第三个参数为 1，表示支持透明水印。使用透明的 png 图片进行视频编码后，可成功获得带透明水印的视频，并且画质比较好。
  - output.flv：处理后的视频。

在上面的业务逻辑中，第三步是通过 ffmpeg 进行水印添加，可以通过 subprocess.run() 来执行 ffmpeg 指令，例如：

```
# -*- coding: utf-8 -*-

import subprocess

pipe = subprocess.PIPE
```

```
base_command = '/code/ffmpeg -y -i %s -vf %s %s'
input_path = 输入的视频路径
vf_args = 水印参数
dst_video_path = 输出的视频路径

command = base_command%(input_path, vf_args, dst_video_path)
    subprocess.run(command, stdout= pipe, stderr= pipe ,close_fds=True, shell=
        True)
```

通过阿里云函数计算实现：

```python
# -*- coding: utf-8 -*-

import subprocess
import oss2
import json
import os


AccessKeyId = os.environ.get("AccessKeyId")
AccessKeySecret = os.environ.get("AccessKeySecret")
Bucket = os.environ.get("Bucket")

# oss bucket 对象
bucket = oss2.Bucket(oss2.Auth(AccessKeyId, AccessKeySecret), "oss-cn-hongkong.
    aliyuncs.com", Bucket)
download = lambda objectName, localFile: bucket.get_object_to_file(objectName,
    localFile)
upload = lambda objectName, localFile: bucket.put_object_from_file(objectName,
    localFile)


def handler(event, context):

events = json.loads(event.decode("utf-8"))["events"]

    for eveObject in events:
        # 路径处理
        file = eveObject["oss"]["object"]["key"]
        localSourceFile = os.path.join("/tmp", file)
        localTargetFile = os.path.join("/tmp/target_", file)

        # 下载文件
        download(file, localSourceFile)

        # 视频水印
        vf_args = "movie=/code/logo.png[watermark];[in][watermark]overlay=
            10:10[out]"
        cmd = "/code/ffmpeg -y -i %s -vf %s %s" % (localSourceFile, vf_args,
            localTargetFile)
        subprocess.run(cmd, stdout=subprocess.PIPE, stderr=subprocess.PIPE,
            shell=True)
```

```
        upload("target_" % file, localTargetFile)

    return "ok"
```

当把上面的业务逻辑部署到函数计算上之后，同时配置好对应的对象存储触发器，当用户向指定存储桶通过指定前缀上传视频之后，就可以顺利触发上述业务逻辑，进行视频水印添加操作。

2. 并行视频转码案例

虽然基于 Serverless 架构的音视频处理会具备更高的效能，但是在进行大视频处理的时候，往往比较慢，此时还需要进一步优化业务代码。以视频转码为例，当有一个比较大的视频需要转码时，为了提升整体的效能，可先对视频进行切片，然后分别转码之后再进行合并，如图 7-12 所示。

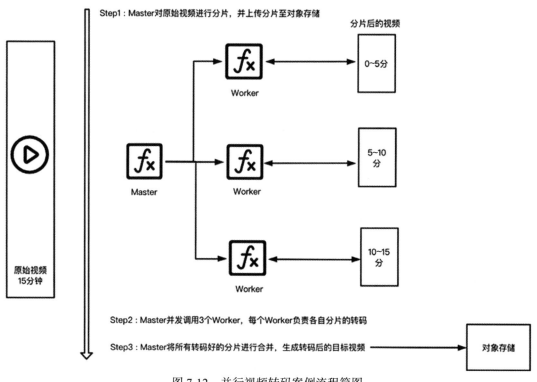

图 7-12　并行视频转码案例流程简图

以音视频转码的业务逻辑为例，在这个架构下就会存在两个函数，一个是 Master 函数，一个是 Worker 函数。

- Master：负责原视频切片、调用 Worker、合并新视频。
- Worker：负责转码。

其中 Master 的业务逻辑如下所示。

```python
# -*- coding: utf-8 -*-

import subprocess
import oss2
import json
import os
import fc2
from threading import Thread

sub_transcode = lambda fcClient, subEvent: fcClient.invoke_function(subEvent.
    pop('service_name'),
                                            subEvent.pop('function_name'),
                                            json.dumps(subEvent))
get_fileNameExt = lambda filename: os.path.splitext(os.path.split(filename)[1])


def handler(event, context):
    evt = json.loads(event)
    oss_bucket_name = evt["bucket_name"]
    object_key = evt["object_key"]
    dst_type = evt["dst_type"].strip()
    output_dir = evt["output_dir"]
    segment_time_seconds = str(evt.get("segment_time_seconds", 20))

    creds = context.credentials
    auth = oss2.StsAuth(creds.accessKeyId, creds.accessKeySecret, creds.security
        Token)
    oss_client = oss2.Bucket(auth, 'oss-%s-internal.aliyuncs.com' % context.region,
        oss_bucket_name)
    shortname, extension = get_fileNameExt(object_key)
    input_path = oss_client.sign_url('GET', object_key, 3600)

    # 视频切片
    split_cmd = ["/code/ffmpeg", "-y", "-i", input_path, "-c", "copy", "-f",
        "segment", "-segment_time",
                segment_time_seconds, "-reset_timestamps", "1",
                "/tmp/split_" + shortname + '_piece_%02d' + extension]
    subprocess.run(split_cmd, stdout=subprocess.PIPE, stderr=subprocess.PIPE,
        check=True)
    split_keys = []
    for filename in os.listdir('/tmp/'):
        if filename.startswith('split_' + shortname):
            filekey = os.path.join(output_dir, context.request_id, filename)
            oss_client.put_object_from_file(filekey, '/tmp/' + filename)
            os.remove('/tmp/' + filename)
            split_keys.append(filekey)

    # 调用 work 函数单独处理每个分片的视频
    endpoint = "http://{}.{}-internal.fc.aliyuncs.com".format(context.account_
        id, context.region)
    fcClient = fc2.Client(endpoint=endpoint,
                    accessKeyID=creds.accessKeyId,
```

```
                                    accessKeySecret=creds.accessKeySecret,
                                    securityToken=creds.securityToken,
                                    Timeout=600)

        sub_service_name = context.service.name
        sub_function_name = 'transcode-worker'

        ts = []
        for obj_key in split_keys:
            subEvent = {
                "bucket_name": oss_bucket_name,
                "object_key": obj_key,
                "dst_type": dst_type,
                "output_dir": os.path.join(output_dir, context.request_id),
                "service_name": sub_service_name,
                "function_name": sub_function_name
            }
            t = Thread(target=sub_transcode, args=(fcClient, subEvent,))
            t.start()
            ts.append(t)

        for t in ts:
            t.join()

        # 将视频合并
        segs_filename = "segs_{}.txt".format(shortname)
        segs_filepath = os.path.join('/tmp/', segs_filename)
        if os.path.exists(segs_filepath):
            os.remove(segs_filepath)
        output_prefix = os.path.join(output_dir, context.request_id)
        prefix = os.path.join(output_prefix, 'transcoded_split_' + shortname)
        split_files = []
        with open(segs_filepath, "a") as f:
            for obj in oss2.ObjectIterator(oss_client, prefix=prefix):
                if obj.key.endswith(dst_type):
                    filename = obj.key.replace("/", "_")
                    filepath = "/tmp/" + filename
                    split_files.append(filepath)
                    oss_client.get_object_to_file(obj.key, filepath)
                    f.write("file '%s'\n" % filepath)

        merged_filename = "merged_" + shortname + dst_type
        merged_filepath = os.path.join("/tmp/", merged_filename)

        merge_cmd = ["/code/ffmpeg", "-y", "-f", "concat", "-safe", "0", "-i",
                        segs_filepath, "-c", "copy", "-fflags", "+genpts", merged_filepath]
        subprocess.run(merge_cmd, stdout=subprocess.PIPE, stderr=subprocess.PIPE,
            check=True)

        # 视频最终回传到对象存储
        merged_key = os.path.join(output_prefix, merged_filename)
```

```
oss_client.put_object_from_file(merged_key, merged_filepath)

os.remove(segs_filepath)
for fp in split_files:
    os.remove(fp)

return "ok"
```

Worker 的业务逻辑如下所示。

```
# -*- coding: utf-8 -*-
import subprocess
import oss2
import json
import os

get_fileNameExt = lambda filename: os.path.splitext(os.path.split(filename)[1])

def handler(event, context):
    evt = json.loads(event)
    oss_bucket_name = evt["bucket_name"]
    object_key = evt["object_key"]
    dst_type = evt["dst_type"].strip()
    output_dir = evt["output_dir"]
    creds = context.credentials
    # 对象获取
    auth = oss2.StsAuth(creds.accessKeyId, creds.accessKeySecret, creds.security
        Token)
    oss_client = oss2.Bucket(auth, 'oss-%s-internal.aliyuncs.com' % context.region,
        oss_bucket_name)
    shortname, extension = get_fileNameExt(object_key)
    transcoded_filepath = os.path.join("/tmp/", "transcoded_" + shortname +
        dst_type)
    input_path = oss_client.sign_url('GET', object_key, 3600)
    # 视频转码操作
    cmd = ["/code/ffmpeg", "-y", "-i", input_path, "-preset", "superfast", transcoded_
        filepath]
    subprocess.run(cmd, stdout=subprocess.PIPE, stderr=subprocess.PIPE, check=
        True)
    # 目标视频回传
    transcoded_key = os.path.join(output_dir, "transcoded_" + shortname + dst_type)
    oss_client.put_object_from_file(transcoded_key, transcoded_filepath)
    return "ok"
```

当在线上部署完两个函数之后，需要新建一个存储桶，并将原始视频存储到存储桶中，通过函数计算的 SDK 触发函数执行，测试代码如下：

```
# -*- coding: utf-8 -*-
import fc2
import json
client = fc2.Client(endpoint="http://xxxxxxxx.cn-hangzhou.fc.aliyuncs.com",
                    accessKeyID="xxxxxxxx",
```

```
                        accessKeySecret="xxxxxxxx")
resp = client.invoke_function("FcOssffmpeg", "transcode", payload=json.dumps(
    {
        "bucket_name": "test-bucket",
        "object_key": "a.mp4",
        "dst_type": ".mov",
        "segment_time_seconds": 20,
        "output_dir": "output/"
    })).data
print(resp)
```

其中，Master 函数接收的数据格式和具体参数信息为：

```
{
    "bucket_name":存储桶名称,
    "object_key":视频文件,
    "dst_type":转码后的目标格式,
    "segment_time_seconds":切片的分段时间,
    "output_dir":转码后视频 bucket 中的前缀
}
```

3. 工作流下的视频转码案例

但是，在实际应用过程中，这样耦合过于紧密的业务代码可能会出现一些不可控的情况，一旦出现问题，在排查问题时也会比较困难。此时可以通过引入 Serverless 工作流，对代码层面的业务进行解耦，同时可以通过函数工作流进行更多的逻辑控制台 / 流程控制。在阿里云函数计算官网，也可以看到类似的最佳实践，如图 7-13 所示。

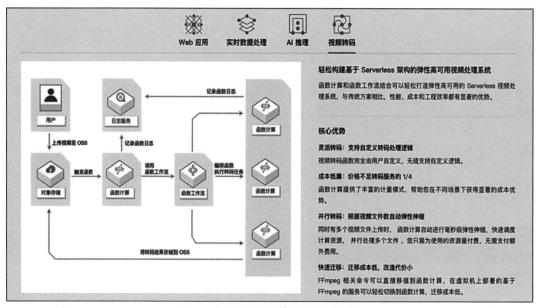

图 7-13　阿里云函数计算应用案例

所以，上面的结构在融入 Serverless 工作流之后，就会变成如图 7-14 所示结构。

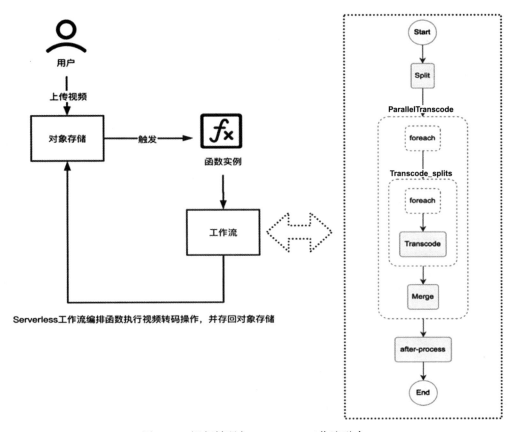

图 7-14　视频转码与 Serverless 工作流融合

上述结构也可以很好地处理以下相关需求。

- 一个视频文件可以同时被转码成各种格式并被其他各种自定义处理，比如增加水印处理或者在 after-process 过程中更新信息到数据库等。
- 当有多个文件同时上传到 OSS 时，函数计算会自动伸缩，并行处理多个文件，同时每次文件转码成多种格式时也是并行。
- 结合 NAS + 视频切片方式，可以实现超大视频的转码。对于每一个视频，先进行切片处理，然后并行转码切片，最后合成。通过设置合理的切片时间，可以大大加速较大视频的转码速度。

为了可以更简单地体验该案例，可以在阿里云控制台的 Serverless 工作流产品中，创建案例应用，如图 7-15 所示。

只需要完成对象存储等相关内容配置即可，如图 7-16 所示。

创建完成后，可以看到创建结果，如图 7-17 所示。

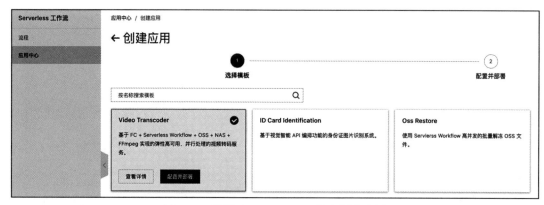

图 7-15 阿里云 Serverless 工作流创建应用

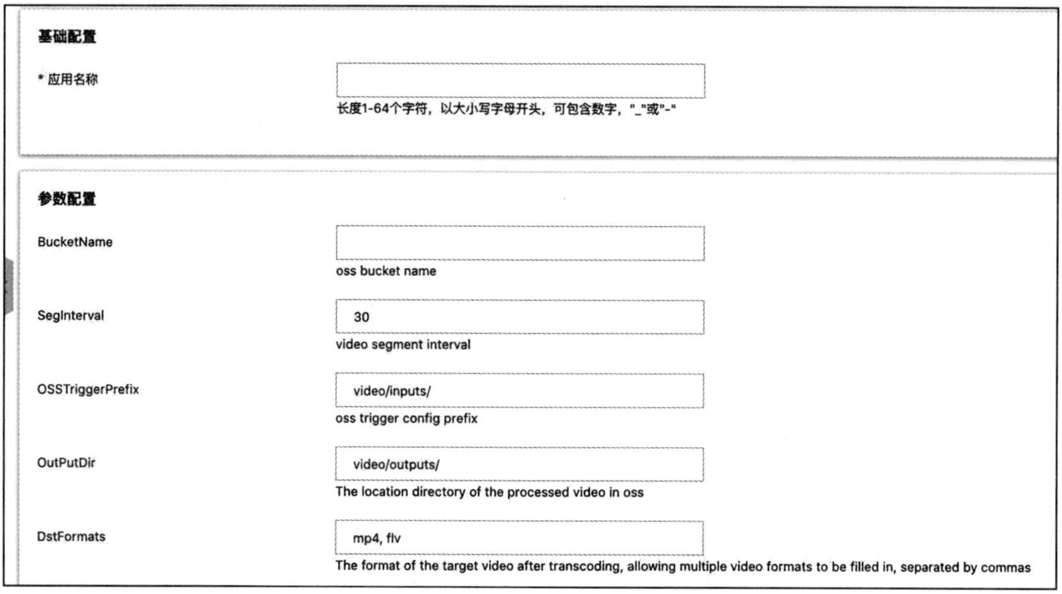

图 7-16 阿里云 Serverless 工作流应用配置

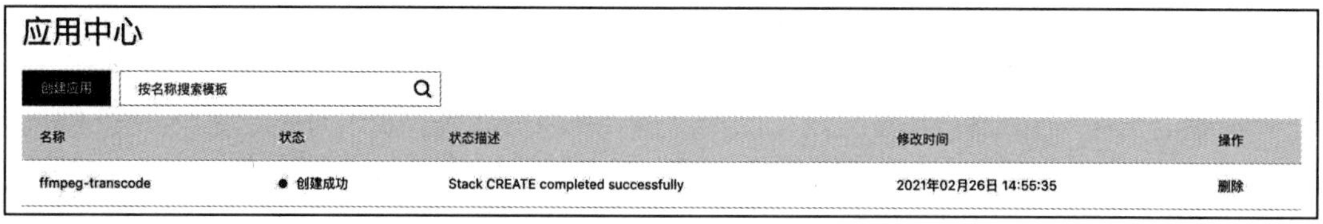

图 7-17 阿里云 Serverless 工作流应用列表

当设定好存储桶（例如：video-transcode-serverless）、触发前缀（例如：video/inputs），指定好输出的转码后的视频目录（例如：video/outputs），部署好代码，构建好工作流以及对应的对象存储、NAS 等时，可以向存储桶上传一个视频，如图 7-18 所示。

图 7-18　阿里云对象存储文件上传

上传完成后，可以看到工作流中出现了一个任务，如图 7-19 所示。

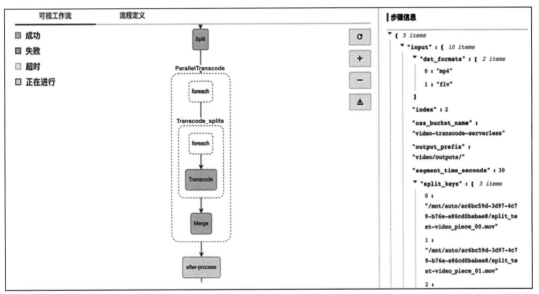

图 7-19　阿里云 Serverless 工作流任务执行

任务的执行情况如图 7-20 所示。

图 7-20　阿里云 Serverless 工作流可视工作流

任务执行完成后，可以看到对应的对象存储已经有相关的输出内容，如图 7-21 所示。

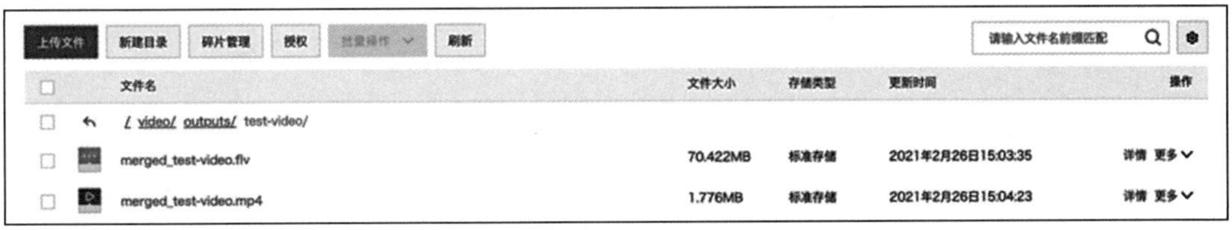

图 7-21　阿里云 Serverless 工作流视频转码结果

至此，基于阿里云 Serverless 架构的视频转码应用的部署和测试就完成了。通过 Serverless 工作流的应用中心，快速部署一个基于函数计算、Serverless 工作流、对象存储、NAS、ffmpeg 等实现的弹性高可用、可并行处理的视频转码服务。

7.2.3 总结

Serverless 架构在处理同步业务时有很不错效果，同时在异步的一些流程上，例如通过 Serverless 架构做大数据的分析实现 MapReduce，还是做图像的压缩、水印和格式转换，或本文分享的视频相关的处理，也有很棒的表现。通过 Serverless 架构，还可以挖掘更多不同领域的应用，例如通过 Serverless 架构做一个 Word/PPT 转 PDF 的工具等。Serverless 架构的行业应用、领域应用，需要更多人提供更多的实践。

7.3 Serverless：让图像合成更简单

在实际生活中，图像合成是一个比较常见的需求。图像合成往往会在一些活动中有着比较重要的作用和价值，例如在一个固定的图片模板上增加一些营销性文字和图案，进而生成一个营销性图片，再分享出去做一些营销活动；或是在某些节假日，通过图像合成，在头像上增加一些装饰物等。本节将继续探索 Serverless 在图像处理中的应用，尤其是图像合成相关的应用。下面将以阿里云函数计算以及华为云函数计算为例，为读者进行图像合成相关案例的探索。

7.3.1 为头像增加圣诞帽

为头像增加装饰物是一个常见的应用场景，本节将会通过 Serverless 架构实现为头像增加圣诞帽的功能。主要表现是，用户上传一张图片，通过 Serverless 架构获取图片中的人物头部位置，并在头部位置增加一个圣诞帽。该功能主要依靠深度学习技术（检测图像中的头像位置）和图像合成技术（将圣诞帽装饰品与原图像进行合并）。

首先，需要通过人工智能算法进行人物头部的检测。此处通过 Dlib 进行人脸检测。Dlib 由 C++ 编写，提供了与机器学习、数值计算、图模型算法、图像处理等领域相关的一系列功能。

```
predictorPath = "shape_predictor_5_face_landmarks.dat"
predictor = dlib.shape_predictor(predictorPath)
detector = dlib.get_frontal_face_detector()
dets = detector(img, 1)
```

由于本案例是实战类型案例，为了简化整个流程，这里只检测一张人脸，检测到之后即刻返回。整个流程分为如下步骤。

- 检测图片的关键点；

- 选取左右眼眼角的点，并计算两个点的中心点；
- 根据人脸大小调整圣诞帽的大小；
- 计算帽子的位置和大小；
- 最后将帽子和原图进行合成。

整个流程的实现代码如下所示。

```python
for d in dets:
    x, y, w, h = d.left(), d.top(), d.right() - d.left(), d.bottom() - d.top()

    # 关键点检测, 5 个关键点
    shape = predictor(img, d)

    # 选取左右眼眼角的点
    point1 = shape.part(0)
    point2 = shape.part(2)

    # 求两点中心
    eyes_center = ((point1.x + point2.x) // 2, (point1.y + point2.y) // 2)

    # 根据人脸大小调整帽子大小
    factor = 1.5
    resizedHatH = int(round(rgbHat.shape[0] * w / rgbHat.shape[1] * factor))
    resizedHatW = int(round(rgbHat.shape[1] * w / rgbHat.shape[1] * factor))

    if resizedHatH > y:
        resizedHatH = y - 1

    # 根据人脸大小调整帽子大小
    resizedHat = cv2.resize(rgbHat, (resizedHatW, resizedHatH))

    # 用 alpha 通道作为 mask
    mask = cv2.resize(a, (resizedHatW, resizedHatH))
    maskInv = cv2.bitwise_not(mask)

    # 帽子相对与人脸框上线的偏移量
    dh = 0
    bgRoi = img[y + dh - resizedHatH:y + dh,
            (eyes_center[0] - resizedHatW // 3):(eyes_center[0] + resizedHatW // 3 * 2)]

    # 在原图 ROI 中提取放帽子的区域
    bgRoi = bgRoi.astype(float)
    maskInv = cv2.merge((maskInv, maskInv, maskInv))
    alpha = maskInv.astype(float) / 255

    # 相乘之前保证两者大小一致 (可能会由于四舍五入原因而不一致)
    alpha = cv2.resize(alpha, (bgRoi.shape[1], bgRoi.shape[0]))
    bg = cv2.multiply(alpha, bgRoi)
    bg = bg.astype('uint8')
```

```
# 提取帽子区域
hat = cv2.bitwise_and(resizedHat, cv2.bitwise_not(maskInv))

# 相加之前保证两者大小一致（可能会由于四舍五入原因而不一致）")
hat = cv2.resize(hat, (bgRoi.shape[1], bgRoi.shape[0]))
# 两个 ROI 区域相加 ")
addHat = cv2.add(bg, hat)

# 把添加好帽子的区域放回原图
img[y + dh - resizedHatH:y + dh,
(eyes_center[0] - resizedHatW // 3):(eyes_center[0] + resizedHatW // 3 * 2)] =
    addHat

return img
```

完成上述核心代码之后，可以将功能封装成接口并测试，此时通过 Python Web 的框架 Bottle 框架进行 API 的封装，封装之后的整体代码如下。

```
# -*- coding: utf-8 -*-

import cv2
import dlib
import base64
import json
import uuid
import bottle

app = bottle.default_app()

predictorPath = "shape_predictor_5_face_landmarks.dat"
predictor = dlib.shape_predictor(predictorPath)
detector = dlib.get_frontal_face_detector()

return_msg = lambda error, msg: {
    "uuid": str(uuid.uuid1()),
    "error": error,
    "message": msg
}


def addHat(img, hat_img):
    # 分离 rgba 通道，合成 rgb 三通道帽子图，a 通道后面用作 mask
    r, g, b, a = cv2.split(hat_img)
    rgbHat = cv2.merge((r, g, b))

    # dlib 人脸关键点检测器，正脸检测
    dets = detector(img, 1)

    # 如果检测到人脸
    if len(dets) > 0:
```

```python
for d in dets:
    x, y, w, h = d.left(), d.top(), d.right() - d.left(), d.bottom() -
        d.top()

    # 关键点检测, 5 个关键点 ")
    shape = predictor(img, d)

    # 选取左右眼眼角的点 ")
    point1 = shape.part(0)
    point2 = shape.part(2)

    # 求两点中心
    eyes_center = ((point1.x + point2.x) // 2, (point1.y + point2.y) // 2)

    # 根据人脸大小调整帽子大小
    factor = 1.5
    resizedHatH = int(round(rgbHat.shape[0] * w / rgbHat.shape[1] * factor))
    resizedHatW = int(round(rgbHat.shape[1] * w / rgbHat.shape[1] * factor))

    if resizedHatH > y:
        resizedHatH = y - 1

    # 根据人脸大小调整帽子大小
    resizedHat = cv2.resize(rgbHat, (resizedHatW, resizedHatH))

    # 用 alpha 通道作为 mask
    mask = cv2.resize(a, (resizedHatW, resizedHatH))
    maskInv = cv2.bitwise_not(mask)

    # 帽子相对与人脸框上线的偏移量
    dh = 0
    bgRoi = img[y + dh - resizedHatH:y + dh,
            (eyes_center[0] - resizedHatW // 3):(eyes_center[0] + resized
                HatW // 3 * 2)]

    # 在原图 ROI 中提取放帽子的区域
    bgRoi = bgRoi.astype(float)
    maskInv = cv2.merge((maskInv, maskInv, maskInv))
    alpha = maskInv.astype(float) / 255

    # 相乘之前保证两者大小一致 (可能会由于四舍五入原因而不一致)
    alpha = cv2.resize(alpha, (bgRoi.shape[1], bgRoi.shape[0]))
    bg = cv2.multiply(alpha, bgRoi)
    bg = bg.astype('uint8')

    # 提取帽子区域
    hat = cv2.bitwise_and(resizedHat, cv2.bitwise_not(maskInv))

    # 相加之前保证两者大小一致 (可能会由于四舍五入原因不一致)")
    hat = cv2.resize(hat, (bgRoi.shape[1], bgRoi.shape[0]))
    # 两个 ROI 区域相加 ")
```

```
            addHat = cv2.add(bg, hat)

            # 把添加好帽子的区域放回原图
            img[y + dh - resizedHatH:y + dh,
            (eyes_center[0] - resizedHatW // 3):(eyes_center[0] + resizedHatW
                // 3 * 2)] = addHat

            return img


@bottle.route('/add/hat', method='POST')
def addHatIndex():
    try:
        try:
            # 将接收到的 base64 图像转为 pic
            postData = json.loads(bottle.request.body.read().decode("utf-8"))
            imgData = base64.b64decode(postData.get("image", None))
            with open('/tmp/picture.png', 'wb') as f:
                f.write(imgData)
        except Exception as e:
            print(e)
            return return_msg(True, " 未能成功获取到头像，请检查 pic 参数是否为 base64
                编码。")

        try:
            # 读取帽子素材以及用户头像
            hatImg = cv2.imread("hat.png", -1)
            userImg = cv2.imread("/tmp/picture.png")

            output = addHat(userImg, hatImg)
            cv2.imwrite("/tmp/output.jpg", output)
        except Exception as e:
            return return_msg(True, " 图像添加圣诞帽失败，请检查图片中是否有圣诞帽或者
                图片是否可读。")

        # 读取头像并返回给用户，以 Base64 返回
        with open("/tmp/output.jpg", "rb") as f:
            base64Data = str(base64.b64encode(f.read()), encoding='utf-8')

        return return_msg(False, {"picture": base64Data})
    except Exception as e:
        return return_msg(True, str(e))
```

在上述代码中，addHatIndex() 方法获取头像的原理是对用户以 POST 方法请求时所在 Body 体中携带的原图 Base64 解码。这种方法仅适合比较小的图片，因为函数本身通常会由于 FaaS 平台的限制，在触发器和自身之间的数据传输过程中规约最大的 Body Size，一般这个值是 6MB。因此，在本案例中，可以考虑当图片 Base64 之后大于 6MB 时由客户端对图片进行压缩处理，也可以考虑通过对象存储上传图片，再触发函数计算等方式调整图片大小。完成上述代码之后，还需要同时生成依赖文件 requirements.txt：

```
dlib==19.21.1
bottle==0.12.19
opencv-python==4.5.1.48
```

当完成项目业务逻辑的开发之后，可以将项目部署到线上。此时可能涉及依赖的安装
（由于 Dlib 等依赖涉及跨平台使用问题。以阿里云为例，需要在 CentOS 等操作系统下进行
依赖的安装），并将部分资源上传到 NAS 中。为了方便起见，可以使用 Serverless Devs 开发
者工具。首先进行 Yaml 的配置：

```
edition: 1.0.0
name: ServerlessBook
provider: alibaba
access: anycodes_release

services:
    ServerlessBookChristmasHatDemo:
        component: devsapp/fc
        props:
            region: cn-hongkong
            service:
                name: serverless-book-case
                description: Serverless 实践图书案例
                vpcConfig: auto
                logConfig: auto
                nasConfig: auto
            function:
                name: ai-cv-image-christmas-hat
                description: 圣诞帽
                codeUri:
                    src: ./src
                    excludes:
                        - src/.fun
                handler: index.app
                environmentVariables:
                    PYTHONUSERBASE: /mnt/auto/.fun/python
                memorySize: 3072
                runtime: python3
                timeout: 60
            triggers:
                - name: ImageAI
                  type: http
                  config:
                      authType: anonymous
                      methods:
                          - GET
                          - POST
                          - PUT
            customDomains:
                - domainName: add-christmas-hat.cv.case.serverless.fun
```

```
protocol: HTTP
routeConfigs:
  - path: /*
    serviceName: serverless-book-case
    functionName: ai-cv-image-christmas-hat
```

配置完成后，可以使用 Serverless Devs 开发者工具的 fc 组件提供的 install 方法，在 Docker 中进行依赖安装：

```
s ServerlessBookChristmasHatDemo install docker
```

依赖安装完成后，可以看到 End of method: install 的提醒。此时，fc 组件会在 Docker 实例中安装依赖，并且将代码复制到当前项目下，如图 7-22 所示。

安装依赖后，由于整体代码包的压缩后体积已经超过 FaaS 平台所规定的最大代码包限制，即没办法将代码和依赖整体打包部署到函数计算平台，所以，可以将安装好的依赖部署到 NAS：

```
Start ...
Start to install dependency.
Start installing functions using docker.
Skip pulling image aliyunfc/runtime-python3.6:build-1.9.6...

build function using image: aliyunfc/runtime-python3.6:build-1.9.6
running task: flow PipTaskFlow
running task: PipInstall
running task: CopySource
End of method: install
```

图 7-22　Serverless Devs 函数计算组件依赖安装

```
s ServerlessBookChristmasHatDemo nas sync ./src/.fun
```

部署完成后，可以看到 upload completed 提醒，如图 7-23 所示。

最后，可以继续将代码部署到线上：

```
s deploy
```

当系统输出了函数基本信息，包括所绑定的自定义域名之后，证明系统已经完成了服务、函数、触发器的部署以及自定义域名的绑定，如图 7-24 所示。

部署完成后，可以通过 Python 语言进行代码的测试。主要流程如下：

- 寻找一张照片；
- 将图片转为 Base64 编码；
- 带着 Base64 编码后的图片，请求刚刚部署后的地址；
- 获得返回结果，并将结果 Base-64 解码。

```
Start ...
Loading nas component, this may cost a few minutes...
Load nas component successfully.
Sync ./src/.fun to remote /mnt/auto
zipping /Users/jiangyu/Desktop/cncf_script/test/python3-http/src/.fun
✓ upload done
unzipping file
✓ unzip done
✓ upload completed!
End of method: nas
```

图 7-23　Serverless Devs 函数计算组件 NAS 文件同步

```
Service: serverless-book-case
Function: ai-cv-image-christmas-hat
Triggers:
  - Name: ImageAI
    Type: HTTP
    Domains:
      - add-christmas-hat.cv.case.serverless.fun
```

图 7-24　Serverless Devs 函数计算组件函数部署完成

整体脚本如下：

```
# -*- coding: utf-8 -*-

import base64
import urllib.request
import json


with open("test.png", 'rb') as f:
    image = f.read()
    image_base64 = str(base64.b64encode(image), encoding='utf-8')

url = "http://add-christmas-hat.cv.case.serverless.fun/add/hat"

response = urllib.request.urlopen(urllib.request.Request(url=url, data=json.
    dumps({
    "image": image_base64
}).encode("utf-8"))).read().decode("utf-8")

responseAttr = json.loads(response)
if not responseAttr["error"]:
    imgData = base64.b64decode(responseAttr['message']['picture'])
    with open('./picture.png', 'wb') as f:
        f.write(imgData)
else:
    print(responseAttr['message'])
```

测试图片如图 7-25 所示。

执行之后的结果如图 7-26 所示。

图 7-25　待合成测试图片

图 7-26　图像合成后的测试图片

可以看到，系统已经完成了图像合成，并将圣诞帽放在了图片中对应的位置上。至此，一个基于阿里云函数计算以及 AI 的图像合成的服务就完成了。

7.3.2　为头像增加固定装饰

为头像增加固定装饰这个功能很简单，其目的是在用户上传的头像的某个固定位置增加一个装饰，例如在图片右下角增加一个装饰图、在头像外围增加一个装饰框等。该功能通常并不会涉及机器学习算法，只需要图像合成的方法即可。

下面通过用户上传的图片，在指定位置增加预定图片作为装饰物进行添加，以华为云函数工作流为例，整个业务流程分析如下。

图 7-27　头像固定装饰测试装饰

对饰品图片进行美化，此处仅是将其变成圆形，饰品原图如图 7-27 所示。

将饰品原图变成圆形的代码如下：

```python
def do_circle(base_pic):
    icon_pic = Image.open(base_pic).convert("RGBA")
    icon_pic = icon_pic.resize((500, 500), Image.ANTIALIAS)
    icon_pic_x, icon_pic_y = icon_pic.size
    temp_icon_pic = Image.new('RGBA', (icon_pic_x + 600, icon_pic_y + 600), (255,
        255, 255))
    temp_icon_pic.paste(icon_pic, (300, 300), icon_pic)
    ima = temp_icon_pic.resize((200, 200), Image.ANTIALIAS)
    size = ima.size

    # 因为要变成圆形，所以需要正方形的图片
    r2 = min(size[0], size[1])
    if size[0] != size[1]:
        ima = ima.resize((r2, r2), Image.ANTIALIAS)

    # 最后生成圆的半径
    r3 = 60
    imb = Image.new('RGBA', (r3 * 2, r3 * 2), (255, 255, 255, 0))
    pima = ima.load()                                      # 像素的访问对象
    pimb = imb.load()
    r = float(r2 / 2)                                      # 圆心横坐标

    for i in range(r2):
        for j in range(r2):
            lx = abs(i - r)                                # 到圆心距离的横坐标
            ly = abs(j - r)                                # 到圆心距离的纵坐标
            l = (pow(lx, 2) + pow(ly, 2)) ** 0.5           # 三角函数半径

            if l < r3:
```

```
                    pimb[i - (r - r3), j - (r - r3)] = pima[i, j]
        return imb
```

完成饰品图片预处理后，将该装饰添加到用户所上传的头像上：

```
def add_decorate():
    try:
        base_pic = "./code/decorate.png"
        user_pic = Image.open("/tmp/picture.png").convert("RGBA")
        temp_basee_user_pic = Image.new('RGBA', (440, 440), (255, 255, 255))
        user_pic = user_pic.resize((400, 400), Image.ANTIALIAS)
        temp_basee_user_pic.paste(user_pic, (20, 20))
        temp_basee_user_pic.paste(do_circle(base_pic), (295, 295), do_circle
            (base_pic))
        temp_basee_user_pic.save("/tmp/output.png")
        return True
    except Exception as e:
        print(e)
        return False
```

最后，可以编辑入口函数，主要逻辑分析如下：

- 接收用户上传的图片；
- 对装饰图进行预处理；
- 图像合成；
- 返回客户端。

整体流程的实现代码如下：

```
def handler(event, context):
    jsonResponse = {
        'statusCode': 200,
        'isBase64Encoded': False,
        'headers': {
            "Content-type": "application/json"
        },
    }

    # 将接收到的 base64 图像转为 pic
    imgData = base64.b64decode(json.loads(base64.b64decode(event["body"]))["image"])
    with open('/tmp/picture.png', 'wb') as f:
        f.write(imgData)
    addResult = add_decorate()
    if addResult:
        with open("/tmp/output.png", "rb") as f:
            base64Data = str(base64.b64encode(f.read()), encoding='utf-8')
        jsonResponse['body'] = json.dumps({"picture": base64Data})
    else:
        jsonResponse['body'] = json.dumps({"error": True})

    return jsonResponse
```

完成上述的业务逻辑编写之后，可以安装相关的依赖，并将代码部署到华为云函数工作流程上，如图 7-28 所示。

图 7-28 华为云函数计算工作流创建函数

在华为云函数工作流上新建函数，上传包含依赖的 Zip 代码，并对函数进行基本的配置，包括内存配置和超时时间的配置，举例如下。

● 超时时间：15 秒。

● 内存：512MB。

接着进行 API 网关触发器的创建，如图 7-29 所示。

图 7-29 华为云函数计算工作流函数配置

创建触发器之后，在本地进行代码测试：

```python
# -*- coding: utf-8 -*-

import base64
import urllib.request
import json

with open("test.png", 'rb') as f:
    image = f.read()
    image_base64 = str(base64.b64encode(image), encoding='utf-8')

url = "http://13535b378a964b96b8296808abda0bae.apig.cn-north-1.huaweicloudapis.
    com/photo_decorate"
response = urllib.request.urlopen(urllib.request.Request(url=url, data=json.dumps({
    "image": image_base64
}).encode("utf-8"))).read().decode("utf-8")
R
esponseAttr = json.loads(response)
imgData = base64.b64decode(responseAttr['picture'])

with open('./picture.png', 'wb') as f:
    f.write(imgData)
```

此时可以选择一个测试图片，如图 7-30 所示。

通过测试脚本进行测试，最终在本地生成的 picture.png 文件如图 7-31 所示。

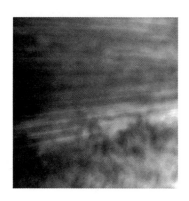

图 7-30　图像合成测试图片

图 7-31　图像合成测试结果图片

可以看到，这里已经成功在图片右下角增加了预置的装饰图案。至此，一个在华为云创建的可以为上传头像在右下角增加一个小老鼠装饰的图像合成的函数就完成了。

7.3.3　总结

Serverless 架构毕竟是一种新技术，或者说是一个比较新的 Framework，如果刚开始就通过它来做一些很重的产品，可能会让学习者失去兴趣，但是前期可以通过 Serverless 架构不断实现一些有趣的功能、小的应用，例如监控告警、图像识别、图像压缩、图像合成、文本摘要、关键词提取、简单的 MapReduce 等。通过这些小的应用，一方面我们可以更加深入地了解 Serverless 架构，另一方面我们也可以对 Serverless 的实际应用和价值产生更大的信心。

传统情况下，如果要做这样一个工具，可能需要一个服务器，即使没有人使用，也要有一台服务器苦苦支撑，那么仅仅一个 Demo，也要无时无刻地支出成本。但是在 Serverless 架构下，我们不用担心高并发，也不用担心成本支出。

Serverless 架构下的人工智能与大数据实战

本章将介绍 Serverless 与人工智能、大数据结合的应用实战。

8.1 20 行代码：Serverless 架构下用 Python 轻松实现图像分类和预测

图像分类是人工智能领域的一个热门话题。通俗解释就是，图像分类是一种根据各自在图像信息中所反映的不同特征，把不同类别的目标区分开来的图像处理方法。它利用计算机对图像进行定量分析，把图像或图像中的每个像元或区域划归为若干个类别中的某一种，以代替人的视觉判断。图像分类在实际生产生活中经常遇到，而且对不同领域或者需求有着很强的针对性。例如通过对花朵拍照识别花朵信息，通过人脸识别匹配人物信息等。

通常情况下，这些图像识别或者分类的工具，都是在客户端进行数据采集，在服务端进行运算获得结果，即一般情况下都有专门的 API 实现图像识别。例如各大云厂商都会有偿提供类似的能力。

阿里云图像识别页面如图 8-1 所示。

华为云图像识别页面如图 8-2 所示。

8.1.1 ImageAI 与图像识别

本节将会通过一个有趣的 Python 库，快速将图像分类的功能搭建在云函数上，并且与 API 网关结合，对外提供 API 功能，实现一个 Serverless 架构的图像分类 API。

图 8-1 阿里云图像识别页面

图 8-2 华为云图像识别页面

首先和大家介绍一下需要的依赖库：ImageAI。通过该依赖库的官方文档可以看到这样的描述：ImageAI 是一个 Python 库，旨在使开发人员能够使用简单的几行代码构建具有包含深度学习和计算机视觉功能的应用程序和系统。

ImageAI 本着简洁的原则，支持最先进的机器学习算法，用于图像预测、自定义图像预测、物体检测、视频检测、视频对象跟踪和图像预测训练。ImageAI 目前支持使用在 ImageNet-1000 数据集上训练的 4 种不同机器学习算法进行图像预测和训练，还支持使用在 COCO 数据集上训练的 RetinaNet 进行对象检测、视频检测和对象跟踪。最终，ImageAI 将为计算机视觉提供更广泛、更专业化的支持，包括但不限于特殊环境和特殊领域的图像识别。

也就是说，ImageAI 可以帮助我们完成基本的图像识别和视频的目标提取，虽然它给出了一些数据集和模型，但是也可以根据自身需要进行额外的训练，以及定制化拓展。通过官方提供的代码，可以看到一个简单的 Demo：

```python
# -*- coding: utf-8 -*-
from imageai.Prediction import ImagePrediction

# 模型加载
prediction = ImagePrediction()
prediction.setModelTypeAsResNet()
prediction.setModelPath("resnet50_weights_tf_dim_ordering_tf_kernels.h5")
prediction.loadModel()

predictions, probabilities = prediction.predictImage("./picture.jpg", result_count=5 )
```

```
for eachPrediction, eachProbability in zip(predictions, probabilities):
    print(str(eachPrediction) + " : " + str(eachProbability))
```

待识别的 picture.jpg 图片如图 8-3 所示。

图 8-3　待识别图片案例

执行后的结果如下：

```
laptop : 71.43893241882324
notebook : 16.265612840652466
modem : 4.899394512176514
hard_disc : 4.007557779550552
mouse : 1.2981942854821682
```

如果在使用过程中觉得模型 resnet50_weights_tf_dim_ordering_tf_kernels.h5 过大，耗时过长，可以按需求选择模型：

- SqueezeNet（文件大小：4.82 MB，预测时间最短，精准度适中）；
- ResNet50 by Microsoft Research（文件大小：98 MB，预测时间较快，精准度高）；
- InceptionV3 by Google Brain team（文件大小：91.6 MB，预测时间慢，精度更高）；
- DenseNet121 by Facebook AI Research（文件大小：31.6 MB，预测时间较慢，精度最高）。

模型下载地址可参考 GitHub 地址（https://github.com/OlafenwaMoses/ImageAI/releases/tag/1.0）或者 ImageAI 官方文档（https://imageai-cn.readthedocs.io/zh_CN/latest/ImageAI_Image_Prediction.html）。

8.1.2　项目 Serverless 化

当在本地完成 ImageAI 的基本测试运行之后，可以将项目部署到 Serverless 架构上。该项目的运行流程如图 8-4 所示。

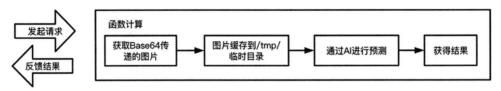

图 8-4　基于 Serverless 架构的图像识别功能流程简图

这里涉及几个部分，列举如下：

- 获取本地上传的图片；
- 图片缓存到 /tmp/ 目录下；
- 通过 AI 进行预测；
- 返回数据。

获取本地上传的图片，主要获取 Body 中 Base64 编码后的图片信息，例如：

```
try:
    request_body_size = int(environ.get('CONTENT_LENGTH', 0))
except (ValueError):
    request_body_size = 0
requestBody = json.loads(environ['wsgi.input'].read(request_body_size).decode
    ("utf-8"))
```

图片缓存到 /tmp/ 目录下，即将获得的 Base64 编码后的图片进行解码，并存储到 /tmp/ 目录下，例如：

```
# 随机字符串
randomStr = lambda num=5: "".join(random.sample('abcdefghijklmnopqrstuvwxyz', num))
    imageName = randomStr(10)
imageData = base64.b64decode(requestBody["image"])
imagePath = "/tmp/" + imageName
with open(imagePath, 'wb') as f:
    f.write(imageData)
```

通过 ImageAI 进行预测，则和本地测试环节的实现类似：

```
# 内容预测
print("Predicting ... ")
result = {}
predictions, probabilities = prediction.predictImage(imagePath, result_count=5)
print(zip(predictions, probabilities))
for eachPrediction, eachProbability in zip(predictions, probabilities):
    result[str(eachPrediction)] = str(eachProbability)
```

最后返回数据，完整的基于阿里云函数计算的代码实现为：

```
# -*- coding: utf-8 -*-

from imageai.Prediction import ImagePrediction
import json
```

```python
import uuid
import base64
import random


# Response
class Response:
    def __init__(self, start_response, response, errorCode=None):
        self.start = start_response
        responseBody = {
            'Error': {"Code": errorCode, "Message": response},
        } if errorCode else {
            'Response': response
        }
        # 默认增加 uuid, 便于后期定位
        responseBody['ResponseId'] = str(uuid.uuid1())
        print("Response: ", json.dumps(responseBody))
        self.response = json.dumps(responseBody)

    def __iter__(self):
        status = '200'
        response_headers = [('Content-type', 'application/json; charset=UTF-8')]
        self.start(status, response_headers)
        yield self.response.encode("utf-8")


# 随机字符串
randomStr = lambda num=5: "".join(random.sample('abcdefghijklmnopqrstuvwxyz', num))

# 模型加载
print("Init model")
prediction = ImagePrediction()
prediction.setModelTypeAsResNet()
print("Load model")
prediction.setModelPath("/mnt/auto/model/resnet50_weights_tf_dim_ordering_tf_
    kernels.h5")
prediction.loadModel()
print("Load complete")


def handler(environ, start_response):
    try:
        request_body_size = int(environ.get('CONTENT_LENGTH', 0))
    except (ValueError):
        request_body_size = 0
    requestBody = json.loads(environ['wsgi.input'].read(request_body_size).decode
        ("utf-8"))

    # 图片获取
    print("Get pucture")
    imageName = randomStr(10)
```

```
imageData = base64.b64decode(requestBody["image"])
imagePath = "/tmp/" + imageName
with open(imagePath, 'wb') as f:
    f.write(imageData)

# 内容预测
print("Predicting ... ")
result = {}
predictions, probabilities = prediction.predictImage(imagePath, result_count=5)
print(zip(predictions, probabilities))
for eachPrediction, eachProbability in zip(predictions, probabilities):
    result[str(eachPrediction)] = str(eachProbability)

return Response(start_response, result)
```

上述的业务逻辑中需要相关的依赖，包括 ImageAI 所必需的依赖，例如 Tensorflow、Numpy 等：

```
tensorflow==1.13.1
numpy==1.19.4
scipy==1.5.4
opencv-python==4.4.0.46
pillow==8.0.1
matplotlib==3.3.3
h5py==3.1.0
keras==2.4.3
imageai==2.1.5
```

最后可以通过开源的 Serverless 开发者工具 Serverless Devs 将项目部署到线上。为了确保项目通过 Serverless Devs 部署，需要编辑 Serverless Devs 所需要的资源描述文档。编写后的资源文档（s.yaml）为：

```
edition: 1.0.0
name: ServerlessBook
provider: alibaba
access: anycodes_release

services:
    ServerlessBookImageAIDemo:
        component: devsapp/fc
        props:
            region: cn-hongkong
            service:
                name: serverless-book-case
                description: Serverless 实践图书案例
                vpcConfig: auto
                logConfig: auto
                nasConfig: auto
            Function:
                name: serverless_imageAI
```

```
        description: 图片目标检测
        codeUri:
            src: ./src
            excludes:
                - src/.fun
                - src/model
        handler: index.handler
        environmentVariables:
            PYTHONUSERBASE: /mnt/auto/.fun/python
        memorySize: 3072
        runtime: python3
        timeout: 60
    triggers:
        - name: ImageAI
          type: http
          config:
              authType: anonymous
              methods:
                  - GET
                  - POST
                  - PUT
    customDomains:
        - domainName: auto
          protocol: HTTP
          routeConfigs:
              - path: /*
                serviceName: serverless-book-case
                functionName: ai-cv-image-christmas-hat
```

在代码与配置中，可以看到存在目录：/mnt/auto/，该部分实际上是 nas 挂载之后的地址，只需提前写入代码中即可。下一个环节会进行 nas 的创建以及挂载点配置的具体操作。

8.1.3　项目部署与测试

当完成业务逻辑的编写以及相关资源描述文档的编写之后，可以通过 Serverless Devs 的 fc 组件，将项目部署到阿里云函数计算中。在 fc 组件中，部署的操作指令是 deploy，所以可以执行：

```
s deploy
```

稍等片刻，可以看到命令行执行完毕，并输出了函数的相关信息，以及触发器的相关信息，如图 8-5 所示。

此时已经完成了业务逻辑的部署，但是代码实际还不能运行，因为还有相关的依赖没有安装和上传到函数计算中。接下来可以通过 fc 组件提供的 install 方法，在 Docker 中进行依赖的安装。依赖安装完成后，会在项目目录下生成 .fun 目录，该目录就是通过 Docker 打包出来的依赖文件，而这些依赖正是在 requirements.txt 文件中声明的依赖内容。

```
Trigger: ServerlessBook@serverless_imageAIImageAI deploying ...
        TriggerName: ImageAI
        Methods: GET,POST,PUT
        Url: 35685264-1295939377467795.test.functioncompute.com
        EndPoint: https://1295939377467795.cn-beijing.fc.aliyuncs.com/2016-08-15/proxy/ServerlessBook/serverless_imageAI/
Trigger: ServerlessBook@serverless_imageAI-ImageAI deploy successfully
项目 ServerlessBookImageAIDemo已成功执行

ServerlessBookImageAIDemo:
  Service: ServerlessBook
  Function: serverless_imageAI
  Triggers:
    - Name: ImageAI
      Type: HTTP
      Domains:
        - 35685264-1295939377467795.test.functioncompute.com
```

图 8-5 Serverless Devs 阿里云函数计算组件部署

接着，可以将依赖同步到 nas 中：

s ServerlessBookImageAIDemo nas sync ./src/.fun

将依赖目录打包上传到 nas 成功之后，再将 model 目录上传到 nas 中：

s nas sync ./src/model

然后，可以编写脚本进行测试。通过函数的触发、预测，获得结果，示例代码为：

```
# -*- coding: utf-8 -*-

import json
import urllib.request
import base64
import time

with open("picture.jpg", 'rb') as f:
    data = base64.b64encode(f.read()).decode()

url = 'http://35685264-1295939377467795.test.functioncompute.com/'

timeStart = time.time()
print(urllib.request.urlopen(urllib.request.Request(
    url=url,
    data=json.dumps({'image': data}).encode("utf-8")
)).read().decode("utf-8"))
print("Time: ", time.time() - timeStart)
```

执行示例代码后，可以看到如下结果：

```
{"Response": {"laptop": "71.43893837928772", "notebook": "16.265614330768585",
    "modem": "4.899385944008827", "hard_disc": "4.007565602660179", "mouse":
    "1.2981869280338287"}, "ResponseId": "1d74ae7e-298a-11eb-8374-024215000701"}
Time: 29.16020894050598
```

可以看到，函数计算顺利返回了预期结果，但是整体耗时却超乎想象，有近 30s。

8.1.4 项目优化

在上一部分的测试中，代码的首次执行耗时近 30s，性能非常低。再次执行测试代码，可以看到如下结果：

```
{"Response": {"laptop": "71.43893837928772", "notebook": "16.265614330768585",
    "modem": "4.899385944008827", "hard_disc": "4.007565602660179", "mouse":
    "1.2981869280338287"}, "ResponseId": "4b8be48a-298a-11eb-ba97-024215000501"}
Time: 1.1511380672454834
```

第二次执行，仅用了 1.15 秒，相对于第一次执行，性能提升了近 30 倍。那么为什么前后两次执行会产生如此大的性能差距呢？

通过本地对代码进行测试：

```
# -*- coding: utf-8 -*-

import time

timeStart = time.time()

# 模型加载
from imageai.Prediction import ImagePrediction

prediction = ImagePrediction()
prediction.setModelTypeAsResNet()
prediction.setModelPath("resnet50_weights_tf_dim_ordering_tf_kernels.h5")
prediction.loadModel()
print("Load Time: ", time.time() - timeStart)
timeStart = time.time()

predictions, probabilities = prediction.predictImage("./picture.jpg", result_count=5)
for eachPrediction, eachProbability in zip(predictions, probabilities):
    print(str(eachPrediction) + " : " + str(eachProbability))
print("Predict Time: ", time.time() - timeStart)
```

可以看到其执行结果为：

```
Load Time: 5.549695014953613
laptop : 71.43893241882324
notebook : 16.265612840652466
modem : 4.899394512176514
hard_disc : 4.007557779550552
mouse : 1.2981942854821682
Predict Time: 0.8137111663818359
```

在整个项目预测的过程中，加载 imageAI 模块以及模型文件时，一共耗时 5.5 秒，在预测部分仅用了不到 1 秒的时间。也就是说，在通过 ImageAI 进行图像目标提取 / 预测的过程中，实际上与传统的 AI 项目一样，包括模型加载和预测两个环节，而模型加载会消耗更多的时间。

在函数计算中，单实例性能本身可能没有本地计算机的性能高。因此在部署的代码中，我们可以看到，模型装载过程实际上是被放在了入口方法之外，这样做的一个好处是，项目每次执行时不一定会有冷启动，也就是说，在某些前提下是可以复用一些对象的，即无须每次都重新加载模型、导入依赖等。这样做可以缓解每次装载模型响应时间过长的问题。

所以在实际项目中，为了避免频繁请求，在实例重复装载、创建某些资源时，可以将部分资源放在初始化的时候进行。这样可以大幅度提高项目的整体性能，同时可以配合厂商所提供的预留能力，基本上杜绝函数冷启动带来的负面影响。

8.1.5 总结

近年来，人工智能与云计算的发展突飞猛进，在 Serverless 架构中，如何运行传统的人工智能项目已经逐渐成为很多人所需要了解的事情。本节通过一个已有的依赖库（ImageAI）实现一个图像分类和预测的接口。通过这个例子，可以得出如下结论：

- Serverless 架构可以运行人工智能相关项目；
- Serverless 可以很好地兼容 Tensorflow 等机器学习/深度学习的工具；
- 虽然函数计算本身有空间限制，但是在增加了硬盘挂载能力之后，函数计算本身的能力将会得到大幅度提升。

当然，本节也算是抛砖引玉，希望读者可以发挥自己的想象，将更多的 AI 项目与 Serverless 架构进行结合并运用到实际应用中。

8.2 Serverless 与 NLP：让我们的博客更有趣

近几年，随着 NLP 技术越来越多地呈现在众人眼前，NLP 也逐渐地被应用在更多领域。其中，为网站赋能部分有着很多有趣的应用和案例，随着 Serverless 架构的发展，不妨将 Serverless 与 NLP 技术进一步结合，并赋能在网站之上，让网站更有趣，例如：

- 当完成博客内容创作时，通常要写下摘要和关键词，以便更多人快速找到这篇文章，并且知道文章的基本内容；
- 可以结合 Serverless 与 NLP 技术，让 Serverless 为我们写诗一首，发给喜欢的人，或者送给自己。

本节将会基于百度智能云 CFC 以及阿里云函数计算进行案例实践，希望读者可以对不同云厂商的 FaaS 平台有更加深入的了解，并在不同的 FaaS 平台实现更多有趣的应用场景。

8.2.1 赋能网站 SEO

对文本进行摘要和关键词的提取，属于自然语言处理的范畴。提取摘要的一个好处是可以让阅读者通过最少的信息判断出这篇文章对自己是否有意义或者有价值，是否需要进行更加详细的阅读。提取关键词的好处是可以让文章与文章之间产生关联，也可以让读者通过关键词快速定位到和该关键词相关的文章内容。同时，文本摘要和关键词提取又都可以与传统的 CMS 进行结合。通过对文章/新闻等发布功能进行改造，同步提取摘要和关键词，放到 HTML 页面中，作为 Description 和 Keywords，可以在一定程度上有利于搜索引擎收录，属于 SEO 优化的范畴。

　　关键词提取的方法有很多，但是最常见的应该就是 TF-IDF 了。可以通过 jieba 实现基于 TF-IDF 算法的关键词提取方法：

```
jieba.analyse.extract_tags(text, topK=5, withWeight=False, allowPOS=('n', 'vn', 'v'))
```

　　文本摘要的方法也有很多，从广义上可划分为提取式和生成式。所谓提取式就是在文章中通过 TextRank 等算法，找出关键句然后进行拼装，形成摘要。这种方法相对来说比较简单，但是很难提取出真实的语义。所谓生成式就是通过深度学习等方法，对文本语义进行提取再生成摘要的过程。可以认为前者生成的摘要均来自原文，而后者更多是生成新的语句。

　　为了简化难度，本文将采用提取式来实现文本摘要功能。实现文本摘要的依赖库其实是比较多的，例如可以通过 SnowNLP，实现基于 TextRank 算法的文本摘要功能，以《海底两万里》部分内容作为原文，进行摘要生成。

　　这些事件发生时，我刚从美国内布拉斯加州的贫瘠地区做完一项科考工作回来。我当时是巴黎自然史博物馆的客座教授，被法国政府派来参加这次考察活动。我在内布拉斯加州度过了半年时间，收集了许多珍贵资料，满载而归，3 月底抵达纽约。我决定 5 月初动身回法国。于是，我就抓紧这段候船逗留时间，对收集到的矿物和动植物标本进行分类整理，可就在这时，斯科舍号出事了。

　　我对当时的街谈巷议自然了如指掌，再说了，我怎能听而不闻、无动于衷呢？我把美国和欧洲的各种报刊读了又读，但未能深入了解真相。神秘莫测，百思不得其解。我左思右想，摇摆于两个极端之间，始终不能形成一种见解。其中肯定有名堂，这是不容置疑的，如果有人表示怀疑，就请他们去摸一摸斯科舍号的伤口好了。

　　我到纽约时，这个问题正炒得沸反盈天。某些不学无术之徒提出设想，有说是浮动的小岛，也有说是不可捉摸的暗礁，不过，这些假设通通都被推翻了。很显然，除非这暗礁腹部装有机器，不然的话，它怎能如此快速地转移呢？

　　同样的道理，说它是一块浮动的船体或是一堆大船残片，这种假设也不能成立，理由仍然是移动速度太快。

　　那么，问题只能有两种解释，人们各持己见，自然就分成观点截然不同的两派：一派说这是一个力大无比的怪物，另一派说这是一艘动力极强的"潜水船"。

　　哦，最后那种假设固然可以接受，但到欧美各国调查之后，也就难以自圆其说了。有哪个普通人会拥有如此强大动力的机械？这是不可能的。他在何地何时叫何人制造了这么个庞然大物，而且如何能在建造中做到风声不走漏呢？

　　看来，只有政府才有可能拥有这种破坏性的机器，在这个灾难深重的时代，人们千方百计要增强战争武器威力，那就有这种可能，一个国家瞒着其他国家在试制这类骇人听闻的武器。继夏斯勃步枪之后有水雷，水雷之后有水下撞锤，然后魔道攀升反应，事态愈演愈烈。至少，我是这样想的。

基于 SnowNLP 工具，使用 TextRank 算法，对原文本进行摘要的业务逻辑如下：

```
# -*- coding: utf-8 -*-
from snownlp import SnowNLP

text = "上面的原文内容，此处省略"
s = SnowNLP(text)
print("。".join(s.summary(5)))
```

通过上面的代码，可以得到如下结果：

自然就分成观点截然不同的两派：一派说这是一个力大无比的怪物。这种假设也不能成立。我到纽约时。说它是一块浮动的船体或是一堆大船残片。另一派说这是一艘动力极强的"潜水船"

初步来看，基于已有的工具，例如 SnowNLP 实现的文本摘要，效果并不是很好，因为生成的摘要内容没有前因后果，更多像是单纯的句子拼装，不具备整体性。此时可以针对中文常见的一些写作手法和用词手法，有针对性地实现一个文本摘要功能。

例如通常情况下，每个段落的开头句子和结尾句子，是具有总结性意义的；有一些带有总结关键词的句子，也是具有总结性意义的，例如总之、总而言之等；除此之外，还需要通过常见的算法（例如上文所说到的 TF-IDF 算法）进行关键词提取，判断每个句子中的关键词的权重，进一步确定出整句话的权重。通过首尾句子附加额外权重，总结性关键词句子附加额外权重以及通过关键词计算每个句子的权重之后，可以得到最终的每句话的权重信息，对其进行倒序排列，根据需求截取最重要的句子数量，整体流程如图 8-6 所示。

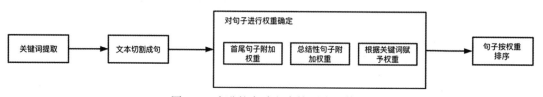

图 8-6 改进的自动文本摘要流程简图

该流程的业务逻辑，或者说代码实现为：

```
# -*- coding: utf-8 -*-

import re
import jieba.analyse
import jieba.posseg


class TextSummary:
```

```python
    def __init__(self, text):
        self.text = text

    def splitSentence(self):
        sectionNum = 0
        self.sentences = []
        for eveSection in self.text.split("\n"):
            if eveSection:
                sentenceNum = 0
                for eveSentence in re.split("!|。|?", eveSection):
                    if eveSentence:
                        mark = []
                        if sectionNum == 0:
                            mark.append("FIRSTSECTION")
                        if sentenceNum == 0:
                            mark.append("FIRSTSENTENCE")
                        self.sentences.append({
                            "text": eveSentence,
                            "pos": {
                                "x": sectionNum,
                                "y": sentenceNum,
                                "mark": mark
                            }
                        })
                        sentenceNum = sentenceNum + 1
                sectionNum = sectionNum + 1
                self.sentences[-1]["pos"]["mark"].append("LASTSENTENCE")
        for i in range(0, len(self.sentences)):
            if self.sentences[i]["pos"]["x"] == self.sentences[-1]["pos"]["x"]:
                self.sentences[i]["pos"]["mark"].append("LASTSECTION")


def getKeywords(self):

    self.keywords = jieba.analyse.extract_tags(self.text, topK=20, with
        Weight=False, allowPOS=('n', 'vn', 'v'))


    def sentenceWeight(self):
        # 计算句子的位置权重
        for sentence in self.sentences:
            mark = sentence["pos"]["mark"]
            weightPos = 0
            if "FIRSTSECTION" in mark:
                weightPos = weightPos + 2
            if "FIRSTSENTENCE" in mark:
                weightPos = weightPos + 2
            if "LASTSENTENCE" in mark:
                weightPos = weightPos + 1
            if "LASTSECTION" in mark:
                weightPos = weightPos + 1
```

```
                    sentence["weightPos"] = weightPos

            # 计算句子的线索词权重
            index = ["总之", "总而言之"]
            for sentence in self.sentences:
                sentence["weightCueWords"] = 0
                sentence["weightKeywords"] = 0
            for i in index:
                for sentence in self.sentences:
                    if sentence["text"].find(i) >= 0:
                        sentence["weightCueWords"] = 1

            for keyword in self.keywords:
                for sentence in self.sentences:
                    if sentence["text"].find(keyword) >= 0:
                        sentence["weightKeywords"] = sentence["weightKeywords"] + 1

            for sentence in self.sentences:
                sentence["weight"] = sentence["weightPos"] + 2 * sentence["weight
                    CueWords"] + sentence["weightKeywords"]


    def getSummary(self, ratio=0.1):
        self.keywords = list()
        self.sentences = list()
        self.summary = list()

        # 调用方法，分别计算关键词、分句、权重
        self.getKeywords()
        self.splitSentence()
        self.sentenceWeight()

        # 对句子的权重值进行排序
        self.sentences = sorted(self.sentences, key=lambda k: k['weight'], reverse=
            True)

        # 根据排序结果，取排名占前 ratio% 的句子作为摘要
        for i in range(len(self.sentences)):
            if i < ratio * len(self.sentences):
                sentence = self.sentences[i]
                self.summary.append(sentence["text"])

        return self.summary
```

正如上文所展示的整体流程，这段代码主要是通过 TF-IDF 实现关键词提取，然后通过提取到的关键词对句子进行权重赋予，同时针对中文的一些写作习惯和用词习惯，进行额外的权重赋予，最终获得整体的结果。可以通过如下代码再次提取文本摘要。

```
testSummary = TextSummary(text)
print("。".join(testSummary.getSummary()))
```

结果如下：

看来，只有政府才有可能拥有这种破坏性的机器，在这个灾难深重的时代，人们千方百计要增强战争武器威力，那就有这种可能，一个国家瞒着其他国家在试制这类骇人听闻的武器。于是，我就抓紧这段候船逗留时间，把收集到的矿物和动植物标本进行分类整理，可就在这时，斯科舍号出事了。同样的道理，说它是一块浮动的船体或是一堆大船残片，这种假设也不能成立，理由仍然是移动速度太快

通过这个结果可以看到，整体结果比单纯通过 SnowNLP 算法生成的效果好一些。至少在这个结果上，可以看到一些总结性文字以及一些前后逻辑等。接下来，可以对上面的代码进行进一步整理，并将其部署在 Serverless 架构上，实现一个基于 Serverless 架构的文本摘要和关键词提取的功能。

以百度智能云的函数计算 CFC 为例，首先，需要在百度云的函数计算 CFC 产品上创建函数，如图 8-7 所示。

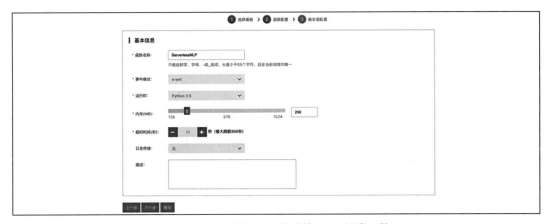

图 8-7　百度智能云函数计算 CFC 创建函数

创建函数时还需要配置触发器，如图 8-8 所示。

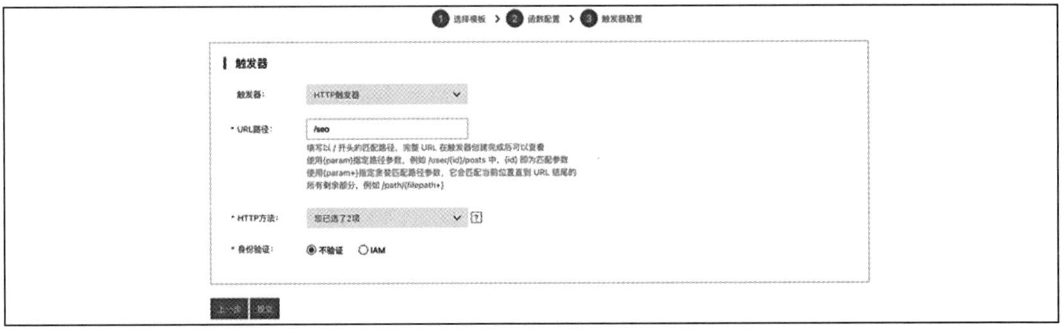

图 8-8　百度智能云函数计算 CFC 配置触发器

配置完触发器之后，可以对上文的代码进行整理，按照规范增加入口函数（例如 handler）。

由于这是一个 API 接口，同时配置了 HTTP 触发器，所以此时需要在函数中获取用户通过 POST 请求传递过来的 text 字段对应的值，代码如下：

```
json.loads(event['body'])['text']
```

完整的入口函数实现为：

```
# -*- coding: utf-8 -*-
import json

def handler(event, context):
    nlp = NLPAttr(json.loads(event['body'])['text'])
    return {
        "keywords": nlp.getKeywords(),
        "summary": "。".join(nlp.getSummary())
    }
```

完成函数业务逻辑的开发之后，还需要针对业务逻辑，在百度智能云函数计算 CFC Python 运行时相同的操作系统下，进行部分依赖的安装，例如 jieba 依赖等。安装完成后，执行如下操作：

- 将依赖和业务逻辑打包；
- 上传到与函数同地域的对象存储（BOS）中，如图 8-9 所示；

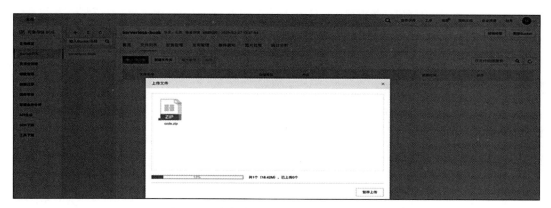

图 8-9　百度智能云对象存储 BOS 上传文件

- 在函数计算处通过 BOS 部署代码，如图 8-10 所示。

在完成业务逻辑开发以及业务代码部署之后，可以在触发器页面找到刚刚设置的 HTTP 触发器，并获取 URL 路径，如图 8-11 所示。

通过该路径，进行关键词提取和文本摘要的测试。以 PostMan 为例，可以通过 POST 请求方法，将原文传递给后端服务，如图 8-12 所示。

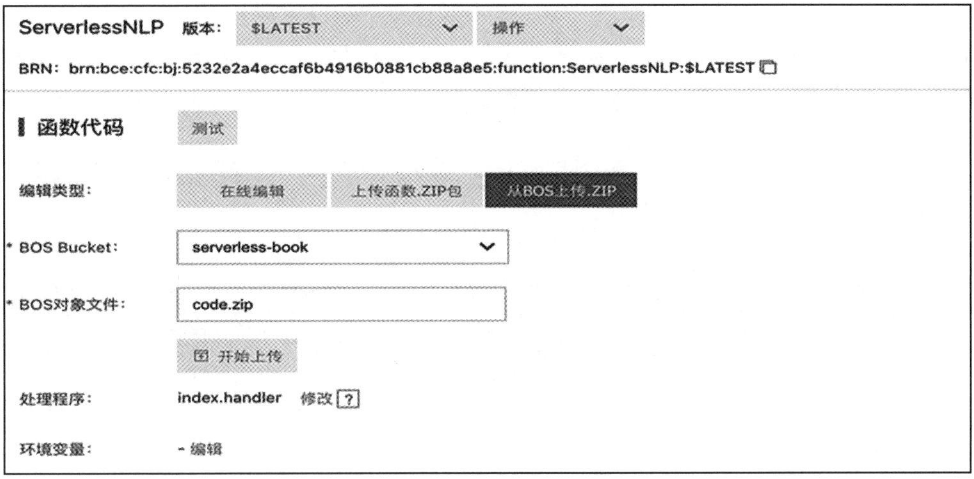

图 8-10　百度智能云函数计算 CFC 部署代码

图 8-11　百度智能云函数计算 CFC 触发器列表

可以看到，后台接口已经按照预期返回了目标结果。至此，基于百度智能云函数计算 CFC 的文本摘要 / 关键词提取的 API 已经部署完成。

8.2.2　"为你写诗"小工具

古诗词是中国文化殿堂的瑰宝，记得笔者在韩国做交换生的时候，看到同学们在认真学习古诗词，自己发自内心感到骄傲，甚至也会在某些时候不自觉地背起一些耳熟能详的诗句。

接下来的案例将会通过融合深度学习与 Serverless 技术，让 Serverless 为我们生成古诗词。古诗词的生成实际上是文本生成。关于基于深度学习的文本生成，最入门级的读物包括 Andrej Karpathy 的博客。Andrej Karpathy 使用例子生动讲解了 Char-RNN（Character based Recurrent Neural Network）如何从文本数据集里学习，然后自动生成像模像样的文本。

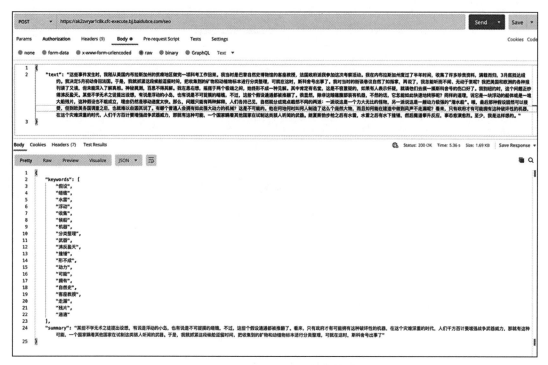

图 8-12　PostMan 测试函数计算接口

图 8-13 直观展示了 Char-RNN 的原理。以让模型学习写出 hello 为例，Char-RNN 的输入输出层都是以字符为单位。输入 h，应该输出 e；输入 e，则应该输出后续的 l。输入层可以用只有一个元素为 1 的向量来编码不同的字符，例如，h 被编码为 1000、e 被编码为 0100，而 l 被编码为 0010。使用 RNN 的学习目标是可以让生成的下一个字符尽量与训练样本里的目标输出一致。在图 8-13 的例子中，根据前两个字符产生的状态和第三个输入"l"预测出的下一个字符的向量为 <0.1, 0.5, 1.9, -1.1>，最大的一维是第三维，对应的字符则为 0010，正好是 l。这就是一个正确的预测。但从第一个 h 得到的输出向量是第四维最大，对应的并不是 e，这样就产生代价。学习就是不断降低这个代价。学习到的模型，对任何输入字符都可以很好地不断预测下一个字符，进而生成句子或段落。

本案例的构建参考了 GitHub 已有项目——https://github.com/norybaby/poet。

为了将这个项目运行在 Serverless 架构之上，需要完成如下步骤：

- Clone 代码到本地；
- 进行依赖安装；
- 进行模型训练；

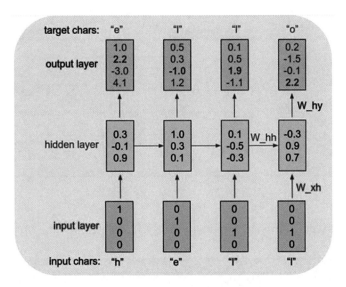

图 8-13　Char-RNN 原理简图

- 整理项目，使其符合 FaaS 平台的一些规范；
- 部署项目到线上。

首先第一步，需要将代码复制到本地：

```
git clone https://github.com/norybaby/poet
```

然后进行相关依赖的安装：

```
pip3 install tensorflow==1.14 word2vec numpy
```

安装完依赖后，可以通过执行 train.py 进行模型的训练：

```
python3 train.py
```

模型训练的时间会比较长，在这个模型中，默认使用的算法是 LSTM 网络，并且嵌入的 size 默认为 128，隐藏层的 size 默认为 128，默认的学习率为 5e-3。

由于该项目中使用了 TensorBoard 进行项目的可视化，所以当项目训练完成之后，可以打开 TensorBoard 面板，进行部分数据的可视化。

在训练阶段，可以看到 Average loss 与 Perplexity 的变化，如图 8-14 所示。

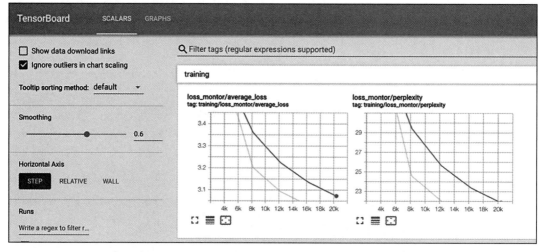

图 8-14 Average loss 与 Perplexity 可视化（训练阶段）

在验证阶段，Average loss 与 Perplexity 的可视化效果如图 8-15 所示。

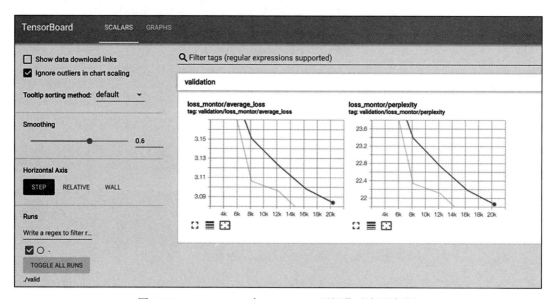

图 8-15 Average loss 与 Perplexity 可视化（验证阶段）

训练完成之后，除了生成了可视化的视图之外，还生成了一系列模型。这些模型都被存放到 output_poem 文件夹下，此时，可以只保留最好的模型文件。

同时，还需要对所生成的 JSON 文件进行部分升级和修改。以阿里云函数计算为例，由于之后需要将模型等文件放到 NAS 上，所以 best_model 以及 latest_model 对应的路径需要变更为 NAS 的地址，例如 /mnt/auto/model/poem/best_model/model-20390。同时需要对该

JSON 文件进行相应修改，例如：

```
{
    "best_model": "/mnt/auto/model/poem/best_model/model-20390",
    "best_valid_ppl": 21.441762924194336,
    "latest_model": "/mnt/auto/model/poem/save_model/model-20390",
    "params": {
        "batch_size": 16,
        "cell_type": "lstm",
        "dropout": 0.0,
        "embedding_size": 128,
        "hidden_size": 128,
        "input_dropout": 0.0,
        "learning_rate": 0.005,
        "max_grad_norm": 5.0,
        "num_layers": 2,
        "num_unrollings": 64
    },
    "test_ppl": 25.83984375
}
```

完成对上面模型相关信息的修改之后，只需要保存 output_poem/best_model/model-20390 模型即可。

接下来可以进行项目部署，同样为项目增加入口函数：

```
def handler(environ, start_response):
    path = environ['PATH_INFO'].replace("/api", "")

    if path == "/":
        return Response(start_response, getPage())
    else:
        try:
            request_body_size = int(environ.get('CONTENT_LENGTH', 0))
        except (ValueError):
            request_body_size = 0
        tempBody = environ['wsgi.input'].read(request_body_size).decode("utf-8")
        requestBody = json.loads(tempBody)

        if path == "/poem":
            return Response(start_response, writer.hide_words(requestBody.get
                ("content", "我是江昱")))
```

同时也要注意模型文件的位置，以及整个项目所需的依赖：

```
tensorflow==1.13.1
numpy==1.19.2
pillow==8.0.1
word2vec==0.11.1
```

为了更方便将依赖安装并部署到线上，这里使用 Serverless Devs 工具：

```
edition: 1.0.0
name: ServerlessBook
provider: alibaba
access: anycodes_release

services:
    ServerlessBookPoemNLPCase:
        component: devsapp/fc
        props:
            Region: cn-hongkong
            service:
                name: serverless-book-case
                description: Serverless 实践图书案例
                vpcConfig: auto
                logConfig: auto
                nasConfig: auto
            function:
                name: ai-nlp-poem
                description: ai 写诗
                codeUri:
                    src: ./src
                    excludes:
                        - src/.fun
                        - src/model
                handler: index.handler
                environmentVariables:
                    PYTHONUSERBASE: /mnt/auto/.fun/python
                memorySize: 3072
                runtime: python3
                timeout: 60
            triggers:
            - name: Poem
              type: http
              config:
              authType: anonymous
              methods:
                - GET
                - POST
                - PUT
            customDomains:
                - domainName: poem.nlp.case.serverless.fun
                  protocol: HTTP
                  routeConfigs:
                    - path: /*
                      serviceName: serverless-book-case
                      functionName: ai-nlp-poem
```

编写完配置文件之后，需要优先安装所必需的依赖。安装完成后，将依赖和模型文件夹同步到 NAS，如图 8-16 所示。

```
s ServerlessBookPoemNLPCase nas sync ./src/model
s ServerlessBookPoemNLPCase nas sync ./src/.fun
```

```
Start ...
Loading nas component, this may cost a few minutes...
Load nas component successfully.
Sync ./src/model to remote /mnt/auto
zipping /Users/jiangyu/PycharmProjects/Book/ai_nlp_poem/src/model
✓ upload done
unzipping file
✓ unzip done
✓ upload completed!
End of method: nas
```

图 8-16　Serverless Devs 阿里云函数计算组件数据同步

然后，需要对进行项目部署，结果如图 8-17 所示。

```
s ServerlessBookPoemNLPCase deploy
```

```
Start deploying domains ...
Project ServerlessBookPoemNLPCase successfully to execute

ServerlessBookPoemNLPCase:
  Service: serverless-book-case
  Function: ai-nlp-poem
  Triggers:
    - Name: Poem
      Type: HTTP
      Domains:
        - poem.nlp.case.serverless.fun
```

图 8-17　Serverless Devs 阿里云函数计算组件代码部署

项目部署完成后，通过地址进行测试。可以打开浏览器，输入绑定地域名，如图 8-18 所示。

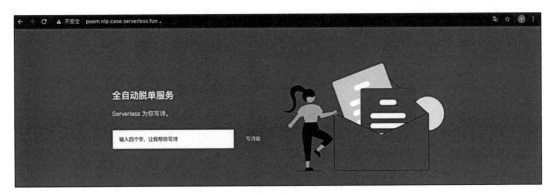

图 8-18　本地测试待输入关键词页面

写入要藏头的四个字，例如"为你写诗"，如图 8-19 所示。

至此，一个基于人工智能与 Serverless 的为你写诗的小工具就完成了。

图 8-19 本地测试生成古诗页面

8.2.3 总结

通过 Serverless 架构做 API 相对来说是非常容易且方便的，Serverless 架构可以实现 API 的插拔行，组件化。希望各位读者将更多的 AI 内容，融入自己的生产生活中，让 Serverless 在各个领域发挥更大的价值。

8.3 基于 Serverless 架构的验证码识别功能

Serverless 自被提出就备受关注，近些年来更是焕发出前所未有的活力。各领域的工程师都在试图将 Serverless 架构与自身工作进行结合，以获取 Serverless 架构所带来的技术红利。

验证码（CAPTCHA）是 Completely Automated Public Turing test to tell Computers and Humans Apart（全自动区分计算机和人类的图灵测试）的缩写，是一种区分用户是计算机还是人的公共全自动程序。它可以防止恶意破解密码、刷票、论坛灌水，如可以有效防止某个黑客用特定程序暴力破解方式不断对某一个特定注册用户进行的登录尝试。实际上用验证码是现在很多网站通行的方式，利用比较简易的方式实现了这个功能。验证码可以由计算机生成并评判，但是必须只有人类才能解答。由于计算机无法解答 CAPTCHA 的问题，所以回答出问题的用户就可以被认为是人类。简单来说，验证码就是用来验证的码，是用来验证是人访问还是机器访问的码。

那么人工智能领域中的验证码识别与 Serverless 架构碰撞会有哪些火花呢？本节将通过结合 Serverless 架构卷积神经网络（CNN）算法，实现一个验证码识别功能。

8.3.1 浅谈验证码

验证码的发展，是非常迅速的，从开始的单纯数字验证码，到后来的数字＋字母验证码，再到后来的数字＋字母＋中文的验证码以及图形图像验证码，验证码素材越来越多，验证码的形态也各不相同，包括输入、点击、拖曳、短信验证码以及语音验证码等。

　　例如 bilibili 的登录验证码就包括多种模式，图 8-20 所示为滑动滑块验证，图 8-21 所示为通过依次点击文字进行验证。

图 8-20　bilibili 网站登录验证码示例

图 8-21　bilibili 网站登录验证码示例

　　而百度贴吧、知乎以及 Google 等相关网站的验证码又各不相同，例如选择正着写的文字，选择包括指定物体的图片以及按顺序点击图片中的字符等。

　　验证码的识别方式可能会根据验证码的类型而不太一致，当然最简单的验证码可能就是最原始的文字验证码了，如图 8-22 所示。

　　即便是文字验证码，也存在很多差异，例如简单的数字验证码，简单的数字 + 字母验证码，文字验证码，以及包括计算或其他干扰素材的复杂验证码等。

图 8-22 常见文字验证码示例

8.3.2 验证码识别

1. 简单验证码识别

验证码识别是一个古老的研究领域，简单说就是把图片上的文字转化为文本的过程。近几年，随着大数据的发展，广大爬虫工程师在对抗反爬策略时，对验证码识别的要求也越来越高。在简单验证码的时代，验证码识别主要是针对文本验证码，通过图像的切割，对验证码每一部分进行裁剪，再对每个裁剪单元进行相似度对比，获得最可能的结果，最后进行拼接。以图 8-23 所示验证码原图为例。

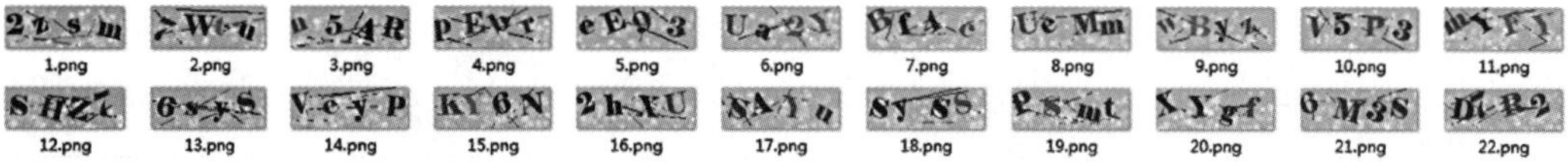

图 8-23 验证码原图

首先对原图进行二值化等操作，如图 8-24 所示。

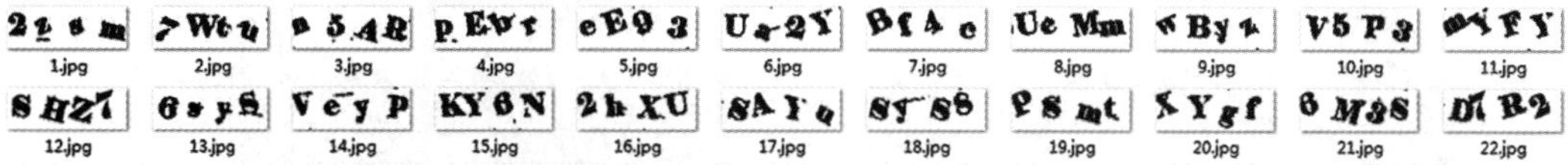

图 8-24 验证码二值化图

完成后再进行切割，如图 8-25 所示。

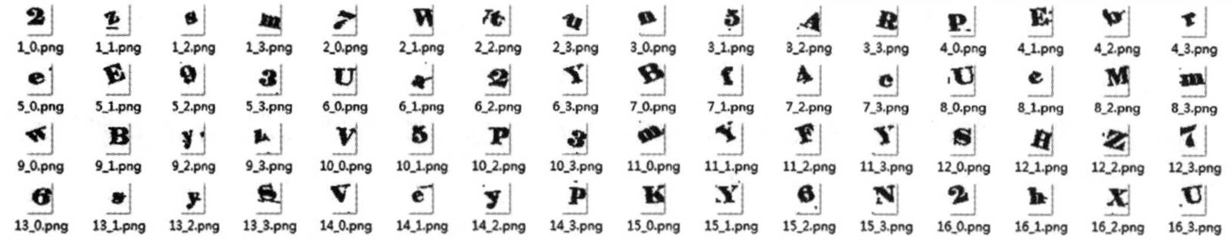

图 8-25 验证码切割图

切割完成后再进行识别并拼接。这样针对每个字符进行识别，相对来说是比较容易实现的。

但是随着时间的发展，当这种简单验证码逐渐不能满足判断"是人还是机器"的问题时，验证码进行了一次小升级，增加了一些干扰线，在验证码进行了严重的扭曲时，还增加了强色块干扰，如图 8-26 所示 Dynadot 网站的验证码。

图 8-26　Dynadot 网站验证码示例

此时，想要识别验证码，简单的切割识别就很难获得良好的效果了，需要用到深度学习知识。

2. 基于卷积神经网络的验证码识别

卷积神经网络（Convolutional Neural Network，CNN）是一种前馈神经网络。在该网络中，人工神经元可以响应周围单元，也可以进行大型图像处理。卷积神经网络包括卷积层和池化层。

如图 8-27 所示，左图是传统的神经网络，其基本结构是输入层、隐含层、输出层。右图是卷积神经网络，其结构由输入层、输出层、卷积层、池化层、全连接层构成。卷积神经网络其实是神经网络的一种拓展，而从结构上来说，朴素的卷积神经网络和朴素的神经网络没有任何区别（当然，引入了特殊结构的、复杂的卷积神经网络会和神经网络有着比较大的区别）。相对传统神经网络，卷积神经网络在实际效果中的网络参数数量大大减少，而且可以有效避免过拟合。同样，由于 filter 的参数共享，即使图片进行了一定的平移操作，照样可以识别出特征（平移不变性），模型也就更加稳健了。

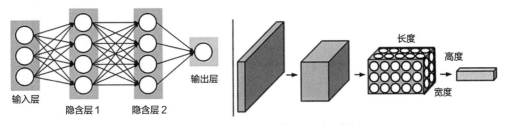

图 8-27　传统神经网与卷积神经网对比简图

（1）验证码生成

验证码生成是非常重要的一个步骤，因为这一部分的验证码将会作为训练集和测试集，同时最终模型可以识别什么类型的验证码也与这部分有关。

```
# coding:utf-8

import random
import numpy as np
from PIL import Image
```

```python
from captcha.image import ImageCaptcha

CAPTCHA_LIST = [eve for eve in "0123456789abcdefghijklmnopqrsruvwxyzABCDEFGHIJ
    KLMOPQRSTUVWXYZ"]
CAPTCHA_LEN = 4          # 验证码长度
CAPTCHA_HEIGHT = 60      # 验证码高度
CAPTCHA_WIDTH = 160      # 验证码宽度

randomCaptchaText = lambda char=CAPTCHA_LIST, size=CAPTCHA_LEN: "".join([random.
    choice(char) for _ in range(size)])


def genCaptchaTextImage(width=CAPTCHA_WIDTH, height=CAPTCHA_HEIGHT, save=
    None):
    image = ImageCaptcha(width=width, height=height)
    captchaText = randomCaptchaText()
    if save:
        image.write(captchaText, './img/%s.jpg' % captchaText)
    return captchaText, np.array(Image.open(image.generate(captchaText)))


print(genCaptchaTextImage(save=True))
```

通过上述代码，可以生成简单的中英文验证码，如图 8-28 所示。

 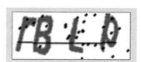 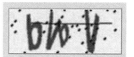

图 8-28　验证码生成示例

（2）模型训练

模型训练的代码如下（部分代码来自网络）。

util.py 文件，主要是一些提取出来的公有方法：

```python
# -*- coding:utf-8 -*-

import numpy as np
from captcha_gen import genCaptchaTextImage
from captcha_gen import CAPTCHA_LIST, CAPTCHA_LEN, CAPTCHA_HEIGHT, CAPTCHA_WIDTH

# 图片转为黑白，3 维转 1 维
convert2Gray = lambda img: np.mean(img, -1) if len(img.shape) > 2 else img

# 验证码向量转为文本
vec2Text = lambda vec, captcha_list=CAPTCHA_LIST: ''.join([captcha_list[int
    (v)] for v in vec])


def text2Vec(text, captchaLen=CAPTCHA_LEN, captchaList=CAPTCHA_LIST):
```

```
    """
验证码文本转为向量
    """

    vector = np.zeros(captchaLen * len(captchaList))
    for i in range(len(text)):
        vector[captchaList.index(text[i]) + i * len(captchaList)] = 1
    return vector


def getNextBatch(batchCount=60, width=CAPTCHA_WIDTH, height=CAPTCHA_HEIGHT):
    """
获取训练图片组
    """

    batchX = np.zeros([batchCount, width * height])
    batchY = np.zeros([batchCount, CAPTCHA_LEN * len(CAPTCHA_LIST)])
    for i in range(batchCount):
        text, image = genCaptchaTextImage()
        image = convert2Gray(image)
        # 将图片数组 1 维化，同时将文本也对应在两个 2 维组的同一行
        batchX[i, :] = image.flatten() / 255
        batchY[i, :] = text2Vec(text)
    return batchX, batchY
```

model_train.py 主要用于模型训练，文件定义了模型的基本信息。例如该模型是三层卷积神经网络，原始图像大小是 60×160，在第一次卷积后变为 60×160，第一次池化后变为 30×80；第二次卷积后变为 30×80，第二次池化后变为 15×40；第三次卷积后变为 15×40，第三次池化后变为 7×20。经过三次卷积和池化后，原始图片数据变为 7×20 的平面数据，同时项目在进行训练的时候，每隔 100 次进行一次数据测试，计算一次准确度。

```
# -*- coding:utf-8 -*-

import tensorflow.compat.v1 as tf
from datetime import datetime
from util import getNextBatch
from captcha_gen import CAPTCHA_HEIGHT, CAPTCHA_WIDTH, CAPTCHA_LEN, CAPTCHA_LIST

tf.compat.v1.disable_eager_execution()

variable = lambda shape, alpha=0.01: tf.Variable(alpha * tf.random_normal(shape))
conv2d = lambda x, w: tf.nn.conv2d(x, w, strides=[1, 1, 1, 1], padding='SAME')
maxPool2x2 = lambda x: tf.nn.max_pool(x, ksize=[1, 2, 2, 1], strides=[1, 2, 2, 1],
    padding='SAME')
optimizeGraph = lambda y, y_conv: tf.train.AdamOptimizer(1e-3).minimize(
    tf.reduce_mean(tf.nn.sigmoid_cross_entropy_with_logits(labels=y, logits=y_conv)))
hDrop = lambda image, weight, bias, keepProb: tf.nn.dropout(
```

```
    maxPool2x2(tf.nn.relu(conv2d(image, variable(weight, 0.01)) + variable(bias,
        0.1))), keepProb)


def cnnGraph(x, keepProb, size, captchaList=CAPTCHA_LIST, captchaLen=CAPTCHA_LEN):
    """
    三层卷积神经网络
    """

    imageHeight, imageWidth = size
    xImage = tf.reshape(x, shape=[-1, imageHeight, imageWidth, 1])

    hDrop1 = hDrop(xImage, [3, 3, 1, 32], [32], keepProb)
    hDrop2 = hDrop(hDrop1, [3, 3, 32, 64], [64], keepProb)
    hDrop3 = hDrop(hDrop2, [3, 3, 64, 64], [64], keepProb)

    # 全连接层
    imageHeight = int(hDrop3.shape[1])
    imageWidth = int(hDrop3.shape[2])
    wFc = variable([imageHeight * imageWidth * 64, 1024], 0.01)    # 上一层有 64 个
        神经元，全连接层有 1024 个神经元
    bFc = variable([1024], 0.1)
    hDrop3Re = tf.reshape(hDrop3, [-1, imageHeight * imageWidth * 64])
    hFc = tf.nn.relu(tf.matmul(hDrop3Re, wFc) + bFc)
    hDropFc = tf.nn.dropout(hFc, keepProb)

    # 输出层
    wOut = variable([1024, len(captchaList) * captchaLen], 0.01)
    bOut = variable([len(captchaList) * captchaLen], 0.1)
    yConv = tf.matmul(hDropFc, wOut) + bOut
    return yConv


def accuracyGraph(y, yConv, width=len(CAPTCHA_LIST), height=CAPTCHA_LEN):
    """
    偏差计算图，正确值和预测值，计算准确度
    """

    maxPredictIdx = tf.argmax(tf.reshape(yConv, [-1, height, width]), 2)
    maxLabelIdx = tf.argmax(tf.reshape(y, [-1, height, width]), 2)
    correct = tf.equal(maxPredictIdx, maxLabelIdx)      # 判断是否相等
    return tf.reduce_mean(tf.cast(correct, tf.float32))


def train(height=CAPTCHA_HEIGHT, width=CAPTCHA_WIDTH, ySize=len(CAPTCHA_LIST) *
    CAPTCHA_LEN):
    """
    CNN 训练
    """

    accRate = 0.95
```

```python
x = tf.placeholder(tf.float32, [None, height * width])
y = tf.placeholder(tf.float32, [None, ySize])
keepProb = tf.placeholder(tf.float32)
yConv = cnnGraph(x, keepProb, (height, width))
optimizer = optimizeGraph(y, yConv)
accuracy = accuracyGraph(y, yConv)
saver = tf.train.Saver()
with tf.Session() as sess:
    sess.run(tf.global_variables_initializer())    # 初始化
    step = 0                                        # 步数
    while True:
        batchX, batchY = getNextBatch(64)
        sess.run(optimizer, feed_dict={x: batchX, y: batchY, keepProb: 0.75})
        # 每训练 100 次测试一次
        if step % 100 == 0:
            batchXTest, batchYTest = getNextBatch(100)
            acc = sess.run(accuracy, feed_dict={x: batchXTest, y: batchYTest,
                keepProb: 1.0})
            print(datetime.now().strftime('%c'), ' step:', step, ' accuracy:',
                acc)
            # 准确率满足要求，保存模型
            if acc > accRate:
                modelPath = "./model/captcha.model"
                saver.save(sess, modelPath, global_step=step)
                accRate += 0.01
                if accRate > 0.90:
                    break
        step = step + 1
```

```python
train()
```

当完成这部分后，可以通过本地机器对模型进行训练，为了提升训练速度，这里将代码中的 accRate 部分设置为如下所示：

```python
if accRate > 0.90:
    break
```

也就是说，当准确率超过 90% 之后，系统就会自动停止，并且保存模型。

接下来进行模型训练，如图 8-29 所示。

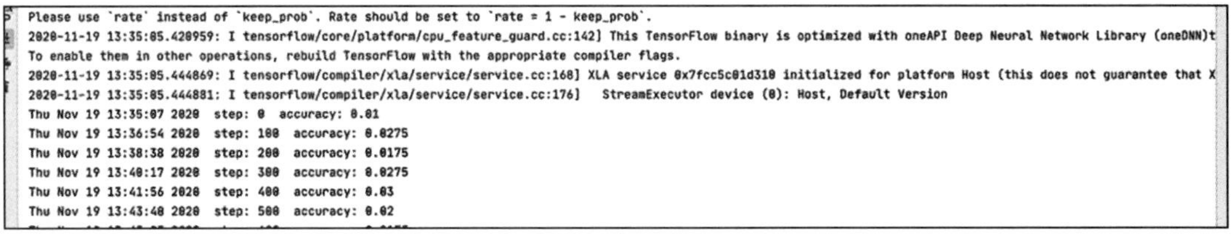

```
Please use `rate` instead of `keep_prob`. Rate should be set to `rate = 1 - keep_prob`.
2020-11-19 13:35:05.420959: I tensorflow/core/platform/cpu_feature_guard.cc:142] This TensorFlow binary is optimized with oneAPI Deep Neural Network Library (oneDNN)t
To enable them in other operations, rebuild TensorFlow with the appropriate compiler flags.
2020-11-19 13:35:05.444869: I tensorflow/compiler/xla/service/service.cc:168] XLA service 0x7fcc5c01d310 initialized for platform Host (this does not guarantee that X
2020-11-19 13:35:05.444881: I tensorflow/compiler/xla/service/service.cc:176]   StreamExecutor device (0): Host, Default Version
Thu Nov 19 13:35:07 2020  step: 0  accuracy: 0.01
Thu Nov 19 13:36:54 2020  step: 100  accuracy: 0.0275
Thu Nov 19 13:38:38 2020  step: 200  accuracy: 0.0175
Thu Nov 19 13:40:17 2020  step: 300  accuracy: 0.0275
Thu Nov 19 13:41:56 2020  step: 400  accuracy: 0.03
Thu Nov 19 13:43:40 2020  step: 500  accuracy: 0.02
```

图 8-29　模型训练过程示例

训练时间可能会比较长，训练完成后，可以根据结果绘图，查看随着次数（Step）增加，准确率的变化曲线（横轴表示训练的次数，纵轴表示准确率），如图 8-30 所示。

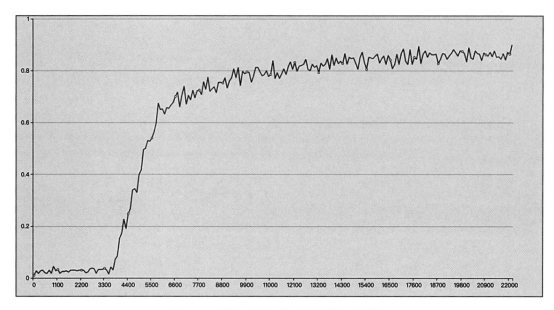

图 8-30　模型训练与准确率可视化效果图

8.3.3　基于 Serverless 架构的验证码识别

将上面的代码部分进一步整合，按照函数计算的规范进行编码：

```python
# -*- coding:utf-8 -*-
# 核心后端服务

import base64
import json
import uuid
import tensorflow as tf
import random
import numpy as np
from PIL import Image
from captcha.image import ImageCaptcha


# Response
class Response:
    def __init__(self, start_response, response, errorCode=None):
        self.start = start_response
        responseBody = {
            'Error': {"Code": errorCode, "Message": response},
        } if errorCode else {
```

```
                'Response': response
        }
        # 默认增加 uuid, 便于后期定位
        responseBody['ResponseId'] = str(uuid.uuid1())
        print("Response: ", json.dumps(responseBody))
        self.response = json.dumps(responseBody)

    def __iter__(self):
        status = '200'
        response_headers = [('Content-type', 'application/json; charset=UTF-8')]
        self.start(status, response_headers)
        yield self.response.encode("utf-8")


CAPTCHA_LIST = [eve for eve in "0123456789abcdefghijklmnopqrsruvwxyzABCDEFGHIJ
    KLMOPQRSTUVWXYZ"]
CAPTCHA_LEN = 4                   # 验证码长度
CAPTCHA_HEIGHT = 60              # 验证码高度
CAPTCHA_WIDTH = 160             # 验证码宽度

# 随机字符串
randomStr = lambda num=5: "".join(random.sample('abcdefghijklmnopqrstuvwxyz', num))


randomCaptchaText = lambda char=CAPTCHA_LIST, size=CAPTCHA_LEN: "".join([random.
    choice(char) for _ in range(size)])
# 图片转为黑白, 3 维转 1 维
convert2Gray = lambda img: np.mean(img, -1) if len(img.shape) > 2 else img
# 验证码向量转为文本
vec2Text = lambda vec, captcha_list=CAPTCHA_LIST: ''.join([captcha_list[int(v)]
    for v in vec])

variable = lambda shape, alpha=0.01: tf.Variable(alpha * tf.random_normal(shape))
conv2d = lambda x, w: tf.nn.conv2d(x, w, strides=[1, 1, 1, 1], padding='SAME')
maxPool2x2 = lambda x: tf.nn.max_pool(x, ksize=[1, 2, 2, 1], strides=[1, 2, 2, 1],
    padding='SAME')
optimizeGraph = lambda y, y_conv: tf.train.AdamOptimizer(1e-3).minimize(
    tf.reduce_mean(tf.nn.sigmoid_cross_entropy_with_logits(labels=y, logits=y_conv)))
hDrop = lambda image, weight, bias, keepProb: tf.nn.dropout(
    maxPool2x2(tf.nn.relu(conv2d(image, variable(weight, 0.01)) + variable(bias,
        0.1))), keepProb)


def genCaptchaTextImage(width=CAPTCHA_WIDTH, height=CAPTCHA_HEIGHT, save=None):
    image = ImageCaptcha(width=width, height=height)
    captchaText = randomCaptchaText()
    if save:
        image.write(captchaText, save)
    return captchaText, np.array(Image.open(image.generate(captchaText)))


def text2Vec(text, captcha_len=CAPTCHA_LEN, captcha_list=CAPTCHA_LIST):
```

```python
"""
验证码文本转为向量
"""
vector = np.zeros(captcha_len * len(captcha_list))
for i in range(len(text)):
    vector[captcha_list.index(text[i]) + i * len(captcha_list)] = 1
return vector


def getNextBatch(batch_count=60, width=CAPTCHA_WIDTH, height=CAPTCHA_HEIGHT):
    """
    获取训练图片组
    """
    batch_x = np.zeros([batch_count, width * height])
    batch_y = np.zeros([batch_count, CAPTCHA_LEN * len(CAPTCHA_LIST)])
    for i in range(batch_count):
        text, image = genCaptchaTextImage()
        image = convert2Gray(image)
        # 将图片数组 1 维化，同时将文本也对应在两个 2 维组的同一行
        batch_x[i, :] = image.flatten() / 255
        batch_y[i, :] = text2Vec(text)
    return batch_x, batch_y


def cnnGraph(x, keepProb, size, captchaList=CAPTCHA_LIST, captchaLen=CAPTCHA_LEN):
    """
    三层卷积神经网络
    """
    imageHeight, imageWidth = size
    xImage = tf.reshape(x, shape=[-1, imageHeight, imageWidth, 1])

    hDrop1 = hDrop(xImage, [3, 3, 1, 32], [32], keepProb)
    hDrop2 = hDrop(hDrop1, [3, 3, 32, 64], [64], keepProb)
    hDrop3 = hDrop(hDrop2, [3, 3, 64, 64], [64], keepProb)


    # 全连接层
    imageHeight = int(hDrop3.shape[1])
    imageWidth = int(hDrop3.shape[2])
    wFc = variable([imageHeight * imageWidth * 64, 1024], 0.01)
                                # 上一层有 64 个神经元，全连接层有 1024 个神经元
    bFc = variable([1024], 0.1)
    hDrop3Re = tf.reshape(hDrop3, [-1, imageHeight * imageWidth * 64])
    hFc = tf.nn.relu(tf.matmul(hDrop3Re, wFc) + bFc)
    hDropFc = tf.nn.dropout(hFc, keepProb)


    # 输出层
    wOut = variable([1024, len(captchaList) * captchaLen], 0.01)
    bOut = variable([len(captchaList) * captchaLen], 0.1)
```

```
        yConv = tf.matmul(hDropFc, wOut) + bOut
        return yConv


def captcha2Text(image_list):
    """
验证码图片转化为文本
    """
    with tf.Session() as sess:
        saver.restore(sess, tf.train.latest_checkpoint('model/'))
        predict = tf.argmax(tf.reshape(yConv, [-1, CAPTCHA_LEN, len(CAPTCHA_
            LIST)]), 2)
        vector_list = sess.run(predict, feed_dict={x: image_list, keepProb: 1})
        vector_list = vector_list.tolist()
        text_list = [vec2Text(vector) for vector in vector_list]
        return text_list


x = tf.placeholder(tf.float32, [None, CAPTCHA_HEIGHT * CAPTCHA_WIDTH])
keepProb = tf.placeholder(tf.float32)
yConv = cnnGraph(x, keepProb, (CAPTCHA_HEIGHT, CAPTCHA_WIDTH))
saver = tf.train.Saver()


def handler(environ, start_response):
    try:
        request_body_size = int(environ.get('CONTENT_LENGTH', 0))
    except (ValueError):
        request_body_size = 0
    requestBody = json.loads(environ['wsgi.input'].read(request_body_size).
        decode("utf-8"))

    imageName = randomStr(10)
    imagePath = "/tmp/" + imageName

    print("requestBody: ", requestBody)

    reqType = requestBody.get("type", None)
    if reqType == "get_captcha":
        genCaptchaTextImage(save=imagePath)
        with open(imagePath, 'rb') as f:
            data = base64.b64encode(f.read()).decode()
        return Response(start_response, {'image': data})

    if reqType == "get_text":
        # 图片获取
        print("Get pucture")
        imageData = base64.b64decode(requestBody["image"])
        with open(imagePath, 'wb') as f:
            f.write(imageData)
```

```
# 开始预测
img = Image.open(imageName)
img = img.resize((160, 60), Image.ANTIALIAS)
img = img.convert("RGB")
img = np.asarray(img)
image = convert2Gray(img)
image = image.flatten() / 255
return Response(start_response, {'result': captcha2Text([image])})
```

这个函数中主要包括两个接口。

- 获取验证码：用户测试使用，生成验证码。
- 获取验证码识别结果：用户识别使用，识别验证码。

这部分代码需要的依赖内容如下：

```
tensorflow==1.13.1
numpy==1.19.4
scipy==1.5.4
pillow==8.0.1
captcha==0.3
```

准备好代码后，开始编写部署文件：

```
edition: 1.0.0
name: ServerlessBook
provider: alibaba
access: anycodes_release

services:
    ServerlessBookChristmasHatDemo:
        component: devsapp/fc
        actions:
            pre-deploy:
                - run: s ServerlessBookCaptchaDemo install docker
                  path: ./src/backend
        props:
            region: cn-hongkong
            service:
                name: serverless-book-case
                description: Serverless 实践图书案例
                vpcConfig: auto
                logConfig: auto
                nasConfig: auto
            function:
                name: serverless_captcha
                description: 验证码识别
                codeUri:
                    src: ./src/backend
                    excludes:
                        - src/backend/.fun
```

```
                - src/backend/model
        handler: index.handler
        environmentVariables:
            PYTHONUSERBASE: /mnt/auto/.fun/python
        memorySize: 3072
        runtime: python3
        timeout: 60
    triggers:
        - name: ImageAI
          type: http
          config:
                authType: anonymous
                methods:
                    - GET
                    - POST
                    - PUT
    customDomains:
        - domainName: auto
          protocol: HTTP
          routeConfigs:
                - path: /*
                  serviceName: serverless-book-case
                  functionName: serverless_captcha
```

整体的目录结构如图 8-31 所示。

图 8-31　Serverless 架构下的项目目录

完成后，可以在项目目录下进行项目的部署：

```
s deploy
```

部署完成后，可以在本地通过前端技术编写一个便于测试的验证码识别测试系统，如图 8-32 所示。

图 8-32　验证码识别测试功能

点击"获取验证码"，即可在线生成一个验证码，如图 8-33 所示。

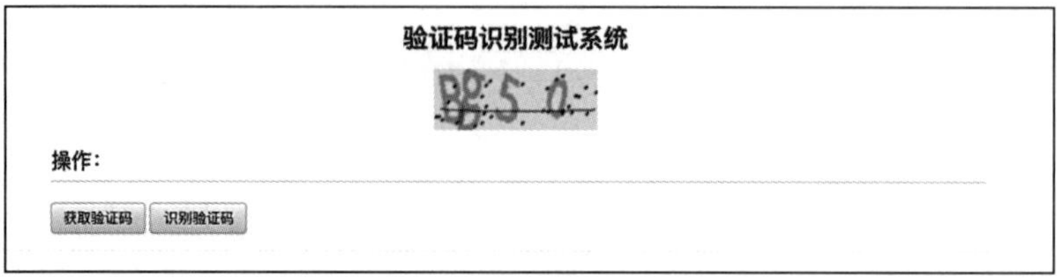

图 8-33　验证码识别测试生成验证码

此时点击"识别验证码"，即可进行验证码识别，如图 8-34 所示。

图 8-34　验证码识别测试识别验证码

由于模型在训练的时候，填写的目标准确率是 90%，所以可以认为在海量同类型验证码测试之后，整体的准确率在 90% 左右。

8.3.4　总结

Serverless 发展迅速，我觉得，在未来的数据采集等工作中，通过 Serverless 做一个优美的验证码识别工具是非常必要的。当然，验证码种类很多，针对不同类型的验证码进行验证、识别，也是一项非常有挑战性的工作。

8.4　函数计算与对象存储实现 WordCount

Serverless 架构可以在很多领域发挥极具价值的作用，包括监控告警、人工智能、图像处理、音视频处理等。同样，在大数据领域，Serverless 架构仍然可以有良好的表现。以大数据常见的入门案例——WordCount 为例，可以依靠 Serverless 架构实现一个 Serverless 版本的 MapReduce。

MapReduce 在百度百科中的解释如下：

MapReduce 是一种编程模型，用于大规模数据集（大于 1TB）的并行运算。Map（映射）和 Reduce（归约），是其主要思想，它们都是从函数式编程语言里借来的，还有从矢量编程语言里借来的特性。Mapreduce 极大地方便了编程人员在不会分布式并行编程的情况下，将自己的程序运行在分布式系统上。当前的软件实现是指定一个 **Map**（映射）函数，用来把一组键值对映射成一组新的键值对，指定并发的 **Reduce**（归约）函数，用来保证所有映射的键值对中的每一对共享相同的键组。

通过这段描述，可以明确 MapReduce 是面向大数据并行处理的计算模型、框架和平台。在传统学习中，通常会在 Hadoop 等分布式框架下进行 MapReduce 相关工作。随着云计算的逐渐发展，各个云厂商也都先后推出了在线的 MapReduce 业务。

本节将通过 MapReduce 模型实现一个简单的 WordCount 算法。区别于传统使用 Hadoop 等大数据框架，本节会使用对象存储与函数计算的结合体，即搭建在 Serverless 架构上的 MapReduce 模型。

8.4.1　理论基础

根据 MapReduce 模型，基于 Serverless 架构，将存储部分替换为对象存储，将计算部分替换成函数计算，绘制 Serverless 架构版本的 MapReducde 流程简图，如图 8-35 所示。

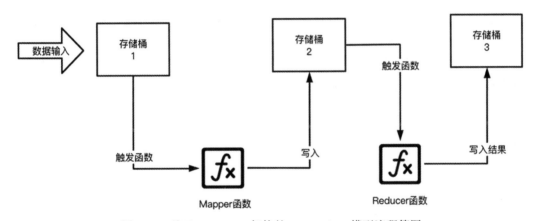

图 8-35　基于 Serverless 架构的 MapReduce 模型流程简图

在流程图中可以看到，需要 2 个函数，分别作为 Mapper 和 Reducer，以及 3 个对象存储的存储桶，分别作为输入的存储桶、中间临时缓存的存储桶以及结果的存储桶。以阿里云函数计算为例，在项目开始之前，先准备 3 个对象存储。

- 对象存储 1：serverless-book-mr-origin。
- 对象存储 2：serverless-book-mr-middle。
- 对象存储 3：serverless-book-mr-target。

为了让整个 Mapper 和 Reducer 的逻辑更加清晰，先对传统的 WordCount 结构进行改造，使其可以和 Serverless 架构下的 FaaS 平台更好地适配。Mapper 和 Reducer 的工作原理可以简化为如图 8-36 所示结构。

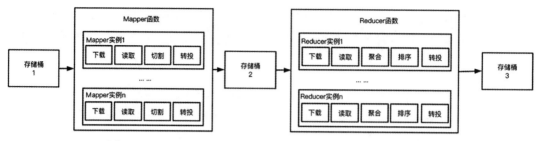

图 8-36 基于 Serverless 架构的 MapReduce 模型工作原理简图

8.4.2 功能实现

编写 Mapper 相关逻辑。通过存储桶 1（即输入的存储桶）触发 Mapper 函数，然后通过 Mapper 函数完成如下步骤：

- 通过事件信息，确定对象存储中的对象内容，并将文件缓存到函数实例中；
- 读取被缓存文件；
- 对文件内容进行切割；
- 将结果生成 <Key, Value> 形式（完成映射关系），并将结果存储到存储桶 2（即中间临时缓存的存储桶）。

Mapper 的实现逻辑基本上与传统 MapReduce 的逻辑类似，只是读取数据以及存储数据的过程会变成通过对象存储进行下载对象和上传对象的过程：

```python
# -*- coding: utf8 -*-
import datetime
import oss2
import re
import os
import sys
import json
import logging

logging.basicConfig(level=logging.INFO, stream=sys.stdout)
logger = logging.getLogger()
logger.setLevel(level=logging.INFO)
auth = oss2.Auth('<AccessKeyID>', '<AccessKeySecret>')
source_bucket = oss2.Bucket(auth, 'http://oss-cn-hangzhou.aliyuncs.com', 'serverless-
    book-mr-origin')
middle_bucket = oss2.Bucket(auth, 'http://oss-cn-hangzhou.aliyuncs.com', 'serverless-
    book-mr-middle')


def delete_file_folder(src):
    if os.path.isfile(src):
        try:
```

```python
                os.remove(src)
            except:
                pass
        elif os.path.isdir(src):
            for item in os.listdir(src):
                itemsrc = os.path.join(src, item)
                delete_file_folder(itemsrc)
            try:
                os.rmdir(src)
            except:
                pass


def download_file(key, download_path):
    logger.info("Download file [%s]" % (key))
    try:
        source_bucket.get_object_to_file(key, download_path)
    except Exception as e:
        print(e)
        return -1
    return 0


def upload_file(key, local_file_path):
    logger.info("Start to upload file to oss")
    try:
        middle_bucket.put_object_from_file(key, local_file_path)
    except Exception as e:
        print(e)
        return -1
    logger.info("Upload data map file [%s] Success" % key)
    return 0


def do_mapping(key, middle_file_key):
    src_file_path = u'/tmp/' + key.split('/')[-1]
    middle_file_path = u'/tmp/' + u'mapped_' + key.split('/')[-1]
    download_ret = download_file(key, src_file_path)  # download src file
    if download_ret == 0:
        inputfile = open(src_file_path, 'r')    # open local /tmp file
        mapfile = open(middle_file_path, 'w')   # open a new file write stream
        for line in inputfile:
            line = re.sub('[^a-zA-Z0-9]', ' ', line)   # replace non-alphabetic/
                                                       # number characters
            words = line.split()
            for word in words:
                mapfile.write('%s\t%s' % (word, 1))    # count for 1
                mapfile.write('\n')
        inputfile.close()
        mapfile.close()
```

```
        upload_ret = upload_file(middle_file_key, middle_file_path)
            # upload the file's each word
        delete_file_folder(src_file_path)
        delete_file_folder(middle_file_path)
        return upload_ret
    else:
        return -1


def map_caller(event):
    key = event["events"][0]["oss"]["object"]["key"]
    logger.info("Key is " + key)
    middle_file_key = 'middle_' + key.split('/')[-1]
    return do_mapping(key, middle_file_key)


def handler(event, context):
    logger.info("start main handler")
    start_time = datetime.datetime.now()
    res = map_caller(json.loads(event.decode("utf-8")))
    end_time = datetime.datetime.now()
    print("data mapping duration: " + str((end_time - start_time).microseconds /
        1000) + "ms")
    if res == 0:
        return "Data mapping SUCCESS"
    else:
        return "Data mapping FAILED"
```

同样的方法，建立 reducer.py 文件，编写 Reducer 逻辑。

在传统架构下的 MapReduce 模型中，在 Map 处理完之后，Reduce 节点会将各个 Map 节点上属于自己的数据复制到内存缓冲区中，将数据合并成一个大的数据集，并且按照 Key 值进行聚合，再把聚合后的 Value 值作为 Iterable（迭代器）交给用户使用。这些数据经过用户自定义的 Reduce 函数进行处理之后，同样会以链值对的形式输出，默认输出到 HDFS 上的文件。

在 Serverless 架构下，Reducer 的逻辑与传统架构下 MapReduce 模型中 Reducer 的逻辑基本类似，首先每个 Reduce 节点对应的就是 Reducer 函数的每个实例，而 Reducer 函数的主要工作是通过存储桶 2（即中间临时缓存的存储桶）的触发下载 Mapper 函数处理完成的数据（类似于传统架构下 Reduce 节点会将各个 Map 节点上属于自己的数据复制到内存缓冲区中的过程），然后继续实现传统架构下 Reduce 的聚合逻辑和排序逻辑，最终将结果存储到存储桶 3（即结果的存储桶）中。该部分函数的逻辑代码如下：

```
# -*- coding: utf8 -*-
import oss2
from operator import itemgetter
import os
```

```
import sys
import json
import datetime
import logging

logging.basicConfig(level=logging.INFO, stream=sys.stdout)
logger = logging.getLogger()
logger.setLevel(level=logging.INFO)
auth = oss2.Auth('<AccessKeyID>', '<AccessKeySecret>')
middle_bucket = oss2.Bucket(auth, 'http://oss-cn-hangzhou.aliyuncs.com', 'serverless-
    book-mr-middle')
target_bucket = oss2.Bucket(auth, 'http://oss-cn-hangzhou.aliyuncs.com', 'serverless-
    book-mr-target')


def delete_file_folder(src):
    if os.path.isfile(src):
        try:
            os.remove(src)
        except:
            pass
    elif os.path.isdir(src):
        for item in os.listdir(src):
            itemsrc = os.path.join(src, item)
            delete_file_folder(itemsrc)
        try:
            os.rmdir(src)
        except:
            pass


def download_file(key, download_path):
    logger.info("Download file [%s]" % (key))
    try:
        middle_bucket.get_object_to_file(key, download_path)
    except Exception as e:
        print(e)
        return -1
    return 0


def upload_file(key, local_file_path):
    logger.info("Start to upload file to oss")
    try:
        target_bucket.put_object_from_file(key, local_file_path)
    except Exception as e:
        print(e)
        return -1
    logger.info("Upload data map file [%s] Success" % key)
    return 0
```

```python
def alifc_reducer(key, result_key):
    word2count = {}
    src_file_path = u'/tmp/' + key.split('/')[-1]
    result_file_path = u'/tmp/' + u'result_' + key.split('/')[-1]
    download_ret = download_file(key, src_file_path)
    if download_ret == 0:
        map_file = open(src_file_path, 'r')
        result_file = open(result_file_path, 'w')
        for line in map_file:
            line = line.strip()
            word, count = line.split('\t', 1)
            try:
                count = int(count)
                word2count[word] = word2count.get(word, 0) + count
            except ValueError:
                logger.error("error value: %s, current line: %s" % (ValueError,
                    line))
                continue
        map_file.close()
        delete_file_folder(src_file_path)
        sorted_word2count = sorted(word2count.items(), key=itemgetter(1))[::-1]
        for wordcount in sorted_word2count:
            res = '%s\t%s' % (wordcount[0], wordcount[1])
            result_file.write(res)
            result_file.write('\n')
        result_file.close()
        upload_ret = upload_file(result_key, result_file_path)
        delete_file_folder(result_file_path)
        return upload_ret
    else:
        return -1


def reduce_caller(event):
    key = event["events"][0]["oss"]["object"]["key"]
    logger.info("Key is " + key)
    result_key = 'result_' + key.split('/')[-1]
    return alifc_reducer(key, result_key)


def handler(event, context):

    logger.info("start main handler")
    start_time = datetime.datetime.now()
    res = reduce_caller(json.loads(event.decode("utf-8")))
    end_time = datetime.datetime.now()
    print("data reducing duration: " + str((end_time - start_time).microseconds /
        1000) + "ms")

    if res == 0:
```

```
        return "Data reducing SUCCESS"
    else:
        return "Data reducing FAILED"
```

当完成 Mapper 函数和 Reducer 函数的核心逻辑后，可以在函数控制台创建对应的函数，如图 8-37 所示。

创建完函数后，还需要创建三个存储桶，分别用来存储源文件、中间临时文件以及最终结果文件，如图 8-38 所示。

完成存储桶和函数计算的建设之后，还需要针对存储桶和函数计算进行关系对应：

- Mapper 函数配置对象存储触发器，关联存储桶 serverless-book-mr-origin；
- Reducer 函数配置对象存储触发器，关联存储桶 serverless-book-mr-middle。

图 8-37　阿里云函数计算函数列表

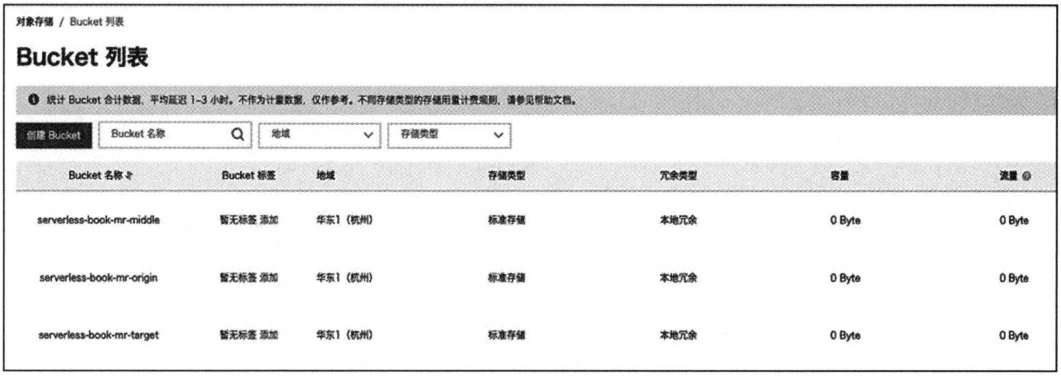

图 8-38　阿里云对象存储桶列表

8.4.3　测试体验

当完成业务逻辑的开发以及项目部署后，可以进行基于 Serverless 架构的 MapReduce 模型的测试工作。此时，准备一个英文短文，并将该短文作为源数据输入，目的是通过

MapReduce 模型实现该短文的 WordCount，如图 8-39 所示。

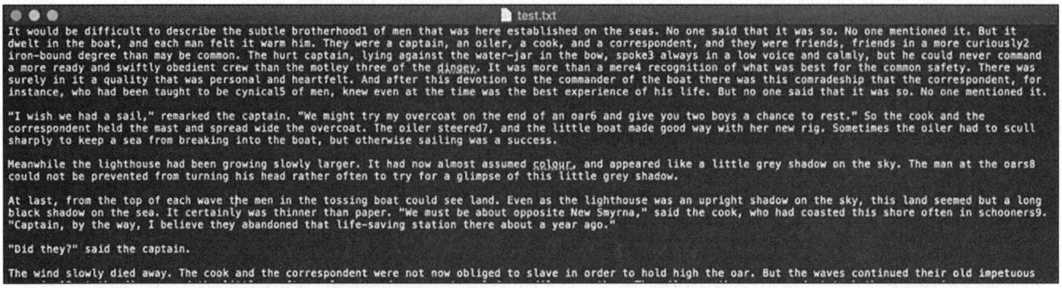

图 8-39　待进行 WordCount 文本示例

然后，将短文上传到存储桶 serverless-book-mr-origin，如图 8-40 所示。

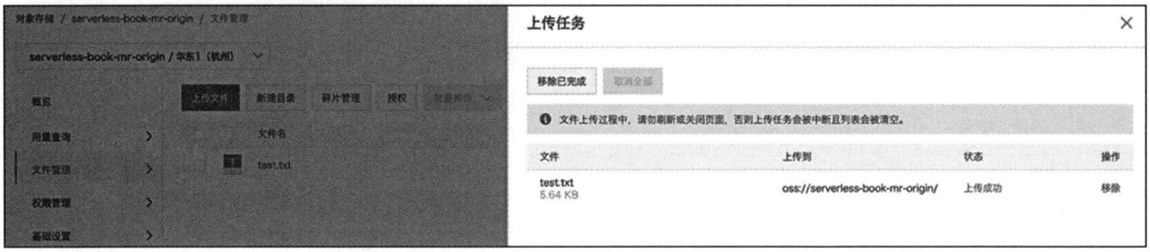

图 8-40　测试文本上传至存储桶

上传完成后，Mapper 函数会被触发，当 Mapper 函数执行完成之后，可以看到存储桶 serverless-book-mr-middle 中生成了临时的缓存文件，如图 8-41 所示。

图 8-41　WordCount 案例 Mapper.py 函数执行结果

当缓存文件被投递到存储桶 serverless-book-mr-middle 中时，说明 Reducer 函数在对象存储触发器的触发下，已经开始了异步工作的流程。稍等片刻，在 Reducer 函数执行完成后，可以在存储桶 serverless-book-mr-target 中看到最终生成的文档，即通过 Serverless 架构实现的 MapReduce 模型最终生成的 WordCount 文件。

如图 8-42 所示，在这个文件中，已经顺利地统计出了原始短文中的词频。至此，我们就完成了基于 Serverless 架构的 MapReduce 模型的建设，并完成了词频统计功能。

图 8-42　WordCount 案例 Reducer.py 函数执行结果

8.4.4　总结

其实用 Serverless 架构做大数据处理相对容易，通过本实例，希望读者可以对 Serverless 架构的应用场景有更多启发。本实例将多个函数部署在同一个服务下，通过 3 个存储桶和 2 个函数联动，完成一个 MapReduce 功能。在实际生产中，每个项目都不会是单独使用某个函数，而是组合应用多个函数，形成一个 Service 体系。希望读者们可以将云函数和不同触发器进行组合，应用在更多领域以及业务中。

Chapter 9 | 第 9 章

Serverless 架构在前端领域的应用

本章将介绍 Serverless 在前端领域的应用。

9.1 初识 Serverless SSR

很多前端工程师将 Serverless 架构的出现视为"前端的新机遇",因为在 Serverless 的加持下,前端工程师可实现华丽转身,成为"全栈工程师"。

其实在 Serverless 架构出现之前,前端的技术和架构就在飞速地演进,如图 9-1 所示。从 WWW 开始,到 Microsoft Outlook 的 AJAX,是引起前端技术第一次革命的一个重要的转折点,以此为契机,网站具备了动态性,前端工程师的能力模型逐渐从 UI 向逻辑和数据倾斜;紧接着,Node.js 消除了前后端编程语言之间的壁垒,使前端开发人员能够以相对较小的成本跨界开发;接下来,React 在"革命性"的道路上又迈出了一小步,在 React 之前,前端是围绕 DOM 的,而在 React 之后是面向数据的。现在,Serverless 架构出现了,Serverless 拥有的特性,进一步与前端技术碰撞,带来了巨大的机遇。许多人认为 Serverless 架构让前端可以进一步解放生产力,可以更快、更好、更灵活地开发各种端上应用,而不需要花费太多精力来关注后端服务的实现。

以 SSR 技术为例,在 Serverless 架构下,前端团队不需要关注 SSR 服务器的部署、运维和扩容,可以极大地减少部署运维成本,从而更好地聚焦于业务开发,提高开发效率。此外,前端团队也不必担心 SSR 服务器的性能问题,从生产力的释放到性能的提升,更为明显地降本提效。

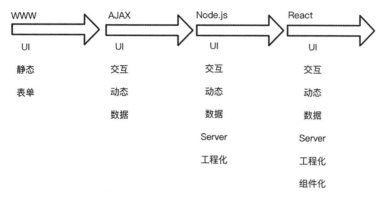

图 9-1 前端技术发展简史

9.1.1 Serverless 与 SSR

服务端渲染（Server-Side Render，SSR）的原理很简单，就是服务端直接渲染出 HTML 字符串模板，浏览器可以直接解析该字符串模板以显示页面，因此首屏的内容不再依赖 JavaScript 的渲染（即客户端渲染，CSR）。

使用 SSR 技术可以实现 HTML 直出，即浏览器可以直接通过解析该字符串模板来显示页面，因此其天然的优势表现在首屏加载时间更短。此外，由于 SSR 向浏览器输出的是完备的 HTML 字符串，使得搜索引擎能够抓取到真实的内容，因此，SSR 更有利于搜索引擎优化（Search Engine Optimiz ation，SEO）。

当然，使用 SSR 所付出的明显的代价是将会产生更多服务器端负载。由于 SSR 需要依赖 Node.js 服务渲染页面，显然会比仅提供静态文件的 CSR 应用占用更多的服务器 CPU 资源。例如，React 的 renderToString() 方法是同步 CPU 绑定调用，这就意味着在它完成之前，服务器不能处理其他请求。因此在高并发场景中，使用 SSR 技术需要准备相应的服务器负载，并且做好缓存策略。

然而，在 Serverless 架构下，SSR 会使服务器负担大的劣势被天然地解决掉了。因为 Serverless 架构本身的请求级隔离、按量付费，以及弹性伸缩能力，可以让 SSR 技术在 Serverless 架构下发挥出更大的价值，实现更优秀的性能，并且付出更低的成本。接下来我们将以阿里云函数计算为例，通过 ssr 脚手架，快速地部署一个基于 Serverless 架构的 SSR 应用。

首先，我们需要了解 ssr 脚手架工具：ssr 框架。

ssr 框架是为解决服务端渲染而打造的前端框架。该框架脱胎于 egg-react-ssr 项目（https:// github.com/ykfe/egg-react-ssr）和 ssr 4.3 版本（midway-faas + react ssr），在二者的基础上做了诸多演进，以插件化的代码组织形式，支持任意服务端框架与任意前端框架组合使用。开发者可以选择采用 Serverless 方式或是传统 Node.js 形式进行部署。ssr 框架专注于在 Serverless 场景中提高 SSR 应用的开发体验，打造了一站式的开发、发布应用服务的功能，极大地提高了开发者的开发体验，将应用的开发与部署成本降到最低。

在最新的 5.0 版本中，ssr 框架同时支持 React 和 Vue 的 SSR，并且提供了一键以 Serverless 的形式发布上云的功能。对比传统应用的开发流程和 Serverless 应用的开发流程可以看出，ssr 框架与传统应用开发流程相比有着得天独厚的优势，与 Serverless 应用开发流程相比，ssr 应用的开发体验更加精确和舒适。

传统应用的开发流程如图 9-2 所示。

图 9-2　传统应用的开发流程

Serverless 应用的开发流程如图 9-3 所示。

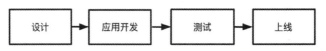

图 9-3　Serverless 应用的开发流程

基于 ssr 脚手架开发 Serverless SSR 应用的开发流程如图 9-4 所示。

图 9-4　基于 ssr 脚手架的 Serverless SSR 应用开发流程

为了更好地体验 Serverless 与 SSR 应用的结合，我们可以通过 ssr 框架，在阿里云函数计算上快速部署一个 SSR 应用。首先，我们通过 npm init 初始化一个 Serverless SSR 项目：

```
npm init ssr-app my-ssr-project --template=serverless-react-ssr
```

初始化完成，可以看到成功信息如图 9-5 所示。

```
npx: 59 安装成功, 用时 12.116 秒
 ssr-with-js 应用创建中...
remote: Enumerating objects: 153, done.
remote: Counting objects: 100% (153/153), done.
remote: Compressing objects: 100% (102/102), done.
remote: Total 3963 (delta 81), reused 111 (delta 49), pack-reused 3810
Receiving objects: 100% (3963/3963), 3.01 MiB | 951.00 KiB/s, done.
Resolving deltas: 100% (2433/2433), done.
From https://github.com/ykfe/egg-react-ssr
 * branch            dev        -> FETCH_HEAD
 * [new branch]      dev        -> origin/dev
 cd my-ssr-project-test
 npm install (or `yarn`)
 npm start (or `yarn start`)
```

图 9-5　Serverless SSR 项目初始化

初始化完成后，我们需要在项目目录下安装必要的依赖：

```
npm i
```

安装依赖完成之后，可以进行本地开发、调试等工作。

在本地开发、调试等工作完成之后，可以快速将该 SSR 应用部署到阿里云函数计算上：

```
npm run deploy
```

这个过程需要阿里云函数计算的开发者工具 Funcraft 的参与，在 SSR 应用部署完成之后，可以在命令行中看到部署的结果信息，如图 9-6 所示。

```
            triggerName: http-ssr
            methods: [ 'GET', 'PUT', 'POST', 'DELETE', 'HEAD' ]
            trigger http-ssr deploy success
        function ssr deploy success
service serverless-vue-ssr-spa deploy success

Detect 'DomainName:Auto' of custom domain 'midway_auto_domain'
Request a new temporary domain ...
The assigned temporary domain is http://44595844-1583208943291465.test.functioncompute.com, expired at 2021-03-11 18:50:44, limited by 1000 per day.
Waiting for custom domain midway_auto_domain to be deployed...
custom domain midway_auto_domain deploy success
```

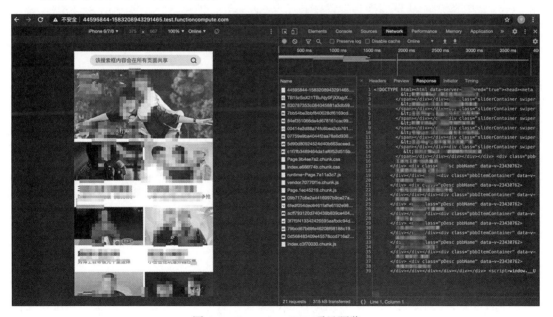

图 9-6　Serverless SSR 项目部署

使用命令行中返回的测试域名，可以在浏览器中体验如图 9-7 所示的效果。

图 9-7　Serverless SSR 项目预览

至此，我们使用 ssr 框架将一个 Serverless SSR 应用部署到了阿里云函数计算上。

9.1.2　总结

阿里巴巴前端技术专家狼叔曾在知乎上回答“前端为什么要关注 Serverless?”，他回答道：到 2020 年，基于 FaaS 的渲染已经得到了广泛的认可。与此同时，大量的基于 Node.js 的服务于前端的后端（Backend For Frontend，BFF）应用急需治理。BFF 与当年的微服务一样，产生太多了就会影响管理成本，而在这种情况下，Serverless 是一个中台内敛的极好解决方案。对于前端，SSR 使开发变得简单，基于 FaaS 的 SSR 应用又能很好地收敛和治理 BFF 应用，并且与 WebIDE 相结合，一个非常轻量级的基于 Serverless 的前端研发时代已经来临了。

然而，Serverless 架构带给开发者的不仅是对诸多开发思路、角色和工作重心的转变，实际上还有对整个技术体系的革新。正如加州大学伯克利分校的文章 *Cloud Programming Simplified: A Berkeley View on Serverless Computing* 中所说：Serverless 是一种更安全、更易用的编程方式，它不仅具有高级语言的抽象能力，而且具有良好的细粒度的隔离性。由于更安全和更易用，Serverless 架构不仅为前端人员带来了更多的机会，同样也为后端研发、运维人员，甚至更多角色带来了更多的转变机会。与其说 Serverless 将会成为云时代默认的计算范式，将会取代 Serverful，意味着服务器 - 客户端模式的终结，不如说 Serverless 将会在云时代受到更多人的关注，将会为更多的行业和角色带来新的机遇，意味着行业技术的革新、传统开发模式的升级，以及整个技术架构的再一次进步。

本节使用 ssr 框架在阿里云函数计算上部署 Serverless SSR 应用，将 Serverless 与 SSR 相结合，希望读者能够更好地理解前端技术与 Serverless 的结合，充分利用 Serverless 架构的优势来为业务赋能，进一步降本提效。

9.2 Serverless 架构下的前后端一体化

天下大势，分久必合，合久必分。其实，技术的发展也遵循此规律。以 Web 应用的前后端为例，从前后端一体化到前后端分离，是为了解决高可用、高并发的问题；从前后端分离到前后端一体化，则是在 Serverless 架构的支持下，自然地解决了高可用、高并发等问题，同时使业务逻辑变得更具整体性，更易于开发，让开发者可以更专注于业务逻辑，提高整体的效率。

本节我们将通过阿里云函数计算和 Midway Serverless 工具，对前后端一体化应用进行探索。

9.2.1 前后端一体化的发展

早些时候，一些业务的开发没有前后端概念，或者说是前后端是一体化的，工程师更多关注的是业务逻辑的开发；但是随着时间的推移、技术的进步和业务需求的变更，高可用、高并发逐渐成了前后端一体化项目的瓶颈。为了更好地解决前后端一体化中高可用、高并发的问题，前后端逐渐分离，也逐渐有了更加明确的分工。前后端分离后的 Web 结构简图如图 9-8 所示。

图 9-8　前后端项目分离

前后端分离的最大好处是可以解决高可用、高并发的问题；同时，前端工程师可以更好地关注页面的还原，以及页面的逻辑，后端工程师可以更关注后端接口的稳定性，运维人员则可以更关注整体业务的稳定性。

但是，事实并非如此。前后端的分离，虽然在一定程度上解决了高并发、高可用的问题，却带来了更严重的问题：原本一体化的应用逻辑从此划分为前端逻辑和后端逻辑，产生了割裂，过去，前后端之间的界限往往是模糊的，分离之后开发联调的成本提高了，业务上线周期也因此进一步延长了；另外，前后端技术发展速度可能不均衡，这也给整个业务的迭代带来了极大的负面影响，前后端的代码抽象程度也随之提高，后期维护的复杂度也变得更高，因此运维成本也因前后端的分离而进一步增加了。

前后端的分离解决了一个问题，却带来了更多问题。而这些额外带来的问题，往往也是当今许多 Web 项目面临的问题。

随着 Serverless 架构的不断演进，其逐渐对前后端一体化的发展起到了促进作用。从前后端一体化到前后端分离是为了解决高可用、高并发的问题，而 Serverless 架构凭借着函数计算的弹性自然地解决了这些问题。同时，函数计算本身可以让业务开发者更关注业务逻辑，按量付费模式使函数计算具有成本更低的优势。因此，前后端一体化再次被人所关注。随着 Serverless 技术的不断发展，前后端一体化技术也再次成了众多开发者，尤其是前端开发者关注的焦点。基于 Serverless 架构的前后端一体化如图 9-9 所示。

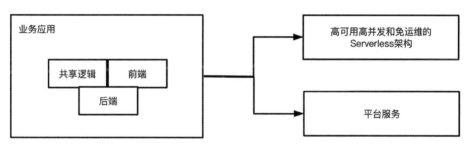

图 9-9　基于 Serverless 架构的前后端一体化

在基于 Serverless 架构的前后端一体化项目中，业务应用层主要包括前端、后端和共享逻辑三个部分：

- 前端即用户的页面，一些静态资源部分；
- 后端即一些业务逻辑的接口，可以对数据库进行增删改查操作，也可以处理一些计算任务；
- 所谓共享逻辑，是指前后端的共享逻辑，过去由于前后端分裂，很难做到前后端层面的代码抽象，在前后端融合后，这件事变得简单且自然。

基于 Serverless 架构的前后端一体化项目在享用 Serverless 架构的技术红利的同时，也进一步推动了前端技术的发展，同时也逐渐引导前端角色向全栈开发角色转型。阿里巴巴 Midway FaaS 项目以前后端一体化为核心，在其 Mydway Serverless2.0 的发布会上，曾以"全栈"为题，讲述基于 Serverless 架构的 Midway Serverless 前后端一体化的全栈解决方案，如图 9-10 所示。

在 Midway Serverless 方案中，我们可以明显看到三个核心点：

- 同仓库、同依赖、同命令；
- 共享 src、类型、代码；
- 一起开发、一起部署。

Serverless 架构下的前后端一体化项目发展至今，不仅局限于从前端到后端，也为打通从前端到后端再到数据库的全链路而不断努力，从而实现全链路类型的安全方案。例如 Prisma 可以实现数据库中的一个 user 表通过 TypeScirpt 映射到后端和前端的类型校验上，如图 9-11 所示。

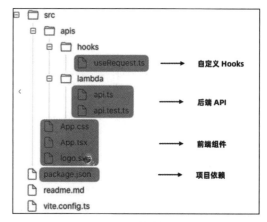

图 9-10　基于 Serverless 架构的 Midway FaaS 前后端一体化的全栈解决方案

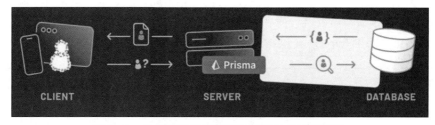

图 9-11　从前端到后端再到数据库的全链路打通

9.2.2　Serverless 与前后端一体化

基于 Serverless 架构的前后端一体化项目，可以根据业务需求的不同而组合使用不同的产品来完成，例如依靠函数计算和存储产品实现业务需求，如图 9-12 所示。

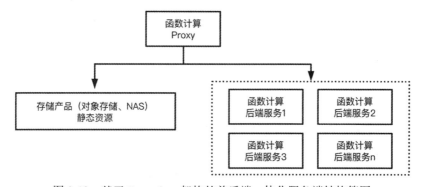

图 9-12　基于 Serverless 架构的前后端一体化服务端结构简图

这种架构非常简单，只需要将函数计算与对应的存储产品结合，即可实现前后端一体化的部署。

但是，通过函数计算建设 Proxy 层存在一定的不合理性：通过对象存储、CDN 等暴露的静态资源产生的流量费用，要比通过函数计算暴露产生的流量费用低很多；函数计算在当前环境下存在冷启动的情况，因此通过函数计算建设 Proxy 层会产生性能问题。

如果需要对上述架构进行优化，我们可以加入 API 网关或者 CDN 等产品，如图 9-13 所示。

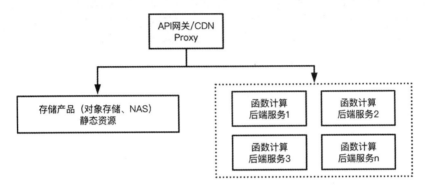

图 9-13　基于 Serverless 架构的前后端一体化服务端结构简图

通过 API 网关或 CDN 建设 Proxy 可以实现分流，在一定程度上保证了性能。部分厂商的 CDN 具有边缘 FaaS 能力，如果可以在部分节点进行后端服务的运行反馈，整体性能将进一步提高。

当基于 Serverless 架构的前后端一体化项目实现时，我们不需要自己建设整体的后端服务架构，也不需要自己制定客户端资源描述规范，因为目前已经有相当数量的基于 Serverless 架构的前后端一体化项目工具（包括脚手架、项目开发、项目部署、后期运维等全生命周期的功能支持）帮助我们一键部署前后端一体化应用。阿里巴巴开源的 Midway Serverless 项目就是一个比较典型的例子。接下来我们以 Midway Serverless 工具为例，部署一个前后端一体化应用。

在使用 Midway Serverless 工具之前，首先需要安装工具：

```
npm install @midwayjs/cli -g --registry=https://registry.npm.taobao.org
```

安装命令行工具之后，可以创建一个前后端一体化应用：

```
mw new my-app
```

创建时，可以选择：

```
faas-hooks-react - A serverless boilerplate with react and use hooks
```

完成上述操作后显示如图 9-14 所示。

```
? Hello, traveller.
  Which template do you like? …

 ⊙ Web Application
  web - A web application boilerplate with midway
  koa - A web application boilerplate with midway and koa
  express - A web application boilerplate with midway and express
  grpc - Midway grpc boilerplate
  koa-hooks-react - The next generation of integrated front and back-end application development solutions

 ⊙ Serverless
  faas - A serverless boilerplate for aliyun fc, tencent scf and so on
❯ faas-hooks-react - A serverless boilerplate with react and use hooks
```

图 9-14 Midway Serverless 初始化前后端一体化项目

完成之后，进入项目，并将其部署到云端：

```
cd my-app && npm run deploy
```

稍等片刻，可以看到系统输出“Deploy success”，即该项目已完成部署，如图 9-15 所示。

```
? Please confirm to continue. Yes
Waiting for service hooks to be deployed...
        Waiting for function all to be deployed...
                Waiting for packaging function all code...
                The function all has been packaged. A total of 12844 files were compressed and the final size was 17.86 MB
                Waiting for HTTP trigger http-all to be deployed...
                triggerName: http-all
                methods: [ 'GET', 'PUT', 'POST', 'DELETE', 'HEAD' ]
                trigger http-all deploy success
        function all deploy success
service hooks deploy success


Detect 'DomainName:Auto' of custom domain 'midway_auto_domain'
Request a new temporary domain ...
The assigned temporary domain is http://45996162-1583208943291465.test.functioncompute.com, expired at 2021-03-27 23:49:22, limite
d by 1000 per day.
Waiting for custom domain midway_auto_domain to be deployed...
custom domain midway_auto_domain deploy success


Deploy success
```

图 9-15 Midway Serverless 部署前后端一体化项目

此时，打开浏览器，输入系统生成的地址，如图 9-16 所示。

可以看到，一个前后端一体化的项目已经完成了部署：

- /src 路径，将会被路由到静态资源（前端资源）;
- /apis 路径，将会被路由到函数计算（后端服务）。

至此，我们使用 Midway Serverless 工具快速实现了一个基于 Serverless 架构的前后端一体化项目。

图 9-16　预览基于 Midway Serverless 部署的前后端一体化项目

9.2.3　总结

随着 Serverless 架构的不断发展，以及前端技术的不断演进，Serverless 架构和前端技术的结合也越来越紧密。我们通过 Serverless 架构可以快速部署一个 SSR 应用，也可以实现一个前后端一体化项目，Serverless 架构凭借其弹性伸缩能力和分布式架构，让很多传统架构下较难实现的前端技术变得更加简单与便捷。与此同时，Serverless 架构的按量付费模式和设计理念，使项目开发者能够在业务逻辑的实现上投入更多精力，并大幅度降本提效。

本节介绍了 Serverless 架构下的前后端一体化项目，以及 Midway Serverless 工具，希望读者可以发挥想象，尝试将更多前端技术与 Serverless 架构相结合，在更多的应用场景中发挥出更重要的作用。

Serverless 架构在 IoT 等其他领域的应用

本章将介绍 Serverless 架构在 IoT 等其他领域的应用。

10.1 基于 Serverless 架构与 WebSocket 技术的聊天工具

WebSocket 协议是一种基于 TCP 的新型网络协议。它实现了浏览器与服务器的全双工（full-duplex）通信，即允许服务器主动向客户端发送信息。当服务端有数据推送需求时，WebSocket 可以主动向客户端发送数据。而原来基于 HTTP 协议的服务端对于需要推送的数据，只能通过轮询或 long poll 方式来让客户端获取。

基于传统架构实现 WebSocket 协议，在一定程度上是比较困难的。那在 Serverless 架构上实现 WebSocket 协议呢？众所周知，Serverless 架构中，部署在 FaaS 平台的函数通常是事件驱动的，并且不支持 WebSocket 协议，因此 Serverless 架构下能否实现 WebSocket 协议本身就是一个问题。即使可以实现，相对于传统架构来说，难度是否会降低也是一个值得探讨的问题。

实际上，Serverless 架构是可以实现 WebSocket 协议的，而且会非常简单。在 FaaS 平台与 API 网关触发器的加持下，Serverless 架构可以借助 API 网关等产品来更简单地实现 WebSocket 协议。本节以阿里云函数计算为例，利用阿里云 API 网关和函数计算的 API 网关触发器，实现一个基于 WebSocket 协议的聊天工具。

10.1.1 原理解析

由于函数计算是无状态且触发式的，也就是当有事件发生时才会触发，因此如图 10-1 所示，为了实现 WebSocket，函数计算与 API 网关相结合，通过 API 网关承接和保持与客户端的连接，即服务端由 API 网关与函数计算共同实现。当客户端发出消息时，会先将其传递给 API 网关，再由 API 网关触发函数执行。当服务端云函数要向客户端发送消息时，会先由云函数将消息以 POST 请求方法发送到 API 网关的反向推送链接，再由 API 网关将消息推送到客户端。

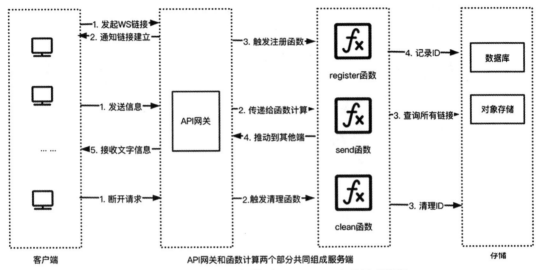

图 10-1　Serverless 架构下 WebSocket 实现原理简图

API 网关处的业务简图如图 10-2 所示。

详细流程如下：

1）客户端在启动时与 API 网关建立了 WebSocket 连接，并且将自己的设备 ID 告知 API 网关；

2）客户端在 WebSocket 通道上发起注册信令；

3）API 网关将注册信令转换成 HTTP 协议发送给用户后端服务，并且在注册信令上加上设备 ID 参数（增加在名称为 x-ca-deviceid 的 header 中）；

4）用户后端服务验证注册信令，如果验证通过，记住用户设备 ID，返回 200 应答；

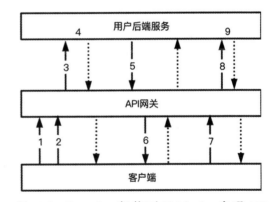

图 10-2　Serverless 架构下 WebSocket 实现 API 网关处流程图

5）用户后端服务通过 HTTP、HTTPS、WebSocket 三种协议中的任意一种向 API 网关发送下行通知信令，请求中携带接收请求的设备 ID；

6）API 网关解析下行通知信令，找到指定设备 ID 的连接，将下行通知信令通过 WebSocket 连接发送给指定客户端；

7）如果客户端不想接收用户后端服务通知，会通过 WebSocket 连接发送注销信令给

API 网关，请求中不携带设备 ID；

8）API 网关将注销信令转换成 HTTP 协议发送给用户后端服务，并且在注册信令上加上设备 ID 参数；

9）用户后端服务删除设备 ID，返回 200 应答。

完整流程如图 10-3 所示。

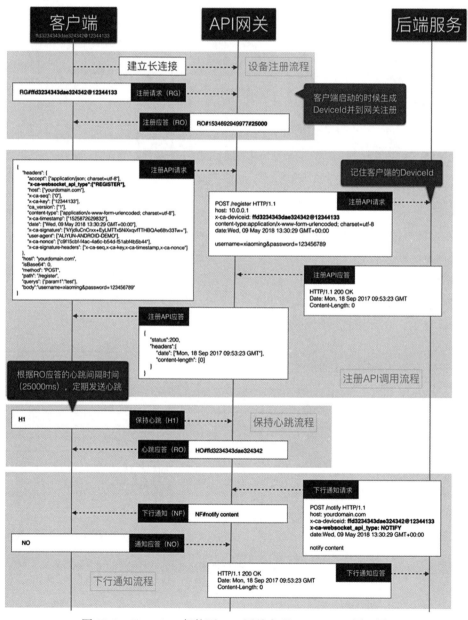

图 10-3　Serverless 架构下 API 网关实现 WebSocket 原理图

从上面的流程可以看出，要想在 API 网关与 FaaS 平台的基础上实现一个 WebSocket 协议的功能，步骤是比较烦琐的，但实际上其中的很多工作是 API 网关帮助完成的。如果将整个流程进一步压缩，仅保留需要执行的操作，可以得到核心的四个流程：

1）开通分组绑定的域名的 WebSocket 通道；

2）创建注册、下行通知、注销三个 API，给这三个 API 授权并上线；

3）用户后端服务实现注册、注销信令逻辑，通过 SDK 发送下行通知；

4）下载 SDK，将其嵌入客户端，建立 WebSocket 连接，发送注册请求，监听下行通知。

这四个流程中，第一个流程是准备工作，第二个流程是 API 网关实现 WebSocket 协议的配置流程，第三个流程和第四个流程是在 Serverless 架构下基于 API 网关实现 WebSocket 协议信息推动的核心功能。

第二个流程涉及注册、下行、注销 3 个 API，这 3 个 API 都在阿里云 API 网关中，是实现 WebSocket 所需要的 3 种管理信令对应的行为，具体如下所示。

1）注册信令：注册信令是客户端发送给用户后端服务的信令，起到如下两个作用。

● 将客户端的设备 ID 发送给用户后端服务，用户后端服务需要记住这个设备 ID。用户不需要定义设备 ID 字段，设备 ID 字段由 API 网关的 SDK 自动生成；

● 用户可以将此信令定义为携带用户名和密码的 API，用户后端服务在收到注册信令后验证客户端的合法性。用户后端服务在返回注册信令应答的时候，如果返回非200 应答，API 网关会视此情况为注册失败。客户端要想收到用户后端服务发送来的通知，需要先发送注册信令给 API 网关，收到用户后端服务的 200 应答后正式注册成功。

2）下行通知信令：用户后端服务在收到客户端发送的注册信令后，记住注册信令中的设备 ID 字段，然后向 API 网关发送接收方为这个设备的下行通知信令。只要这个设备在线，API 网关就可以将此下行通知发送到客户端；

3）注销信令：客户端在不想接收用户后端服务的通知时，需要将注销信令发送给 API 网关，API 网关再将注销信令发送给用户后端服务，收到用户后端服务的 200 应答后表示注销成功，不再接收用户后端服务推送的下行消息。

10.1.2　匿名聊天室

1. API 网关配置

首先，需要在函数计算处新建分别对应 3 种信令的 3 个事件函数，如图 10-4 所示。

3 个基本的测试函数（使用默认函数代码即可，之后我们会重新实现这 3 个函数的业务逻辑）创建完成后，需要在 API 网关处配置这 3 个测试函数的相关接口。首先需要创建一个 API 网关分组，如图 10-5 所示。

图 10-4 阿里云函数计算函数列表

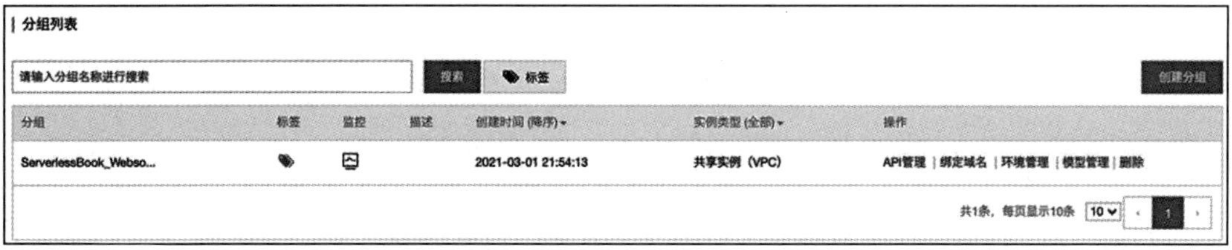

图 10-5 阿里云 API 网关分组列表

API 网关分组创建完成后，可以对该分组进行域名的绑定。这里需要额外注意的是，绑定域名之后，需要开通 WebSocket 通道状态，如图 10-6 所示。

图 10-6 阿里云 API 网关配置自定义域名

配置域名完成后，需要在这个 API 分组下面创建 4 个 API，这 4 个 API，分别用来实现 3 种信令，以及一个上行数据的接口，如图 10-7 所示。

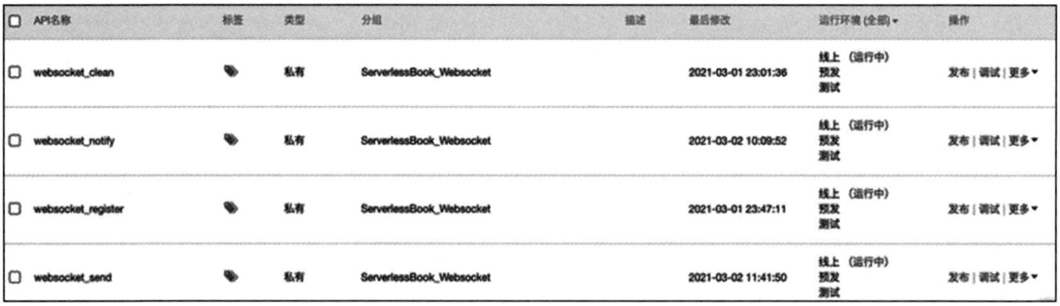

图 10-7 阿里云 API 网关 API 列表

其中，websocket_register 为注册请求，对应后端的 register 函数，如图 10-8 所示。

图 10-8　阿里云 API 网关 websocket_register 配置

websocket_notify 为下行通知请求，协议为 HTTP 和 WebSocket，无须配置后端函数，如图 10-9 所示。

图 10-9　阿里云 API 网关 websocket_notify 配置

websocket_clean 为注销请求，对应后端的 clean 函数，如图 10-10 所示。
websocket_send 为接收上行数据的普通请求，对应后端的 send 函数，如图 10-11 所示。
4 个 API 配置完成之后，需要将其发布，并且创建应用，如图 10-12 所示。

图 10-10 阿里云 API 网关 websocket_clean 配置

图 10-11 阿里云 API 网关 websocket_send 配置

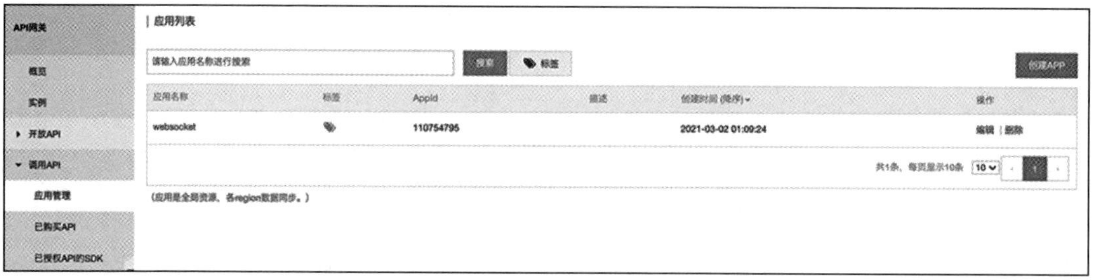

图 10-12 阿里云 API 网关 API 网关应用管理列表

应用创建完成之后，需要对 websocket_notify 接口进行授权，如图 10-13 所示

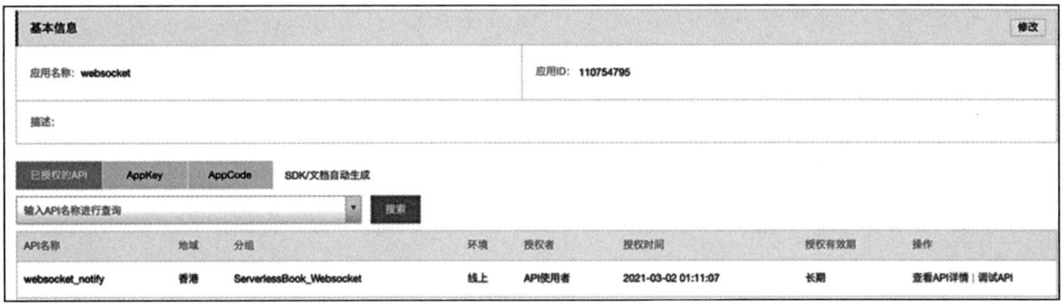

图 10-13　阿里云 API 网关授权 websocket_notify 接口

创建对应的 AppKey，如图 10-14 所示。

图 10-14　阿里云 API 网关创建 AppKey

完成上述配置，我们就完成了一个基于 Serverless 架构的 WebSocket 框架搭建，接下来，只需要根据业务需求，实现对应的函数即可，包括注册函数、传输函数、清理函数等。

2. 函数计算配置

要实现基于 Serverless 架构的匿名聊天室，除了配置 API 网关之外，还需要实现之前创建的 3 个函数的业务逻辑。这 3 个函数及其对应的业务逻辑如下所示。

- register 函数：注册函数，当函数注册时，将用户 ID 或设备 ID 存储到对象存储中。
- send 函数：传输函数，send 函数接收客户端发出的消息，并将消息通过 API 网关的下行通知请求发送给在线的其他客户端。通过对象存储中的 object 来判断在线的其他客户端。
- clean 函数：清理函数，用来断开连接，并清理存储在对象存储中的链接信息（即对象存储的 Object/key）。

（1）register 函数

register 函数的主要作用是将客户端在发起请求建链时携带的 x-ca-deviceid 持久化，可以选择将其存储到数据库中，也可以将其存储到对象存储等其他可持久化的平台上，以便随时查询和确定客户端的链接 ID。代码实现如下：

```python
# -*- coding: utf-8 -*-
import oss2
import json
ossClient = oss2.Bucket(oss2.Auth('<AccessKeyID>', '<AccessKeySecret>'),
                        'http://oss-cn-hongkong.aliyuncs.com',
                        '<BucketName>')
```

```
def register(event, context):
    userId = json.loads(event.decode("utf-8"))['headers']['x-ca-deviceid']
    # 注册时，将链接写入对象存储
    ossClient.put_object(userId, 'user-id')
    # 返回客户端注册结果
    return {
        'isBase64Encoded': 'false',
        'statusCode': '200',
        'body': {
            'userId': userId
        },
    }
```

（2）send 函数

send 函数的作用主要是：

- 接收客户端通过 API 网关发来的信息；
- 将收到的信息推送到目前已有链接的其他客户端上。

除了上述两个作用外，该函数还涉及意外断开的客户端的清理相关的操作。例如，当向某客户端推送数据失败时，可以认为该客户端已经断开连接，此时可以在对象存储中清理掉该客户端的 ID。当然，我们还可以在这里建设更多功能，例如：

- 针对用户发送的信息内容进行鉴黄鉴恐的筛选；
- 针对用户发送的信息内容进行分析，进而判断用户的聊天话题等。

针对 send 函数的整体代码实现为：

```
# -*- coding: utf-8 -*-

import oss2
import json
import base64
from apigateway import client
from apigateway.http import request
from apigateway.common import constant


ossClient = oss2.Bucket(oss2.Auth('<AccessKeyID>', '<AccessKeySecret>'),
                        'http://oss-cn-hongkong.aliyuncs.com',
                        '<BucketName>')
apigatewayClient = client.DefaultClient(app_key="<app_key>",
                                        app_secret="<app_secret>")


def send(event, context):

    host = "http://websocket.serverless.fun"
    url = "/notify"
    userId = json.loads(event.decode("utf-8"))['headers']['x-ca-deviceid']
```

```
# 获取链接对象
for obj in oss2.ObjectIterator(ossClient):
    if obj.key != userId:
        req_post = request.Request(host=host,
                                   protocol=constant.HTTP,
                                   url=url,
                                   method="POST",
                                   time_out=30000,
                                   headers={'x-ca-deviceid': obj.key})
        req_post.set_body(json.dumps({
            "from": userId,
            "message": base64.b64decode(json.loads(event.decode("utf-8"))
                ['body']).decode("utf-8")
        }))
        req_post.set_content_type(constant.CONTENT_TYPE_STREAM)
        result = apigatewayClient.execute(req_post)
        print(result)
        if result[0] != 200:
            # 删除链接记录
            ossClient.delete_object(obj.key)
return {
    'isBase64Encoded': 'false',
    'statusCode': '200',
    'body': {
        'status': "ok"
    },
}
```

在 send 函数中，针对向其他客户端推送相关信息的操作，需要引入 API 网关提供的对应的 SDK 来实现。

使用 API 网关提供的对应语言的 SDK，向下行通知请求接口发起请求的行为会变得非常简单，如图 10-15 所示。

图 10-15　阿里云 API 网关已授权 API 的 SDK 获取

（3）clean 函数

当客户端发起断开连接的请求时，API 网关触发函数计算，在对象存储中清理对应的 x-ca-deviceid 信息。其整体逻辑为：

```python
# -*- coding: utf-8 -*-
import oss2
import json
ossClient = oss2.Bucket(oss2.Auth('<AccessKeyID>', '<AccessKeySecret>'),
                        'http://oss-cn-hongkong.aliyuncs.com',
                        '<BucketName>')

def clean(event, context):
    userId = json.loads(event.decode("utf-8"))['headers']['x-ca-deviceid']
    # 删除链接记录
    ossClient.delete_object(userId)
```

至此，匿名聊天室的服务端建设完成。

10.1.3　体验与测试

在完成了上节的功能编写之后，我们可以在本地进行基本的测试。测试过程主要分为创建链接、发送消息、接收推送三部分。

创建链接、断开链接、接收消息可以通过 WebSocket 的相关模块实现：

```javascript
const uuid = require('uuid');
const util = require('util');

const register = function (editor, deviceId) {
    const ws = new WebSocket('ws://websocket.serverless.fun:8080');
    const now = new Date();

    const reg = {
        method: 'GET',
        host: 'websocket.serverless.fun:8080',
        querys: {},
        headers: {
            'x-ca-websocket_api_type': ['REGISTER'],
            'x-ca-seq': ['0'],
            'x-ca-nonce': [uuid.v4().toString()],
            'date': [now.toUTCString()],
            'x-ca-timestamp': [now.getTime().toString()],
            'CA_VERSION': ['1'],
        },
        path: '/register',
        body: '',
    };

    ws.onopen = function open() {
        ws.send('RG#' + deviceId);
    };

    var registered = false;
    var hbStarted = false;
```

```
    ws.onmessage = function incoming(event) {
        if (event.data.startsWith('NF#')) {
            const msg = JSON.parse(event.data.substr(3));
            editor.addHistory(util.format('%s > %s', msg.from, msg.message));
            editor.setState({'prompt': deviceId + " > "});
            return;
        }
        if (!hbStarted && event.data.startsWith('RO#')) {
            console.log('Login successfully');
            if (!registered) {
                registered = true;
                ws.send(JSON.stringify(reg));
            }
            hbStarted = true;
            setInterval(function () {
                ws.send('H1');
            }, 15 * 1000);
            return;
        }
    };

    ws.onclose = function (event) {
        console.log('ws closed:', event);
    };
};

module.exports = register;
```

发送信息到 send 函数：

```
execShellCommand: function (cmd) {
    /*
    cmd 是客户端发送的文本
    post 到 send 函数对应的接口，例如 http://websocket.serverless.fun/send
     */
    const that = this;
    that.setState({'prompt': ''})
    that.offset = 0
    that.cmds.push(cmd)
    axios.post(ShellApi, cmd, {
        headers: {
            'Content-Type': 'application/octet-stream',
            "x-ca-deviceid": deviceId
        }
    }).then(function (res) {
        that.setState({'prompt': Prompt});
    }).catch(function (err) {
        const errText = err.response ? err.response.status + ' ' + err.response.
          statusText : err.toString();
        that.addHistory(errText);
        that.setState({'prompt': Prompt})
```

```
        });
    },
```

完成客户端的核心逻辑编辑之后，可以通过 HTML 和 CSS 实现部分页面，以便于测试。当完成页面样式和本地逻辑的编辑之后，可以打开两个窗口进行项目的测试。可以看到，当打开两个窗口之后，每个窗口都会随机生成一个客户端 ID，如图 10-16 所示。

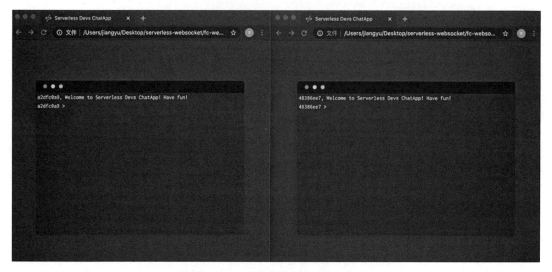

图 10-16 项目测试窗口初始化

在左侧窗口输入一个字符串并按回车发送，如图 10-17 所示。

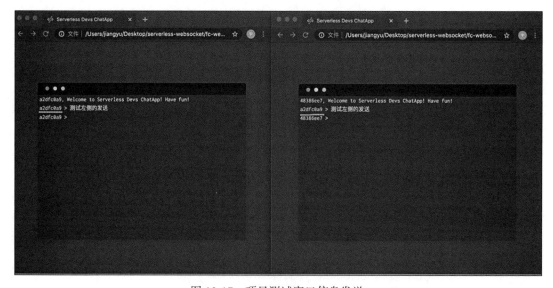

图 10-17 项目测试窗口信息发送

图中我们可以看到，右侧出现了左侧窗口的 ID 和左侧刚刚发送的信息。此时我们进一步测试，同样在右侧输入字符串，并按回车发送，如图 10-18 所示。

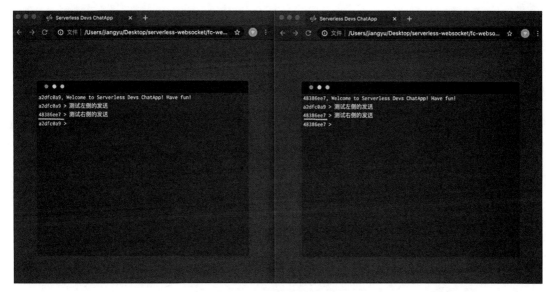

图 10-18　项目测试窗口信息发送

可以看到，左侧也同样出现了右侧的信息。至此，我们已经基于 Serverless 架构实现了匿名聊天室的功能，完成了服务端的建设和客户端的测试，项目可以完成创建链接、发送消息、接收消息操作。

10.1.4　总结

我们以一个简单的聊天工具为例，通过函数计算和 API 网关完成了 WebSocket 的实践。在实际工作中，WebSocket 可以用于许多方面，例如通过 WebSocket 生成实时日志系统等。单独的函数计算只是一个计算平台，只有和周边的 BaaS 相结合，才能展示出 Serverless 架构的价值、能力和意义，也就是人们说的"Serverless = FaaS + BaaS"。

本节内容抛砖引玉，希望读者能对 Serverless 有更深入的了解，把 Serverless 与更多的触发器、事件源等进一步结合起来，探索更多有趣的应用，并将其应用到自己的项目中。

10.2　Serverless 与 IoT：为智能音箱赋能

众所周知，随着网络技术的不断发展，IoT 技术已经逐步进入千家万户，无论是像扫地机器人、智能窗帘这样的智能家居，还是像智能音箱这样的娱乐设备，IoT 技术已经越来越为人们所接受。而在众多的物联网产品中，智能音箱可以说是近年来最火的产品之一，无论是小米的小爱同学、百度的小度，还是腾讯的 9420、阿里的天猫精灵，都在通过 IoT 技术，为我们的生活赋能：叫我们起床，告诉我们天气预报，为我们唱歌，为我们讲笑话等。

在之前的内容中，我们已经对 Serverless 有了较为深入的了解，也深入地接触了 Serverless 的应用领域。接下来我们将 Serverless 架构与 IoT 的能力相结合，让 Serverless 架构在智能音箱中发挥更有趣的作用。我们将以阿里云函数计算为例，为天猫精灵和小爱同学的赋能，制作属于自己的智能音箱应用。

在实践开始之前，首先需要明确本案例的具体需求：在日常生活中，常常会为某些事情而"纠结"，这个时候可能需要掷硬币、掷骰子来辅助做出决定。此时，我们可以和智能音箱说"掷骰子"，然后智能音箱会反馈一个骰子的随机点数，以此代替现实中的掷骰子行为。这个需求，实际上是用户通过对智能音箱发出命令，将智能音箱作为客户端，通过 API 网关 /HTTP 触发器触发 FaaS 平台的函数，再由函数获取 1 ～ 6 的随机整数，然后返回给客户端，如图 10-19 所示。

图 10-19　智能音箱触发函数计算的原理简图

"智能音箱触发器"的实现，与第 6 章中的 Github 触发器类似。

10.2.1　天猫精灵

以天猫精灵为例，如果需要实现预定的需求，需要完成以下步骤：

- 注册天猫精灵开发者平台账号，并进行认证；
- 阅读文档，并创建、配置天猫精灵应用；
- 开发函数计算的业务逻辑；
- 测试并发布项目。

首先，需要在天猫精灵开发者平台注册开发者账号，并且完成登录和认证。然后新建技能，如图 10-20 所示。

接下来需要配置技能的基本情况，例如设置技能名称、应用调用词等。此处将调用词设定为"掷骰子"，即当用户对天猫精灵说出"掷骰子"时，会触发"掷骰子"技能。完成基础配置之后，保存技能。

技能保存完成之后，需要根据技能创建用户意图。官方文档中关于"意图"的描述是自定义技能中提供功能的载体，所以在创建意图时，需要明确此意图提供了哪些功能。我们将意图设为"掷骰子"，并将其设为默认意图，如图 10-21 所示。

图 10-20　天猫精灵开发者平台新建技能

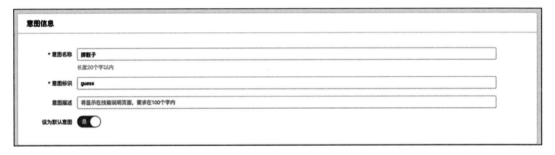

图 10-21　天猫精灵开发者平台创建意图

意图创建完成之后，需要进行接口权限的绑定。

在天猫精灵开发者平台找到回复逻辑的模块，并找到回复逻辑的 WebHook 详情，如图 10-22 所示。

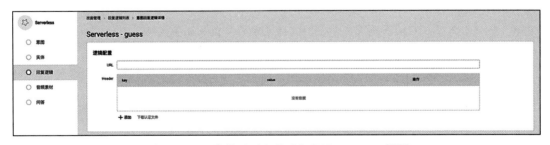

图 10-22　天猫精灵开发者平台配置 WebHook 详情

在详情页面下载认证文件，并将其配置到服务器中，验证权限。

根据官网文档的描述，获取用户配置的 Webhook URL，取出 URL 中的域名和端口号，然后在其上加入"aligenie/认证文件名.txt"并访问这个路径，返回的结果即认证文件的内容，以此为依据，判断认证是否成功。

例如下载到的认证文件是 13f776873db7e9dfae87121bcec0712a.txt，意图内配置的 Webhook URL 为 https://webhook-service.com/**，那么我们将访问 https://webhook-service.com/aligenie/13f776873db7e9dfae87121bcec0712a.txt，并将获取到的结果进行校验，校验通过，Webhook URL 才能配置成功。

因此，以 Python Web 框架的 Bottle 为例，结合阿里云函数计算，在下载认证文件之后编写认证代码逻辑：

```python
# -*- coding: utf-8 -*-

import bottle

@bottle.route('/aligenie/eaf3f19e4fcac40131ee278cdb0284dd.txt', method='GET')
def token():
    return 'Jfc4Z4Ur15JwUBuvUQD5wg7Nu8+l+HscqYlfofbyJdYyLiBpubYhF9sbUIH/ig6g'

app = bottle.default_app()
```

认证接口编写完成后，将代码部署到阿里云函数计算，并绑定自定义域名，此处我们绑定了域名 aligenie.iot.serverless.fun。

函数部署完成之后，回到天猫精灵开发者平台的配置 WebHook 详情页面，填写 WebHook 地址，并且保存，如图 10-23 所示。

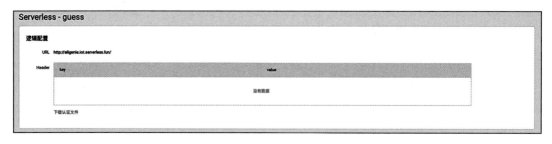

图 10-23　天猫精灵开发者平台配置 WebHook 完成效果

保存配置的 WebHook 地址之后，接下来根据天猫精灵开发者平台提供的文档进行代码逻辑的开发。

根据文档，天猫精灵被触发技能后，通过 WebHook 向所配置的接口发起请求时的数据结构，以及可接受的数据结构类型如图 10-24 所示。

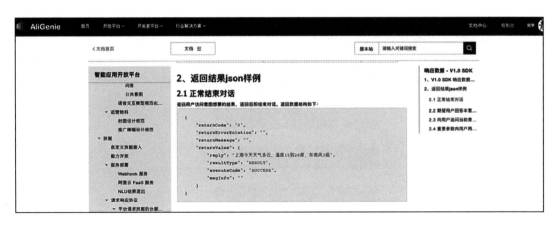

图 10-24　天猫精灵开发者平台返回结果样例

此时我们可以对代码进行升级，增加掷骰子的功能，并将结果按照上图的格式发送给客户端：

```python
# -*- coding: utf-8 -*-
import bottle
import random


@bottle.route('/', method='POST')
def test():
    return {
        "returnCode": "0",
        "returnErrorSolution": "",
        "returnMessage": "",
        "returnValue": {
            "reply": random.choice(['1', '2', '3', '4', '5', '6']),
            "resultType": "RESULT",
            "executeCode": "SUCCESS",
            "msgInfo": ""
        }
    }

@bottle.route('/aligenie/eaf3f19e4fcac40131ee278cdb0284dd.txt', method='GET')
def token():
    return 'Jfc4Z4Ur15JwUBuvUQD5wg7Nu8+l+HscqYlfofbyJdYyLiBpubYhF9sbUIH/ig6g'

app = bottle.default_app()
```

完成函数的编写之后，对函数进行更新。最后，使用天猫精灵开发者平台提供的线上测试功能，对该技能进行测试，如图 10-25 所示。

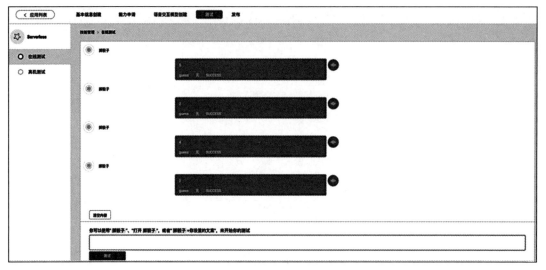

图 10-25　天猫精灵开发者平台测试功能

可以看到，发出"掷骰子"的指令后，系统已经可以返回随机数字了。至此，我们完成了天猫精灵版的"Serverless 掷骰子"技能的开发。

10.2.2　小爱同学

和天猫精灵的整体流程一样，我们首先需要去小爱同学开发者平台进行账号注册、登录和认证。然后，在开发者平台创建一个技能，如图 10-26 所示。

图 10-26　小爱同学创建技能页面

技能创建完成之后，需要进行技能的配置，包括设置唤醒指令、图标、介绍等，如

图 10-27 所示。

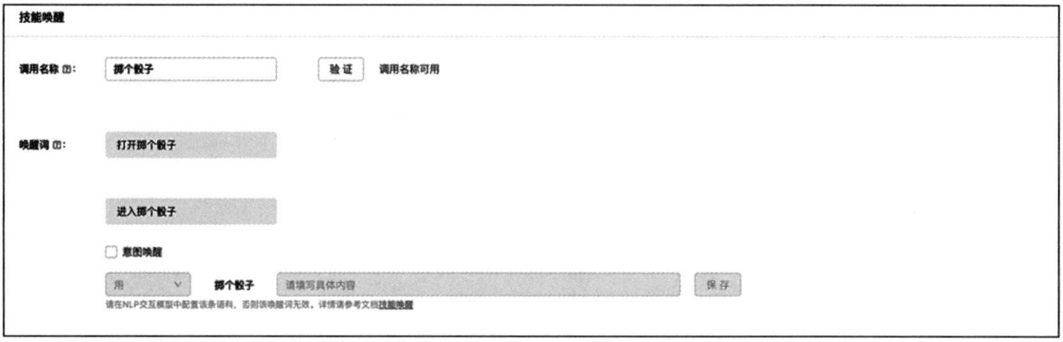

图 10-27　小爱同学技能配置页面

技能配置完成之后，保存配置，并进入下一步，直到看到服务端口类型配置。先在阿里云函数计算创建一个示例的 HTTP 函数，并将其 HTTP 地址填写到测试环境中，如图 10-28 所示。

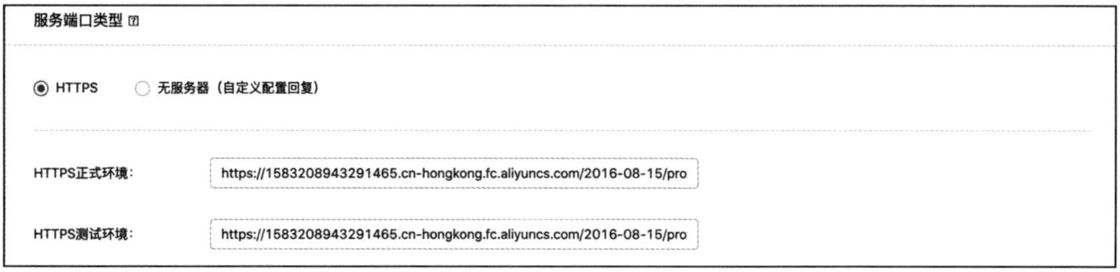

图 10-28　小爱同学服务接口类型配置

完成上述配置之后，已经基本完成了小爱同学的技能配置。接下来要寻找小爱同学开发者文档，确定数据返回结构。

然后，编写函数计算的业务逻辑，当对应函数被触发时，将具体的骰子点数返回客户端。小爱同学开发文档中关于返回数据的内容如图 10-29 所示。

根据文档，以 Python Web 框架的 Bottle 为例，编写实现业务的代码：

```python
# -*- coding: utf-8 -*-
import bottle
import random
@bottle.route('/', method='POST')
def test():
    return {
        "is_session_end": True,
        "version": "1.0",
        "response": {
            "open_mic": True,
            "to_speak": {
                "type": 0,
                "text": random.choice(['1', '2', '3', '4', '5', '6'])},
```

```
        }
    }
app = bottle.default_app()
```

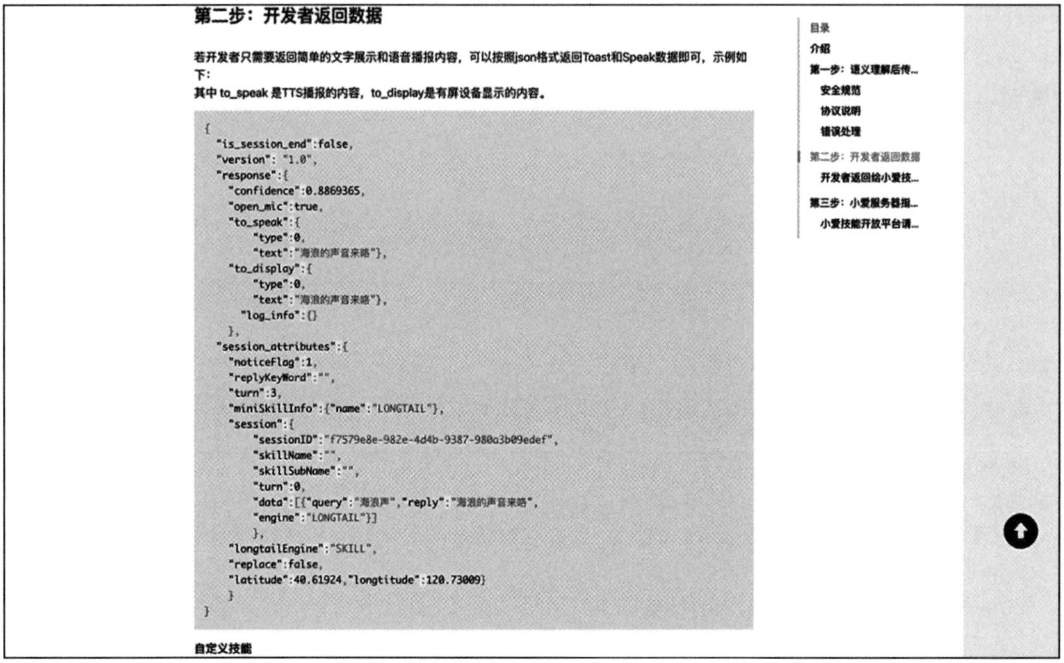

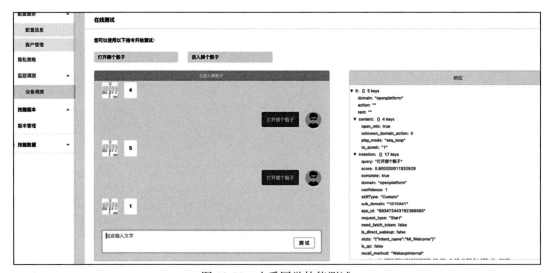

图 10-29　小爱同学开发者返回数据格式

　　业务逻辑编写完成之后，将代码更新到刚刚创建的函数中，并选择小爱同学的技能测试功能，进行在线技能测试，如图 10-30 所示。

图 10-30　小爱同学技能测试

当输入预定的命令"打开掷个骰子"时，系统可以返回预期的结果。至此，小爱同学版的"Serverless 掷骰子"技能开发完成。

10.2.3　总结

在本节中，我们通过 Serverless 架构，为天猫精灵和小爱同学分别开发了一项新功能，接下来可以去发布、审核、上线了。当然，本节内容仅仅是抛砖引玉，除此之外，我们还可以通过 Serverless 架构，为智能音箱定制更多有趣的功能，例如，通过爬虫技术来实现一个网站流量监控，或者服务状态监控，当我们问智能音箱某服务或者网站目前运营状态如何，智能音箱就会告诉我们；或者通过爬虫技术，将要追的电视剧、电子书与智能音箱结合，当我们问智能音箱电视剧或电子书的更新状况时，通过 API 网关触发函数服务，获取结果，再交由智能音箱告知我们。这些都是非常有趣的定制化服务或定制化功能。

通过本节内容，希望读者能够对 Serverless 架构有新的认识。随着 5G 技术的到来，IoT 技术将有机会得到更快的发展，而 Serverless 架构也将与 IoT 技术一同飞速发展。

10.3　用手机写代码：基于 Serverless 的在线编程能力探索

伴随着计算机科学和技术的发展，越来越多的人开始接触编程，也有越来越多的在线编程平台诞生。以 Python 语言的在线编程平台为例，大致可以分为两类：一类是在线判题（Online Judge，OJ）类型的编程平台，它具有执行阻塞类型的特点，用户需要一次性提交代码和标准输入内容，当程序执行完成后一次性返回结果；另一类则是学习、工具类型的在线编程平台，例如 Anycodes 等在线编程网站，它具有执行非阻塞类型的特点，即用户能够实时查看代码执行的结果，并且可以实时输入内容。

但是，无论是哪种类型的在线编程平台，其背后的核心模块——"代码执行器"或"判题机"，都极具有研究价值。一方面，这类网站通常需要较为严格的"安全机制"，例如检测程序是否存在恶意代码，是否会出现死循环、破坏计算机系统等，以及程序是否需要隔离运行，运行时是否会获取其他人提交的代码等；另一方面，这类平台通常会消耗更多的资源，特别是在比赛期间，需要在短时间内对相关机器进行扩容，必要时需要大规模集群来进行应对。与此同时，这类网站通常还具有一个较大的特点，即触发式，每个代码在执行前与执行后，并没有非常紧密的前后文关系等。

随着 Serverless 架构的不断发展，许多人发现 Serverless 架构的请求级隔离和极致弹性等特性能够解决传统在线编程平台遇到的安全问题和资源消耗问题，Serverless 架构的按量付费模式，能够在保证在线编程功能与性能的前提下，进一步降低成本。所以，通过 Serverless 架构来实现在线编程功能的开发就逐渐受到更多人的关注和研究。本节将以阿里云函数计算为例，通过 Serverless 架构实现一个 Python 语言在线编程功能，并对该功能做进一步的优化，使它的体验更加贴近本地代码的执行。

10.3.1 在线编程功能开发

典型的在线编程功能的在线执行模块通常需要以下几个能力：

- 可以在线执行代码；
- 用户可以输入内容；
- 可以返回结果（标准输出、标准错误等）。

在 Serverless 架构下，在线编程需要实现的业务逻辑，只收敛到代码执行模块上：获取客户端发送的程序信息（包括代码、标准输入等），将代码缓存到本地，执行代码，获取结果，返回给客户端。整个架构的流程简图如图 10-31 所示。

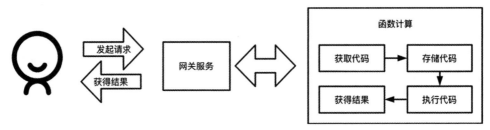

图 10-31　基于 Serverless 架构的在线编程流程简图

执行代码部分，可以通过 Python 语言的 subprocess 依赖中的 Popen() 方法实现。在使用 Popen() 方法时，需要明确几个比较重要的概念。

- subprocess.PIPE：一个可以被用于 Popen 的 stdin、stdout 和 stderr 3 个参数的特殊值，表示需要创建一个新的管道；
- subprocess.STDOUT：一个可以被用于 Popen 的 stderr 参数的输出值，表示子程序的标准错误汇合到标准输出。

所以，当我们想要实现进行标准输入（stdin）、获取标准输出（stdout）以及标准错误（stderr）的功能，可以将代码简化为：

```python
# -*- coding: utf-8 -*-
import subprocess

child = subprocess.Popen("python %s" % (fileName),
                         stdin=subprocess.PIPE,
                         stdout=subprocess.PIPE,
                         stderr=subprocess.STDOUT,
                         shell=True)
output = child.communicate(input=input_data.encode("utf-8"))
```

在 Serverless 架构下，获取用户代码并将其存储的过程中，需要额外注意函数实例中目录的读写权限。通常情况下，在函数计算中，如果不进行硬盘挂载，只有 /tmp/ 目录是有可写入权限的。所以在该项目中，为实现用户传递到服务端的代码的临时存储，需要将这些代码写入临时目录 /tmp/。与此同时，还需要额外考虑实例复用。所以，可以为临时代码提供临时的文件名，例如：

```python
# -*- coding: utf-8 -*-
import random

randomStr = lambda num=5: "".join(random.sample('abcdefghijklmnopqrstuvwxyz', num))

path = "/tmp/%s"% randomStr(5)
```

完整的代码实现为：

```python
# -*- coding: utf-8 -*-
import json
import uuid
import random
import subprocess

# 随机字符串
randomStr = lambda num=5: "".join(random.sample('abcdefghijklmnopqrstuvwxyz', num))

# Response
class Response:
    def __init__(self, start_response, response, errorCode=None):
        self.start = start_response
        responseBody = {
            'Error': {"Code": errorCode, "Message": response},
        } if errorCode else {
            'Response': response
        }
        # 默认增加 uuid，便于后期定位
        responseBody['ResponseId'] = str(uuid.uuid1())
        self.response = json.dumps(responseBody)

    def __iter__(self):
        status = '200'
        response_headers = [('Content-type', 'application/json; charset=UTF-8')]
        self.start(status, response_headers)
        yield self.response.encode("utf-8")


def WriteCode(code, fileName):
    try:
        with open(fileName, "w") as f:
            f.write(code)
        return True
    except Exception as e:
        print(e)
        return False

def RunCode(fileName, input_data=""):
    child = subprocess.Popen("python %s" % (fileName),
```

```
                                    stdin=subprocess.PIPE,
                                    stdout=subprocess.PIPE,
                                    stderr=subprocess.STDOUT,
                                    shell=True)
        output = child.communicate(input=input_data.encode("utf-8"))
        return output[0].decode("utf-8")


def handler(environ, start_response):
    try:
        request_body_size = int(environ.get('CONTENT_LENGTH', 0))
    except (ValueError):
        request_body_size = 0
    requestBody = json.loads(environ['wsgi.input'].read(request_body_size).decode
        ("utf-8"))
    code = requestBody.get("code", None)
    inputData = requestBody.get("input", "")
    fileName = "/tmp/" + randomStr(5)
    responseData = RunCode(fileName, inputData) if code and WriteCode(code, fileName)
        else "Error"
    return Response(start_response, {"result": responseData})
```

核心的业务逻辑编写完成之后，可以将代码部署到阿里云函数计算中。部署完成之后，可以获得接口的临时测试地址。使用 PostMan 对该接口进行测试，这里以 Python 语言的输出语句为例：

```
print('HELLO WORLD')
```

可以看到，当通过 POST 方法发起请求，携带代码等作为参数，获得的响应如图 10-32 所示。

图 10-32　通过 PostMan 测试在线编程接口

从响应结果来看，系统能够正常输出预期结果：HELLO WORLD。至此，我们完成了标准输出功能的测试，接下来对标准错误等功能进行测试。破坏刚刚的输出代码：

```
print('HELLO WORLD)
```

使用同样的方法，再次进行代码执行，可以看到结果如图 10-33 所示。

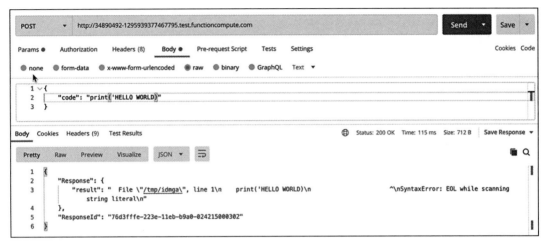

图 10-33　通过 PostMan 测试在线编程接口

结果中可以看到 Python 的报错信息，这是符合预期的。至此，我们完成了在线编程功能的标准错误功能的测试，接下来将进行标准输入功能的测试。由于使用的 subprocess.Popen() 方法是一种阻塞方法，所以此时需要将代码和标准输入内容一同放到服务端。测试代码为：

```
tempInput = input('please input: ')
print('Output: ', tempInput)
```

测试的标准输入内容为" serverless devs"。使用同样的方法发起请求之后，可以看到结果如图 10-34 所示。

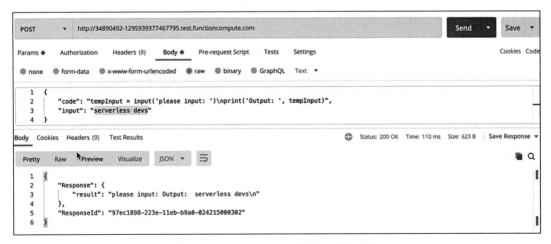

图 10-34　通过 PostMan 测试在线编程接口

系统正常输出了预期的结果。至此，我们实现了一个非常简单的在线编程服务的接口。该接口目前只是初级版本，仅用于学习使用，具有极大的优化空间，例如超时时间的处理，以及在代码执行完成后进行清理。

当然，通过这个接口我们会发现这样一个问题：代码在执行过程中是阻塞的，无法持续性地输入，也无法实时输出，输入内容时需要将代码和输入内容一并发送到服务端。这种模式和目前市面上常见的 OJ 模式很相似，但就单纯的在线编程而言，我们还需要对其进一步优化，使其可以通过非阻塞方法实现代码的执行，能够持续性地进行输入操作，实时进行内容输出。

10.3.2　更贴近本地的代码执行器

我们以一段代码为例：

```
import time
print("hello world")
time.sleep(10)
tempInput = input("please: ")
print("Input data: ", tempInput)
```

本地执行这段 Python 代码时，用户看到的实际表现是：

1）系统输出 hello world；

2）系统等待 10 秒；

3）系统提醒 please，此时可以输入一个字符串；

4）系统输出 Input data 以及刚刚输入的字符串。

但是，如果这段代码应用于传统 OJ 或者刚刚实现的在线编程系统中，表现则大不相同：

1）代码与要输入内容一同传给系统；

2）系统等待 10 秒；

3）输出 hello world、please，以及最后输出 Input data 和输入的内容。

可以看到，OJ 模式的在线编程功能和本地编程有很大差距，至少在用户体验方面，差距是比较大的。为了减少这种体验不一致的问题，可以将上述架构进一步升级，通过函数的异步触发及 Python 语言的 pexpect.spawn() 方法，实现一款更贴近本地编程体验的在线编程功能，如图 10-35 所示。

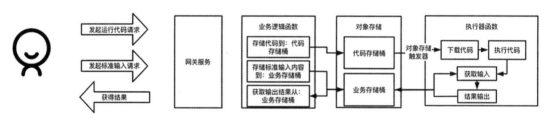

图 10-35　基于 Serverless 架构的在线编程流程简图

在整个项目中，包括两个函数和两个存储桶。

- 业务逻辑函数：该函数的主要操作是业务逻辑，包括创建代码执行的任务（通过对象存储触发器进行异步函数执行）、获取函数输出结果，以及对任务函数的标准输入进行相关操作等。
- 执行器函数：该函数的主要作用是执行用户的函数代码，这部分是通过对象存储触发，从而实现下载代码、执行代码、获取输入、输出结果等；从代码存储桶获取代码，从业务存储桶输出结果和获取输入。
- 代码存储桶：该存储桶的作用是存储代码，当用户发起运行代码的请求时，业务逻辑函数收到用户代码后，会将代码存储到该存储桶，再由该存储桶触发异步任务。
- 业务存储桶：该存储桶的作用是输出中间量，主要包括输出内容的缓存、输入内容的缓存，其数据可以通过对象存储的本身特性进行生命周期的制定。

为了让代码在线执行的体验更加贴近本地，我们将该方案的代码分为两个函数，分别进行业务逻辑处理和在线编程核心功能。

业务逻辑处理函数主要是：

- 获取用户的代码信息，生成代码执行 ID，并将代码存储到对象存储，异步触发在线编程函数的执行，返回生成代码执行 ID；
- 获取用户的输入信息和代码执行 ID，并将内容存储到对应的对象存储中；
- 获取代码的输出结果，根据用户指定的代码执行 ID，将执行结果从对象存储中读取出来，并返回给用户。

整体的业务逻辑如图 10-36 所示。

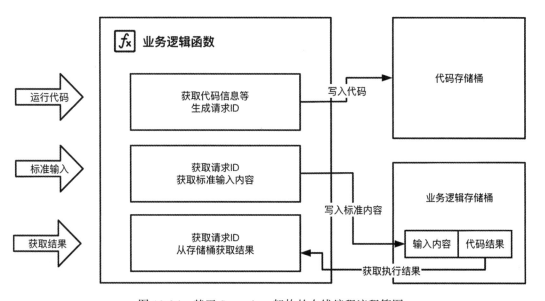

图 10-36　基于 Serverless 架构的在线编程流程简图

实现的代码为：

```python
# -*- coding: utf-8 -*-

import os
import oss2
import json
import uuid
import random

# 基本配置信息
AccessKey = {
    "id": os.environ.get('AccessKeyId'),
    "secret": os.environ.get('AccessKeySecret')
}

OSSCodeConf = {
    'endPoint': os.environ.get('OSSConfEndPoint'),
    'bucketName': os.environ.get('OSSConfBucketCodeName'),
    'objectSignUrlTimeOut': int(os.environ.get('OSSConfObjectSignUrlTimeOut'))
}

OSSTargetConf = {
    'endPoint': os.environ.get('OSSConfEndPoint'),
    'bucketName': os.environ.get('OSSConfBucketTargetName'),
    'objectSignUrlTimeOut': int(os.environ.get('OSSConfObjectSignUrlTimeOut'))
}

# 获取 / 上传文件到 OSS 的临时地址
auth = oss2.Auth(AccessKey['id'], AccessKey['secret'])
codeBucket = oss2.Bucket(auth, OSSCodeConf['endPoint'], OSSCodeConf['bucketName'])
targetBucket = oss2.Bucket(auth, OSSTargetConf['endPoint'], OSSTargetConf['bucketName'])

# 随机字符串
randomStr = lambda num=5: "".join(random.sample('abcdefghijklmnopqrstuvwxyz', num))


# Response
class Response:
    def __init__(self, start_response, response, errorCode=None):
        self.start = start_response
        responseBody = {
            'Error': {"Code": errorCode, "Message": response},
        } if errorCode else {
            'Response': response
        }
        # 默认增加 uuid, 便于后期定位
        responseBody['ResponseId'] = str(uuid.uuid1())
        self.response = json.dumps(responseBody)
```

```python
    def __iter__(self):
        status = '200'
        response_headers = [('Content-type', 'application/json; charset=UTF-8')]
        self.start(status, response_headers)
        yield self.response.encode("utf-8")


def handler(environ, start_response):
    try:
        request_body_size = int(environ.get('CONTENT_LENGTH', 0))
    except (ValueError):
        request_body_size = 0
    requestBody = json.loads(environ['wsgi.input'].read(request_body_size).decode
        ("utf-8"))

    reqType = requestBody.get("type", None)

    if reqType == "run":
        # 运行代码
        code = requestBody.get("code", None)
        runId = randomStr(10)
        codeBucket.put_object(runId, code.encode("utf-8"))
        responseData = runId
    elif reqType == "input":
        # 输入内容
        inputData = requestBody.get("input", None)
        runId = requestBody.get("id", None)
        targetBucket.put_object(runId + "-input", inputData.encode("utf-8"))
        responseData = 'ok'
    elif reqType == "output":
        # 获取结果
        runId = requestBody.get("id", None)
        targetBucket.get_object_to_file(runId + "-output", '/tmp/' + runId)
        with open('/tmp/' + runId) as f:
            responseData = f.read()
    else:
        responseData = "Error"

    return Response(start_response, {"result": responseData})
```

执行器函数，主要是通过代码存储桶触发，进入代码执行模块，这一部分主要包括：

● 从存储桶获取代码，并通过 pexpect.spawn() 进行代码执行；

● 通过 pexpect.spawn().read_nonblocking() 非阻塞地获取间断性的执行结果，并将其写入对象存储；

● 通过 pexpect.spawn().sendline() 进行内容输入。

整体流程如图 10-37 所示。

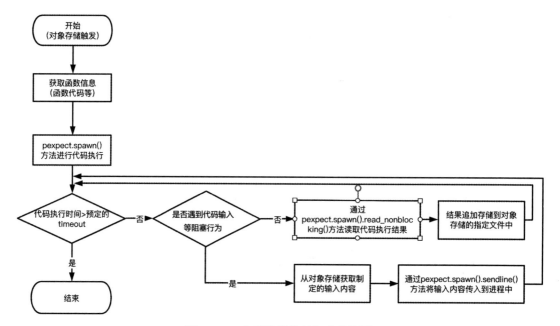

图 10-37 在线编程执行期流程简图

代码实现为：

```python
# -*- coding: utf-8 -*-

import os
import re
import oss2
import json
import time
import pexpect

# 基本配置信息
AccessKey = {
    "id": os.environ.get('AccessKeyId'),
    "secret": os.environ.get('AccessKeySecret')
}

OSSCodeConf = {
    'endPoint': os.environ.get('OSSConfEndPoint'),
    'bucketName': os.environ.get('OSSConfBucketCodeName'),
    'objectSignUrlTimeOut': int(os.environ.get('OSSConfObjectSignUrlTimeOut'))
}

OSSTargetConf = {
    'endPoint': os.environ.get('OSSConfEndPoint'),
    'bucketName': os.environ.get('OSSConfBucketTargetName'),
    'objectSignUrlTimeOut': int(os.environ.get('OSSConfObjectSignUrlTimeOut'))
}
```

```
}

# 获取获取 / 上传文件到 OSS 的临时地址
auth = oss2.Auth(AccessKey['id'], AccessKey['secret'])
codeBucket = oss2.Bucket(auth, OSSCodeConf['endPoint'], OSSCodeConf['bucketName'])
targetBucket = oss2.Bucket(auth, OSSTargetConf['endPoint'], OSSTargetConf['bucketName'])


def handler(event, context):
    event = json.loads(event.decode("utf-8"))

    for eveEvent in event["events"]:

        # 获取 object
        code = eveEvent["oss"]["object"]["key"]
        localFileName = "/tmp/" + event["events"][0]["oss"]["object"]["eTag"]

        # 下载代码
        codeBucket.get_object_to_file(code, localFileName)

        # 执行代码
        foo = pexpect.spawn('python %s' % localFileName)

        outputData = ""

        startTime = time.time()

        # timeout 可以通过文件名来进行识别
        try:
            timeout = int(re.findall("timeout(.*?)s", code)[0])
        except:
            timeout = 60

        while (time.time() - startTime) / 1000 <= timeout:
            try:
                tempOutput = foo.read_nonblocking(size=999999, timeout=0.01)
                tempOutput = tempOutput.decode("utf-8", "ignore")

                if len(str(tempOutput)) > 0:
                    outputData = outputData + tempOutput
                # 输出数据存入 oss
                targetBucket.put_object(code + "-output", outputData.encode
                    ("utf-8"))
            except Exception as e:
                print("Error: ", e)
                # 有输入请求被阻塞
                if str(e) == "Timeout exceeded.":
                    try:
                        # 从 oss 读取数据
                        targetBucket.get_object_to_file(code + "-input", local
                            FileName + "-input")
```

```
                        targetBucket.delete_object(code + "-input")
                        with open(localFileName + "-input") as f:
                            inputData = f.read()
                        if inputData:
                            foo.sendline(inputData)
                    except:
                        pass
            # 程序执行完成输出
            elif "End Of File (EOF)" in str(e):
                targetBucket.put_object(code + "-output", outputData.encode
                    ("utf-8"))
                return True
            # 程序抛出异常
            else:
                outputData = outputData + "\n\nException: %s" % str(e)
                targetBucket.put_object(code + "-output", outputData.encode
                    ("utf-8"))

                return False
```

核心的业务逻辑编写完成之后,可以将项目部署到线上,由于该案例涉及过多的资源,包括多个函数、多个存储桶等,因此这里我们可以通过 Serverless Devs 开发者工具部署项目。

首先,需要编写资源描述文档。

设定全局变量:

```
vars:
    Access: release
    Region: cn-beijing
    AccessKeyId: ${Env(AccessKeyId)}
    AccessKeySecret: ${Env(AccessKeySecret)}
    OSSConfBucketCodeName: serverlessbook-runcode-code
    OSSConfBucketTargetName: serverlessbook-runcode-others
    OSSConfObjectSignUrlTimeOut: 1200
    Service:
        name: ServerlessBook
        description: Serverless 图书案例
        log: Auto
```

代码存储桶主要用于存储用户提交上来的代码,由业务逻辑函数获取代码,存储到该存储桶,再异步触发代码执行函数:

```
CodeBucket:
    component: devsapp/oss
    props:
        region: ${vars.Region}
        bucket: ${ vars.OSSConfBucketCodeName}
```

业务存储桶主要用于存储一些业务执行过程中产生的资源,例如用户的输入、代码执行时的输出内容等:

```
TargetBucket:
    component: devsapp/oss
    props:
        region: ${ vars.Region}
        bucket: ${ vars.OSSConfBucketTargetName}
```

业务逻辑函数主要用于和客户端进行交互，包括获取函数代码、存储函数代码、触发函数执行、获取标准输入、获取输出结果等：

```
ServerlessBookRunCodeMain:
    component: devsapp/fc
    props:
        region: ${vars.Region}
        service: ${vars.Service}
        function:
            name: serverless_runcode_main
            description: 业务逻辑
            codeUri: ./main
            handler: index.handler
            memorySize: 128
            runtime: python3
            timeout: 5
            environmentVariables:
                AccessKeyId: ${ vars.AccessKeyId}
                AccessKeySecret: ${ vars.AccessKeySecret}
                OSSConfBucketCodeName: ${CodeBucket.Output.Bucket}
                OSSConfBucketTargetName: ${TargetBucket.Output.Bucket}
                OSSConfEndPoint: ${CodeBucket.Output.Endpoint.Publish}
                OSSConfObjectSignUrlTimeOut: '1200'
        triggers:
        - name: ImageAI
          type: http
          config:
            authType: anonymous
            methods:
                - GET
                - POST
                - PUT
        customDomains:
            - domainName: auto
              protocol: HTTP
              routeConfigs:
                - path: /*
                  serviceName: serverless-book-case
                  functionName: serverless_runcode_main
```

执行器函数主要用于函数的执行操作：

```
ServerlessBookRunCodeCompiler:
    component: devsapp/fc
    props:
        region: ${vars.Region}
```

```
service: ${vars.Service}
function:
    name: serverless_runcode_compiler
    description: 代码执行器
    codeUri: ./compiler
    handler: index.handler
    memorySize: 128
    runtime: python3
    timeout: 60
    environment: ${ServerlessBookRunCodeMain.props.function.environment
        Variables}
triggers:
    - name: OSSTrigger
      type: oss
      parameters:
          bucketName: ${CodeBucket.Output.Bucket}
          events:
              - 'oss:ObjectCreated:*'
          filter:
              Prefix: ''
              Suffix: ''
```

当项目描述文档编写完成之后，可以通过 s deploy 进行项目部署。

项目部署完成之后，通过 PostMan 对接口进行测试。此时我们需要设定一个能覆盖较全的测试代码，包括输出、输入、sleep() 等方法：

```
import time
print('hello world')
time.sleep(10)
tempInput = input('please: ')
print('Input data: ', tempInput)
```

使用 PostMan 发起请求执行这段代码之后，返回了预期的代码执行 ID，如图 10-38 所示。

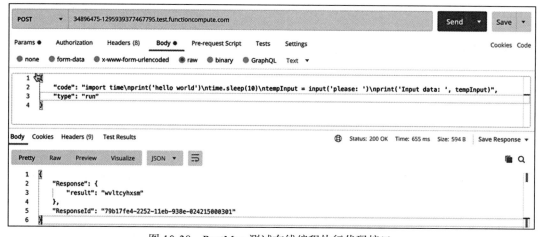

图 10-38　PostMan 测试在线编程执行代码接口

系统返回的这个代码执行 ID 将作为整个请求任务的 ID。此时，我们可以通过获取输出结果的接口来获取结果，如图 10-39 所示。

图 10-39　PostMan 测试在线编程获取结果接口

由于代码中有 time.sleep(10)，所以迅速获取结果的时候看不到后半部分的输出结果。因此，我们可以设置一个轮询任务，不断通过该 ID 对接口进行刷新，如图 10-40 所示。

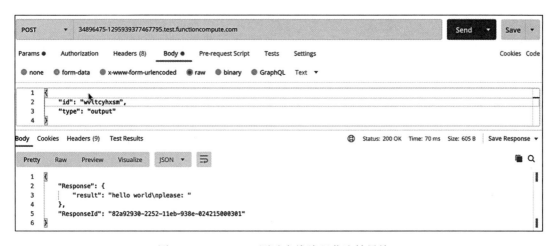

图 10-40　PostMan 测试在线编程获取结果接口

10 秒钟后，代码执行到了输入部分：

```
tempInput = input('please: ')
```

此时，再通过输入接口进行输入，如图 10-41 所示。

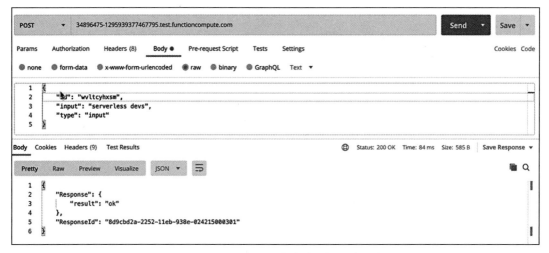

图 10-41 PostMan 测试在线编程标准输入接口

完成之后，可以看到"result: ok"，表示输入成功。此时，我们继续刷新获取结果部分的请求，如图 10-42 所示。

图 10-42 PostMan 测试在线编程获取结果接口

至此，我们已经获得了所有结果的输出。

相对于上文的在线编程功能，这种"更贴近本地的代码执行器"明显复杂很多，但在实际使用的过程中，却可以更好地模拟出本地执行代码时的一些体验，例如代码的休眠、阻塞、内容输出等。

10.3.3 总结

通过本节的学习，你可以了解到 HTTP 触发器的基本使用方法，对象存储触发器的基本使用方法，函数计算组件、对象存储组件的基本使用方法，以及组件间依赖的实现方法。

　　同时，我们在学习本节后，可以回答一个常见的问题：在一个项目中，应该是每个接口用一个函数，还是多个接口复用一个函数？

　　要想回答这个问题，最主要的是分析业务本身的诉求：如果多个接口表达的含义是一致的或类似的，并且多个接口的资源消耗是类似的，那么完全可以放在一个函数中来并通过不同的路径进行区分；如果不同接口的资源消耗差距较大，或者各接口的函数类型和规模区别过大，那么此时应将多个接口放在多个函数下。

　　本节内容抛砖引玉，无论是 OJ 系统的判题机部分，还是在线编程工具的执行器部分，都可以与 Serverless 架构进行有趣的结合。这种结合不仅可以解决令传统在线编程头疼的问题（安全问题、资源消耗问题、并发问题、流量不稳定问题等），还可以让 Serverless 在一个新的领域发挥出更大的价值。

Serverless 工程化项目实践

本章将通过两个真实项目实践，带领读者更深入地了解 Serverless。

11.1 基于 Serverless 架构的博客系统

11.1.1 项目背景

生活中，我们经常需要记录一些自己的日常，包括一些想法、状态，或者是学习到的某些技术。博客系统可以满足我们的需求。但是无论是自己开发的博客系统，还是用已开源的博客软件或者 CMS 系统，只要涉及自己搭建博客，就离不开服务器等云资源，这又涉及服务器、数据库等云资源，也就必然会产生成本，包括资金成本和运维成本等。

此时，一个能够在保证博客安全、稳定、高性能的同时，又能低运维成本地运行博客的云端服务或云产品，就显得尤为重要。

因此我们想到将博客系统与 Serverless 架构相结合。本节将基于 Serverless 架构开发一个 Serverless 博客应用。通过该项目的实践，我们可以对以下内容有一定的了解：

- 如何将 Django 框架部署到阿里云函数计算；
- 基于 Serverless 架构，如何更低成本地使用传统框架开发业务；
- 如何在 Serverless 架构下使用 NAS 等产品。

此外，本节也会基于 Serverless 架构部署传统的博客框架（Zblog）。通过该部分的实践，我们可以对以下内容有一定的了解：

- 如何将传统的 CMS 等项目迁移到 Serverless 架构上；
- 迁移后如何最大限度地保证原有系统性能，避免功能被修改。

11.1.2　需求分析

对于一个人来说，一个博客可能会承载很多东西，特别是对于一个程序员来说，一个技术博客不仅是自己学习、成长的记录，更是自己的工作和生活的见证，甚至可以在许多技术面试中作为一个加分项。但是，很多程序员自己建设的技术博客都要面临服务器的问题，由于技术博客往往不会有太大的流量，也很难产生很多收入，单纯为了自己的兴趣爱好而购买服务器，还要在后期进行运维工作，在成本、精力方面确实不太合适。因此，基于 Serverless 架构的博客系统应运而生。我们不仅可以体验并学习先进技术，还能享受 Serverless 架构带来的技术红利：

- Serverless 架构本身的按量付费模式，可以确保博客的成本极低；
- Serverless 架构本身的弹性伸缩特性，可以确保博客的高性能，即使流量激增也能从容面对；
- Serverless 架构本身的服务器免运维，可以在云资源上付出更少的精力，而将更多的精力放在撰写博客上。

因此，我们的需求是基于 Serverless 架构开发一款博客系统，让其在满足我们对博客的需求的同时，具有低运维、低成本等特性。该博客需要：

- 拥有后台系统，可以在后台发表文章、新建分类、标签等；
- 可以评论和回复；
- 拥有搜索功能，可以按照标签、分类查看文章等；
- 由于技术博客的博主比较青睐 Markdown 格式，因此可以使用 Markdown 格式实现后台发表、编辑文章等。

11.1.3　整体设计

由于该案例仅涉及基础的博客功能，因此不会有太复杂的数据库设计和权限管理，更多的是想要通过这个案例，实现简单的内容发布和展示功能，给使用者提供更多的思路。所以，该案例整体形式比较简单，主要分为前台和后台两个部分：前台主要有文章列表功能、文章浏览功能；后台则主要是登录之后的一些功能，包括文章管理功能、分类管理功能等。架构如图 11-1 所示。

1. 数据库设计

针对架构中的功能，对数据库进行设计，如图 11-2 所示。

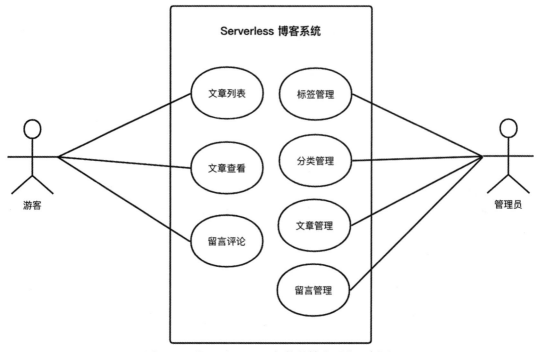

图 11-1　基于 Serverless 架构的博客系统用例图

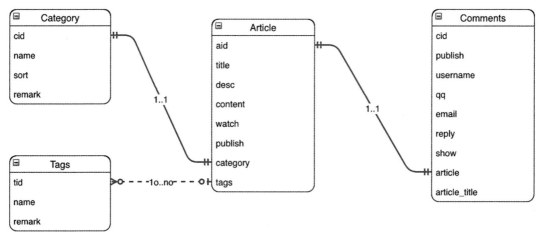

图 11-2　基于 Serverless 架构博客系统的数据库设计

　　由于本案例没有复杂的功能，因此数据库的设计是比较轻量和简单的，以文章为核心，拥有标签、分类以及评论等功能即可。数据库的详情如表 11-1 ～表 11-4 所示。

表 11-1　文章（Article）详情表

字段	类型	描述
aid	int	主键，文章 id

（续）

字段	类型	描述
title	varchar	文章标题
desc	text	文章描述
content	text	文章内容
watch	int	阅读次数（默认 0）
publish	date	发布时间
category	外键	文章分类
tags	外键	文章标签

表 11-2　分类（Category）详情表

字段	类型	描述
cid	int	主键，分类 id
name	varchar	分类标题
sort	int	分类排序
remark	text	备注（可选）

表 11-3　标签（Tags）详情表

字段	类型	描述
tid	int	主键，标签 id
name	varchar	标签标题
remark	text	备注（可选）

表 11-4　评论（Comments）详情表

字段	类型	描述
cid	int	主键，评论 id
publish	date	发布时间
username	varchar	用户名
qq	varchar	QQ 号
email	varchar	邮箱地址
reply	text	回复信息
show	int	是否展示
article	外键	文章
article_title	varchar	文章名

2. 原型图设计

页面主要分为前端页面与后端页面两个部分：前端页面主要是游客进行访问的页面，包括文章列表、文章详情页面；后端页面可以直接使用已有的后端框架，例如 Flask-admin、Django-admin 等。

因此，原型图设计主要包括列表页和详情页。

列表页的作用如下。

- 首页：实际上也是列表的一种表现。
- 分类的文章列表：通过分类获取文章列表的结果页。
- 标签的文章列表：通过标签获取文章列表的结果页。
- 搜索结果页：搜索之后的搜索结果页。

在列表页主要有以下几个模块：

- 分类展示模块；
- 标签展示模块；
- 文章展示模块；
- 热门文章展示模块。

基本的页面设计如图 11-3 所示。

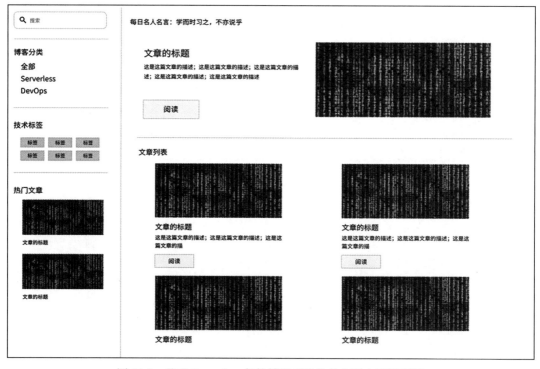

图 11-3　基于 Serverless 架构博客系统的前台列表页原型图

详情页的主要作用是展示文章详情，包括以下几个模块：

- 分类展示模块；
- 标签展示模块；
- 文章内容展示模块；
- 热门文章展示模块。

基本的页面设计如图 11-4 所示。

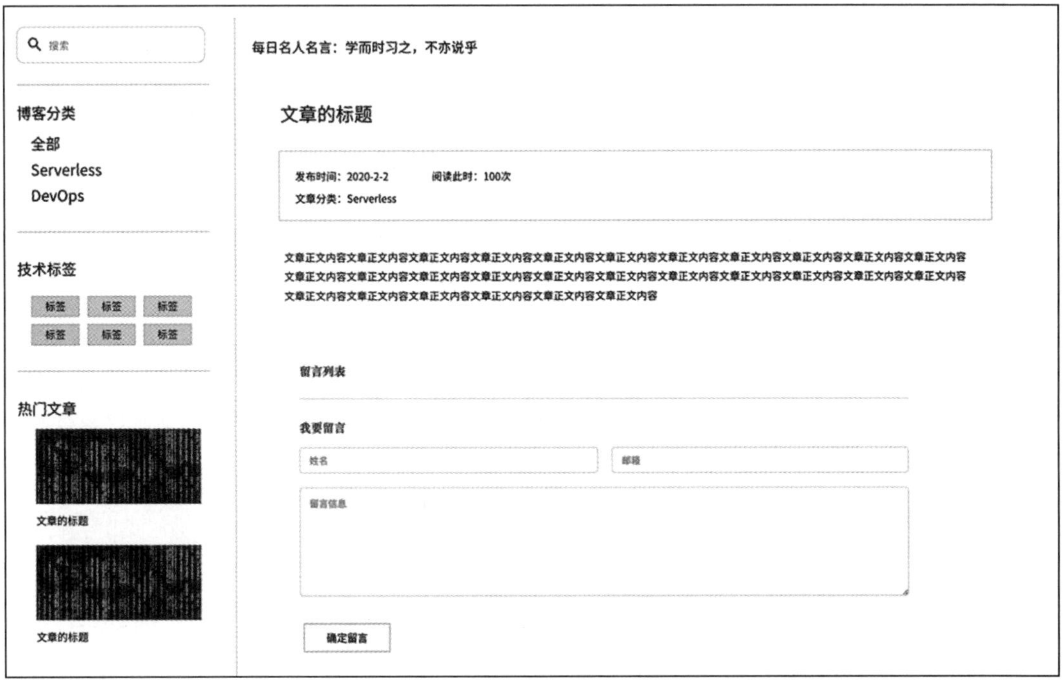

图 11-4　基于 Serverless 架构博客系统的前台详情页原型图

11.1.4　项目开发

1. 项目初始化

首先，确定后端框架的选型：使用 Django 作为 Web 框架进行业务开发。

然后，可以创建一个 Django 项目：

```
django-admin startproject ServerlessBlog
```

创建项目之后，再创建一个 Blog 的应用：

```
python manage.py startapp blog
```

完成创建之后，为了满足使用 Markdown 格式的需求，还需要安装 Django Markdown 相关的依赖。

如果需要引入 Markdown 写作规范，可以通过 django-mdeditor 来实现。django-mdeditor 是一个基于 Editor.md 的 django Markdown 文本编辑插件应用，使用方法如下。

首先，安装依赖：pip install django-mdeditor。

然后，在 settings 配置文件 INSTALLED_APPS 中添加 mdeditor：

```
INSTALLED_APPS = [
```

```
    ...
    'mdeditor',
]
```

最后，在 settings 中添加媒体文件的路径配置：

```
MEDIA_ROOT = os.path.join(BASE_DIR, 'uploads')
MEDIA_URL = '/media/'
```

在创建文章表的时候，可以将文章设置成：

```
MDTextField(" 内容 ")
```

2. 数据库配置
根据数据库设计，可以创建相关的数据库模型。
标签模型：

```
class TagsModel(models.Model):
    tid = models.AutoField(primary_key=True)
    name = models.CharField(max_length=30, verbose_name=" 标签名称 ", unique=True)
    remark = models.TextField(null=True, blank=True, verbose_name=" 备注说明 ")

    def __unicode__(self):
        return self.name

    def __str__(self):
        return self.name

    class Meta:
        verbose_name = ' 标签 '
        verbose_name_plural = ' 标签 '
```

分类模型：

```
class CategoryModel(models.Model):
    cid = models.AutoField(primary_key=True)
    name = models.CharField(max_length=30, verbose_name=" 名称 ", unique=True)
    sort = models.IntegerField(default=999, verbose_name=" 排序 ")
    remark = models.TextField(null=True, blank=True, verbose_name=" 备注说明 ")

    def __unicode__(self):
        return self.name

    def __str__(self):
        return self.name

    class Meta:
        verbose_name = ' 分类 '
        verbose_name_plural = ' 分类 '
```

文章模型：

```python
class ArticleModel(models.Model):
    aid = models.AutoField(primary_key=True)
    title = models.CharField(max_length=50, verbose_name=" 文章标题 ", unique=True)
    desc = models.TextField(verbose_name=" 文章描述 ")
    content = MDTextField(" 内容 ")
    watched = models.IntegerField(default=0, verbose_name=" 点击次数 ")
    publish = models.DateTimeField(auto_created=True, auto_now_add=True, verbose_
        name=" 发布时间 ")
    category = models.ForeignKey(CategoryModel, on_delete=models.CASCADE, blank=
        True, null=True, verbose_name=" 分类 ")
    tag = models.ManyToManyField(TagsModel, verbose_name=" 标签 ")

    def __unicode__(self):
        return self.title

    def __str__(self):
        return self.title

    class Meta:
        verbose_name = ' 文章 '
        verbose_name_plural = ' 文章 '
```

评论模型：

```python
class CommentsModel(models.Model):
    cid = models.AutoField(primary_key=True)
    content = models.TextField(verbose_name=" 评论内容 ")
    publish = models.DateTimeField(auto_now_add=True, verbose_name=" 发布时间 ")
    username = models.CharField(max_length=50, verbose_name=" 用户 ")
    qq = models.CharField(max_length=13, blank=True, null=True, verbose_name="QQ 号 ")

    email = models.CharField(max_length=50, verbose_name=" 邮箱 ")
    reply = models.TextField(verbose_name=" 回复 ", blank=True, null=True)
    show = models.BooleanField(default=True, verbose_name=" 是否显示 ")
    article_title = models.CharField(max_length=50, verbose_name=" 文章 ")
    article = models.ForeignKey(ArticleModel, on_delete=models.CASCADE, )

    def __unicode__(self):
        return self.content

    def __str__(self):
        return self.content

    class Meta:
        verbose_name = ' 评论 '
        verbose_name_plural = ' 评论 '
```

完成模型的建立后，可以对数据库进行初始化等操作：

```
python3 manage.py migrate
python3 manage.py makemigrations
```

完成指令执行之后，可以看到系统已经创建了一下数据表，如图 11-5 所示。

```
(venv) jiangyu@ServerlessSecurity ServerlessBlog % python3 manage.py makemigrations
Migrations for 'blog':
  blog/migrations/0001_initial.py
    - Create model ArticleModel
    - Create model CategoryModel
    - Create model TagsModel
    - Create model CommentsModel
    - Add field category to articlemodel
    - Add field tag to articlemodel
```

图 11-5　Django 数据库同步 / 建设示例

至此，我们完成了数据库相关模块的业务逻辑开发。

3. 博客后台页面开发

完成模型的设计之后，我们开始博客后台页面的开发。由于使用了 Django 框架，因此我们可以使用 Django admin 非常快速地搭建后台管理页面。

首先，配置后台管理系统的名称：

```
admin.site.site_header = 'Serverless Blog'
admin.site.site_title = 'Serverless Blog'
```

然后可以对标签管理、分类管理、文章管理、评论管理等进行配置。

标签管理：

```
class TagsModelAdmin(admin.ModelAdmin):
    ordering = ('-tid',)
    list_display = ('tid', 'name')
    list_editable = ('name',)
    list_display_links = ('tid',)
```

分类管理：

```
class CategoryModelAdmin(admin.ModelAdmin):
    ordering = ('-cid',)
    list_display = ('cid', 'name', 'sort')
    list_editable = ('sort',)
    list_display_links = ('cid', 'name')
```

文章管理：

```
class ArticleModelAdmin(admin.ModelAdmin):
    ordering = ('-aid',)
    list_display = ('aid', 'title', 'category', 'watched', 'publish')
    list_editable = ('watched',)
    list_display_links = ('aid', 'title')
```

评论管理：

```
class CommentsModelAdmin(admin.ModelAdmin):
    ordering = ('-cid',)
    list_display = ('cid', 'username', 'publish', 'content', 'show')
```

```
list_editable = ('show',)
list_display_links = ('cid', 'username',)
```

完成后台页面的配置之后，还需要进行相关的注册：

```
admin.site.register(TagsModel, TagsModelAdmin)
admin.site.register(ArticleModel, ArticleModelAdmin)
admin.site.register(CategoryModel, CategoryModelAdmin)
admin.site.register(CommentsModel, CommentsModelAdmin)
```

完成后台的配置和注册之后，为了能够登录到 Django-admin，还需要生成访问后台的凭证：

```
python3 manage.py createsuperuser
```

此时，只需要按照提示填写好账号、邮箱、密码等即可完成超级管理员账号的创建。

4. 博客前台页面开发

博客前台实际上只有两个页面：列表页和内容页，所以此处只需要实现两个核心方法即可。

列表页面需要同时支撑首页、分类、标签、搜索几种页面详情，所以要在开始之前获取一些默认参数。如果获取了 search 的参数，则会认为这是一个搜索结果页面；如果获取了 category 参数，则会认为这是一个获取某个分类博客的列表页；如果没有获取到 search、category 或 tag，则默认这是首页。

```
def blogList(request):
    # 头部名人名言
    sentence = random.choice(SENTENCE)

    search = request.GET.get("search", None)
    category = request.GET.get("cate", None)
    tag = request.GET.get("tag", None)
    try:
        pageNum = int(request.GET.get("page", 1))
    except:
        pageNum = 1

    pageInformation = WebsiteInformation

    articleList = ArticleModel.objects.all().order_by("-aid")
    hotData = articleList.order_by("-watched")[0:3]

    if search:
        articleTempList = []
        for eveArticle in articleList:
            if search in eveArticle.title + eveArticle.content:
                articleTempList.append(eveArticle)
        articleList = articleTempList
        pageInformation['title'] = search + "搜索结果"
    elif category:
```

```
            categoryData = CategoryModel.objects.get(cid=category)
            articleList = articleList.filter(category=categoryData).order_by("-aid")
            pageInformation['title'] = categoryData.name
        elif tag:
            tagData = TagsModel.objects.get(tid=tag)
            articleList = articleList.filter(tag=tagData).order_by("-aid")
            pageInformation['title'] = tagData.name
        else:
            articleList = articleList
            pageInformation['title'] = "博客首页"

    tagsList = TagsModel.objects.all().order_by("?")[0:20]
    categoryList = CategoryModel.objects.all().order_by("-sort")
    articleCount = len(articleList) if search else articleList.count()

    firstData = None
    if articleCount > 0:
        firstData = articleList[0]
        firstPicData = defaultPic(firstData.content)
    if articleCount >= 1:
        articleList = articleList[1:]
    paginator = Paginator(articleList, 12)
    # 对传递过来的页面进行判断，页码最小为1，最大为分页器所得总页数
    if pageNum < 0:
        pageNum = 1
    if pageNum > paginator.num_pages:
        pageNum = paginator.num_pages
    if pageNum != 1:
        pageInformation['title'] = "第 %d 页 - %s" % (pageNum, pageInformation['title'])
    # 分页器获得当前页面的数据内容
    getArticleList = lambda articles: [(eve, defaultPic(eve.content)) for eve in
        articles]
    articleList = paginator.page(pageNum)
    articleResult = getArticleList(articleList)
    hotList = getArticleList(hotData)

    return render(request, "list.html", locals())
```

除了列表页之外，还需要开发详情页逻辑。详情页的逻辑就是可以获取指定的文章详情的逻辑。详情页除了文章详情之外，还包含热门文章列表、分类列表以及标签列表、评论列表等内容：

```
@csrf_exempt
def blogArticle(request):
    # 头部名人名言
    sentence = random.choice(SENTENCE)

    pageInformation = WebsiteInformation

    tagsList = TagsModel.objects.all().order_by("?")[0:20]
```

```
categoryList = CategoryModel.objects.all().order_by("-sort")


# 获取文章 ID
aidData = request.GET.get("aid")
articleData = ArticleModel.objects.get(aid=aidData)
articleData.content = markdown.markdown(articleData.content, extensions=[
    'markdown.extensions.extra',
    'markdown.extensions.codehilite',
    'markdown.extensions.toc',
])

# 阅读此书自增 1
watched = int(articleData.watched) + 1
ArticleModel.objects.filter(aid=aidData).update(watched=watched)

articleList = ArticleModel.objects.all().order_by("-aid")
articleCount = articleList.count()
hotList = [(eve, defaultPic(eve.content)) for eve in articleList.order_by
    ("-watched")[0:3]]


if request.method == "POST":
    username = request.POST.get("name")
    email = request.POST.get("email")
    comment = request.POST.get("comment")

    CommentsModel.objects.create(
        username=username,
        email=email,
        content=comment,
        show=False,
        article_title=articleData.title,
        article=articleData,
    )
    status = " 留言成功，我会尽快审核，给您反馈！感谢您的支持哦！ "

commenList = CommentsModel.objects.filter(article=aidData, show=True).order_by
    ("-cid")

return render(request, "content.html", locals())
```

完成核心页面的业务逻辑开发之后，还需要配置路由信息：

```
from django.contrib import admin
from django.conf.urls import url, include
from django.urls import path
from django.views.static import serve
from django.conf import settings
from blog.views import blogList, blogArticle
```

```
urlpatterns = [
    path('admin/', admin.site.urls),
    url(r'mdeditor/', include('mdeditor.urls')),
    url(r'^$', blogList),
    url(r'^index$', blogList),
    url(r'^list$', blogList),
    url(r'^content$', blogArticle),
    url(r'^static/(?P<path>.*)$', serve, {'document_root': settings.STATIC_
        ROOT}, name='static'),
]
```

5. 项目测试

项目开发完成之后，可以在本地先验证部分功能，例如在本地启动服务：

```
python3 manage.py runserver 0.0.0.0:8000
```

可以看到服务已经启动，如图 11-6 所示。

```
(venv) jiangyu@ServerlessSecurity ServerlessBookBlog % python3 manage.py runserver 0.0.0.0:8000
Performing system checks...

System check identified no issues (0 silenced).
March 05, 2021 - 02:12:58
Django version 3.1.7, using settings 'ServerlessBlog.settings'
Starting development server at http://0.0.0.0:8000/
Quit the server with CONTROL-C.
```

图 11-6　Django 项目本地启动示例

此时，可以在本地浏览器打开 http://0.0.0.0:8000 进行功能的验证，进行系统的基本测试。

6. 项目发布

在完成博客系统的本地验证和修改之后，我们可以将其部署到阿里云函数计算上。在部署之前，需要将一些静态资源进行整理：

```
python3 manage.py collectstatic
```

整理完成之后，可以进行项目的正式部署。在项目部署之前，可以明确区分代码包和环境。以本项目为例，项目包含两个部分，一部分是执行的程序（包括相关依赖等），另一部分是执行的环境（例如 Python3 环境等）。在传统的函数计算中，项目的结构通常如图 11-7 所示。

这虽然符合常规函数计算的开发逻辑，但是这里存在一个问题。当代码包和依赖过大时可能需要对依赖等进行拆分，必要时可能要将依赖等部署到 NAS 中。同时，以 Django-admin 等为例，当涉及文件上传等操作的时候，可能要对基础模块进行修改或额外的配置。因此，另外一种部署方案出现了，其结构如图 11-8 所示。

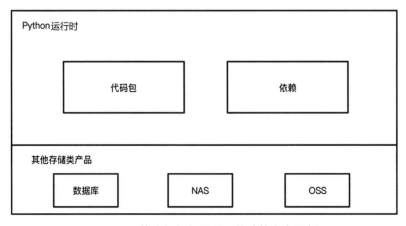

图 11-7　传统框架部署到函数计算方案示例

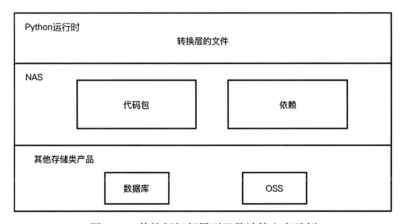

图 11-8　传统框架部署到函数计算方案示例

　　这种方案的好处是将代码包和依赖等直接托管到 NAS 中，便于传统框架和 Serverless 的兼容（尤其是对于部分持久化的操作，包括使用 SQLite 数据库、默认的文件上传、持久化等），同时也便于做增量更新，减少 Python 运行时本身的代码包大小，在一些情况下可以提升整体的效率。

　　但是，这种方案将会使代码包和函数计算解耦，导致部分功能丧失，例如版本控制、灰度发布等。采用第一种方案，可以直接将项目部署到函数计算，采用第二种方案则需要引入一个转换层文件。以该博客项目为例，我们需要先通过 sys.path.append() 将 NAS 挂载，再将上传的博客代码路径添加到 sys.path，并将用户引入 WSGI 的 application 中：

```
# index.py
import sys
sys.path.append("/mnt/auto/ServerlessBookBlog/")
from ServerlessBlog.wsgi import application
```

然后，将函数计算的 Handler 设置为 index.application。整体的配置文件如下：

```
edition: 1.0.0
name: ServerlessBook
provider: alibaba
access: anycodes_release

service:
    ServerlessBookBlogDemo:
        component: devsapp/fc
        props:
            region: cn-hongkong
            service:
                name: serverless-book-case
                description: Serverless 实践图书案例
                vpcConfig: auto
                logConfig: auto
                nasConfig: auto
            function:
                name: serverless-blog
                description: Serverless Blog
                codeUri:
                    src: ./src
                    excludes:
                        - src/.fun
                        - src/ServerlessBookBlog
                handler: index.application
                environmentVariables:
                    PYTHONUSERBASE: /mnt/auto/.fun/python
                memorySize: 128
                runtime: python3
                timeout: 5
            triggers:
                - name: Myblog
                  type: http
                  config:
                      authType: anonymous
                      methods:
                          - GET
                          - POST
                          - PUT
                  customDomains:
                      - domainName: auto
                        protocol: HTTP
                        routeConfigs:
                          - path: /a
                            serviceName: serverless-book-case
                            functionName: serverless-blog
```

接下来，可以依次进行安装依赖，部署函数，上传代码并将其依赖到 NAS 的操作。

按顺序执行上述流程后，即可完成 Serverless 博客的部署。本项目中需要额外安装的依赖包括：

```
django==3.1.7
django-mdeditor==0.1.18
markdown==3.3.4
```

可以通过 Serverless Devs 提供的 FC 组件中的 install 方法实现：

```
s ServerlessBookBlogDemo install docker
```

执行之后完成依赖的安装，如图 11-9 所示。

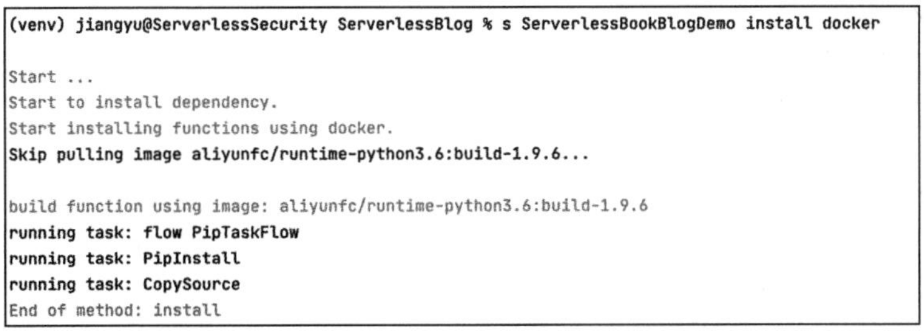

```
(venv) jiangyu@ServerlessSecurity ServerlessBlog % s ServerlessBookBlogDemo install docker

Start ...
Start to install dependency.
Start installing functions using docker.
Skip pulling image aliyunfc/runtime-python3.6:build-1.9.6...

build function using image: aliyunfc/runtime-python3.6:build-1.9.6
running task: flow PipTaskFlow
running task: PipInstall
running task: CopySource
End of method: install
```

图 11-9　Serverless Devs 阿里云函数计算组件安装依赖

依赖安装完成之后，可以将代码部署到线上：

```
s deploy
```

稍等片刻，即可看到部署成功，如图 11-10 所示。

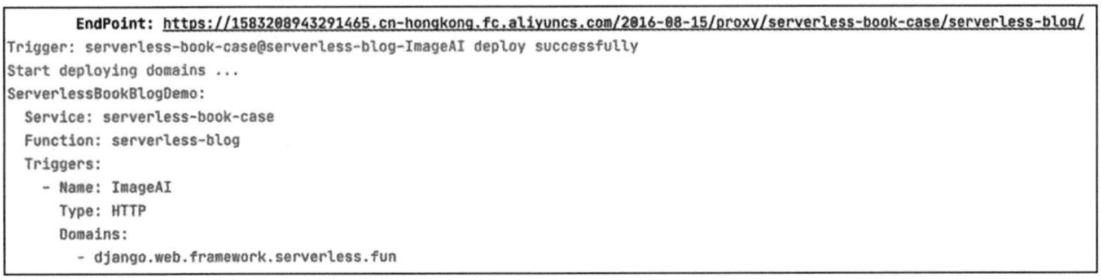

```
    EndPoint: https://1583208943291465.cn-hongkong.fc.aliyuncs.com/2016-08-15/proxy/serverless-book-case/serverless-blog/
Trigger: serverless-book-case@serverless-blog-ImageAI deploy successfully
Start deploying domains ...
ServerlessBookBlogDemo:
  Service: serverless-book-case
  Function: serverless-blog
  Triggers:
    - Name: ImageAI
      Type: HTTP
      Domains:
        - django.web.framework.serverless.fun
```

图 11-10　Serverless Devs 阿里云函数计算组件项目部署

部署完成之后，可以将依赖和代码上传到 NAS 中：

```
s ServerlessBookBlogDemo nas sync ./src/.fun
s ServerlessBookBlogDemo nas sync ./src/ServerlessBookBlog
```

完成之后可以看到上传成功，如图 11-11 所示。

```
(venv) jiangyu@ServerlessSecurity ServerlessBlog % s ServerlessBookBlogDemo nas sync ./src/ServerlessBookBlog

Start ...
Loading nas component, this may cost a few minutes...
Load nas component successfully.
Sync ./src/ServerlessBookBlog to remote /mnt/auto
zipping /Users/jiangyu/Desktop/ServerlessBlog/src/ServerlessBookBlog
✔ upload done
unzipping file
✔ unzip done
✔ upload completed!
End of method: nas
```

图 11-11　Serverless Devs 阿里云函数计算组件同步 NAS

至此，我们完成了 Serverless 博客的部署。

11.1.5　项目预览

当我们将项目成功部署到线上之后，可以进行项目的预览。

1. 前台预览

首先是列表页面。列表页面拥有搜索、分类查看、标签、文章列表、热门文章等功能。

同时，列表页面也将会被多个页面复用，例如网站首页、根据分类获取文章列表页面、根据标签获取文章列表页以及搜索结果页面，如图 11-12 所示。

图 11-12　前台列表页预览

然后是文章详情页面，其作用是查看文章详情。除了通用的模块（搜索功能、分类查看功能、热门文章等功能）外，还包括查看留言列表、留言等功能，如图 11-13 所示。

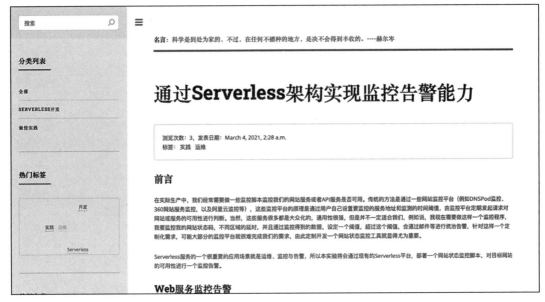

图 11-13　前台博客正文预览

如果用户在前台提交了留言，系统会进入审核阶段，如图 11-14 所示。

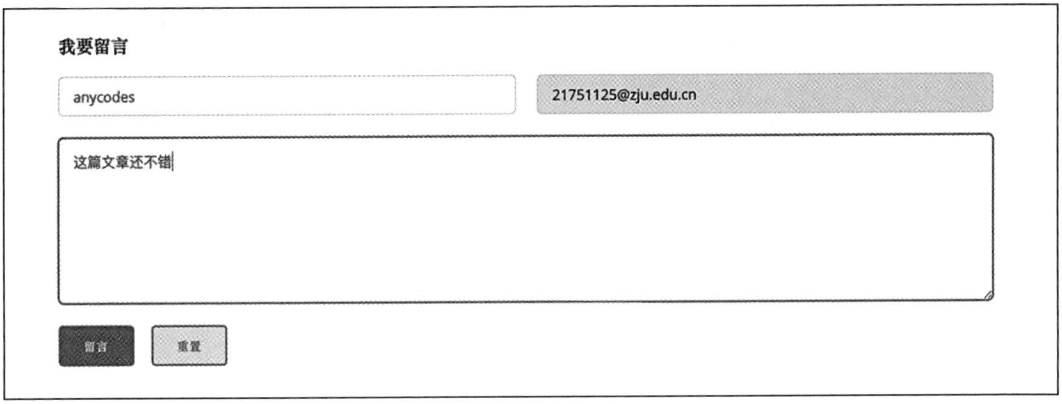

图 11-14　前台留言功能预览

博客的管理者可以在后台看到留言内容，可以进行回复、通过审核的操作，并将留言展示在页面上，如图 11-15 所示。

可以看到，当留言被回复时，展示在网页上的形态如图 11-16 所示。

2. 后台管理

后台管理系统主要依靠 Django 的 admin 实现。打开管理后台进行登录，如图 11-17 所示。

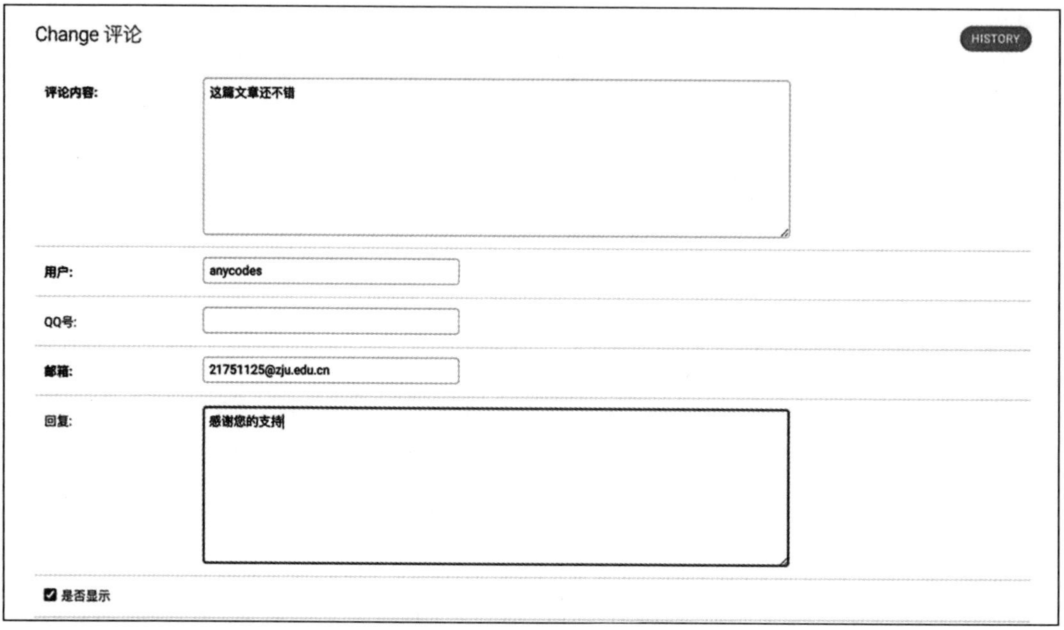

图 11-15　后台留言功能预览

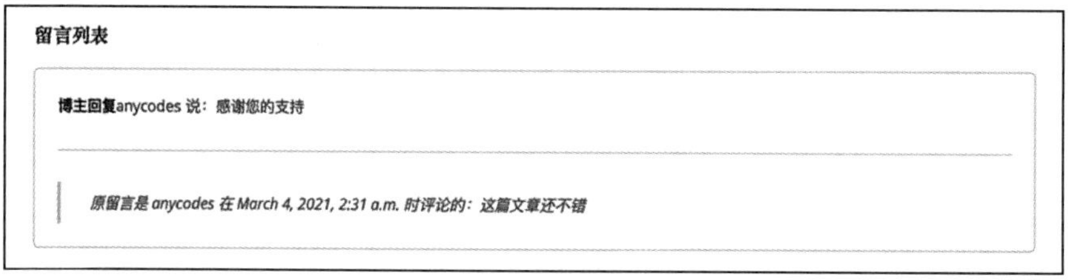

图 11-16　前台留言功能预览

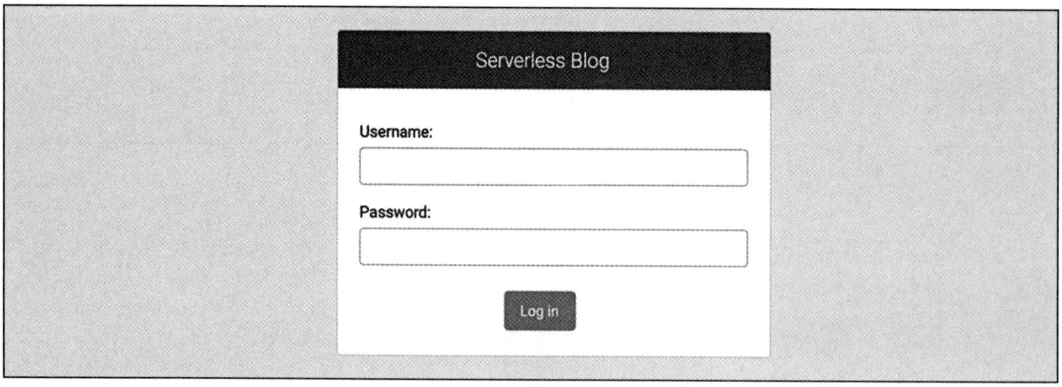

图 11-17　博客后台登录页面

登录完成之后，可以看到后台首页，如图 11-18 所示。

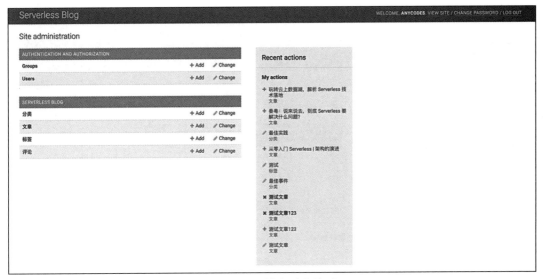

图 11-18　博客后台首页

可以查看分类、文章、标签等，如图 11-19 所示。

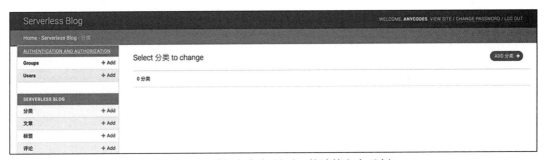

图 11-19　传统框架部署到函数计算方案示例

可以添加分类和标签等，以添加分类为例，如图 11-20 所示。

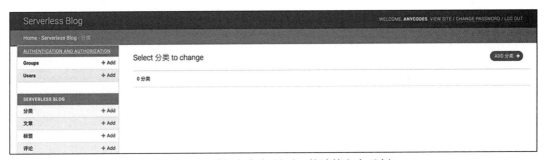

图 11-20　博客后台创建文章

还可以通过 Markdown 格式进行文章编辑和文章发布，如图 11-21 所示。

图 11-21　博客后台文章编辑

可以查看文章列表，如图 11-22 所示。

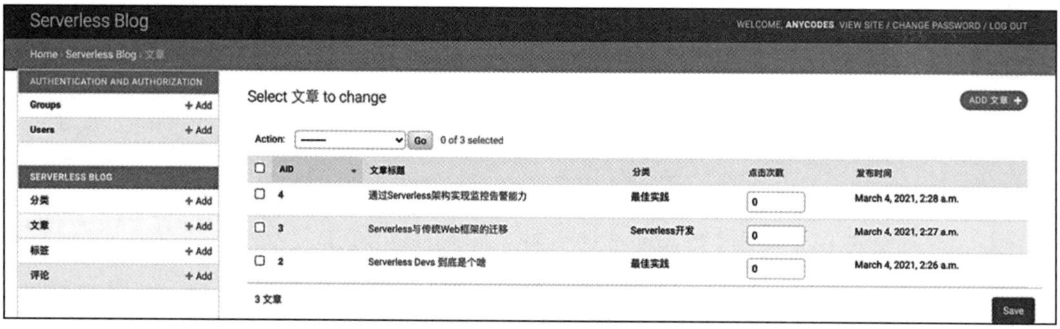

图 11-22　博客后台文章列表

至此，我们完成了一个基于 Django 框架的 Serverless 博客的开发，并将其部署到了阿里云 Serverless 架构上。

11.1.6　思路拓展

至此，我们完成了博客的开发和创建。我们会发现，其实在整个过程中并没有出现很多"Serverless 定制化"的行为，无论是开发过程还是使用效果，基本上都和传统的开发与使用是一致的，只有在部署的时候进行一些兼容性操作。那么，这是不是意味着很多传统的博客框架，都可以按照这样的流程或逻辑，快速地部署在 Serverless 架构上？

接下来，我们以 Zblog 为例，介绍如何将传统博客框架部署在 Serverless 架构上。

首先，下载 Zblog 安装包，并且准备转换层文件。如果选择了 SQLite，还需要添加相关的 SQLite 驱动等，如图 11-23 所示。

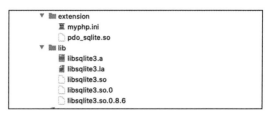

图 11-23　项目目录结构示例

用户的转换层配置：

```php
<?php

use RingCentral\Psr7\Response;

function handler($request, $context): Response
{
    $host = isset($request->getHeader('host')[0]) ? $request->getHeader('host')
        [0] : "serverless.zblogcn.com";
    $root_dir = '/mnt/auto/zblog';
    $uri = $request->getAttribute("requestURI");
    $uriArr = explode("?", $uri);

    if (preg_match('#/$#', $uriArr[0]) && !(strpos($uri, '.php'))) {
        $uriArr[0] .= "index.php";
        $uri = implode($uriArr);
    }

    //php script
    if (preg_match('#\.php.*#', $uri)) {
        if (!isset($GLOBALS['fcPhpCgiProxy']) || !$GLOBALS['fcPhpCgiProxy']) {
            $GLOBALS['fcPhpCgiProxy'] = new \ServerlessFC\PhpCgiProxy();
        }
        $resp = $GLOBALS['fcPhpCgiProxy']->requestPhpCgi(
            $request, $root_dir, "index.php",
            ['HTTP_HOST' => $host, 'SERVER_NAME' => $host, 'SERVER_PORT' => '80'],
            ['debug_show_cgi_params' => true, 'readWriteTimeout' => 15000]
        );
        return $resp;
    } else {
        // static files, js, css, jpg ...
        $filename = $root_dir . explode("?", $uri)[0];
        $filename = rawurldecode($filename);

        if (! file_exists($filename)) {
            //伪静态
            $resp = $GLOBALS['fcPhpCgiProxy']->requestPhpCgi(
                    $request, $root_dir, "index.php",
                    ['HTTP_HOST' => $host, 'SERVER_NAME' => $host, 'SERVER_
```

```
                        PORT' => '80', 'SCRIPT_FILENAME' => $root_dir . "/
                        index.php", 'SCRIPT_NAME' => "/index.php",],
                    ['debug_show_cgi_params' => true, 'readWriteTimeout' => 15000]
            );
        return $resp;
    }

    $handle = fopen($filename, "r");
    $contents = fread($handle, filesize($filename));
    fclose($handle);
    $headers = [
        'Content-Type' => $GLOBALS['fcPhpCgiProxy']->getMimeType($filename),
        'Cache-Control' => "max-age=8640000",
        'Accept-Ranges' => 'bytes',
    ];
    return new Response(200, $headers, $contents);
    }
}
```

通过 Serverless Devs 将项目部署到函数计算，需要编写 Serverless Devs 的部署配置：

```
edition: 1.0.0
name: ServerlessBook
provider: alibaba
access: anycodes_release

service:
    ServerlessBookZblogDemo:
        component: devsapp/fc
        props:
            region: cn-hongkong
            service:
                name: serverless-book-case
                description: Serverless 实践图书案例
                vpcConfig: auto
                logConfig: auto
                nasConfig: auto
            function:
                name: serverless-zblog
                description: Serverless ZBlog
                codeUri: ./src/code
                handler: index.handler
                memorySize: 128
                runtime: php7.2
                timeout: 200
            triggers:
                - name: Zblog
                  type: http
                  config:
                        authType: anonymous
```

```
                    methods:
                       - GET
                       - POST
                       - PUT
              customDomains:
                  - domainName: auto
                    protocol: HTTP
                    routeConfigs:
                      - path: /*
                        serviceName: serverless-book-case
                        functionName: serverless-zblog
```

准备就绪之后，可以先进行业务逻辑的部署：

```
s deploy
```

执行之后部署成功，如图 11-24 所示。

```
Project ServerlessBookZblogDemo successfully to execute

ServerlessBookZblogDemo:
  Service: serverless-book-case
  Function: serverless-zblog
  Triggers:
    - Name: ServerlessZBlog
      Type: HTTP
      Domains:
        - zblog.web.framework.serverless.fun
```

图 11-24 Serverless Devs 阿里云函数计算组件项目部署

部署完成之后，可以将代码等上传到 NAS：

```
s ServerlessBookZblogDemo nas sync ./src/zblog
```

执行之后上传成功，如图 11-25 所示。

```
(venv) jiangyu@ServerlessSecurity zblog % s ServerlessBookZblogDemo nas sync ./src/zblog

Start ...
Loading nas component, this may cost a few minutes...
Load nas component successfully.
Sync ./src/zblog to remote /mnt/auto
zipping /Users/jiangyu/Desktop/ServerlessBlog/zblog/src/zblog
✓ upload done
unzipping file
✓ unzip done
✓ upload completed!
End of method: nas
```

图 11-25 Serverless Devs 阿里云函数计算组件数据同步 NAS

代码上传完成之后，可以在控制台打开网址并进行测试，如图 11-26 所示。
按照提示安装 Zblog，同时也需要进行一些信息的配置，如图 11-27 所示。

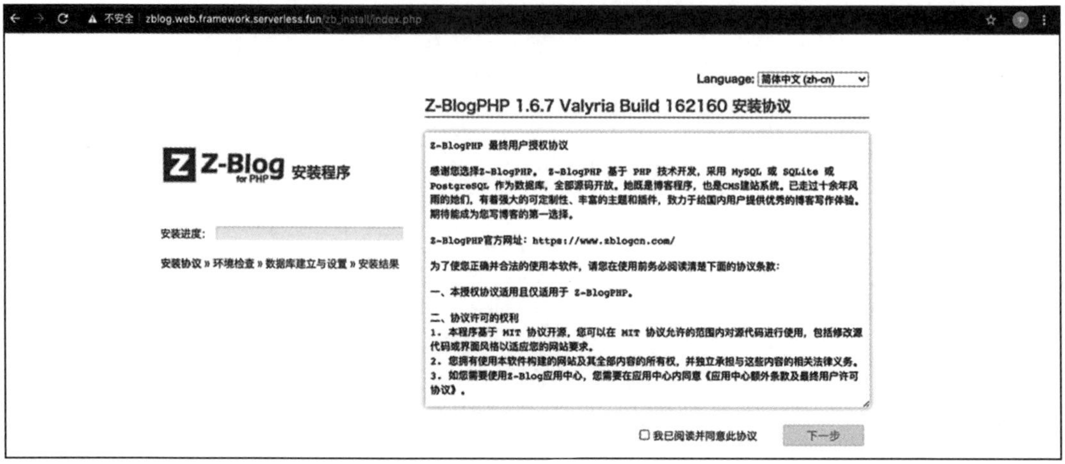

图 11-26　Zblog 安装程序首页

图 11-27　Zblog 安装程序配置数据库页面

由于我们将代码上传到了 NAS，所以可以选择 SQLite 作为项目数据库。当系统安装时，会生成对应数据库并存储到 NAS 中。

配置完成后，可以看到博客安装完成，如图 11-28 所示。

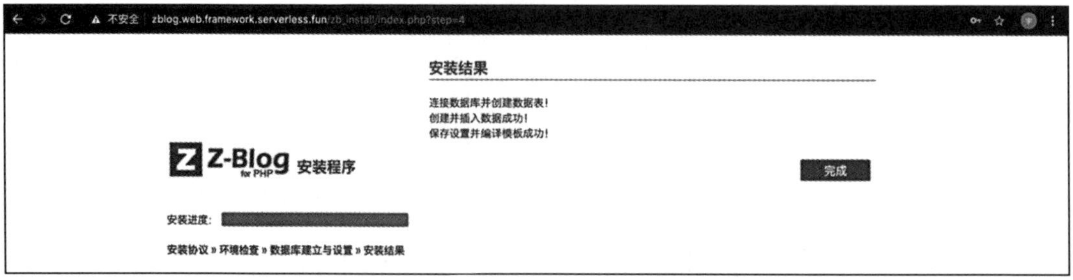

图 11-28　Zblog 安装程序安装完成页面

点击"完成"，即可进入首页，如图 11-29 所示。

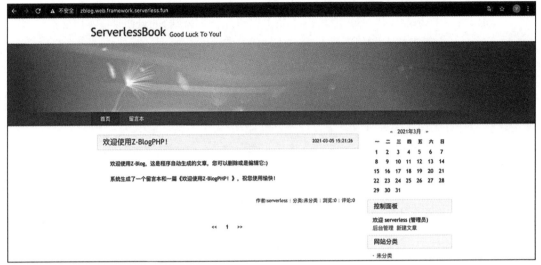

图 11-29　Zblog 默认博客首页

至此，我们通过转换层，将 Zblog 项目同步到 NAS 中，将函数计算作为执行环境，顺利地结合使用了传统框架开发的 Zblog 系统与 Serverless 架构。

11.1.7　总结

传统博客多种多样，无论是基于 PHP 的 Zblog 还是像 WordPress 这样的开源项目，都能帮助我们快速搭建一个博客系统。除了这些博客系统之外，还有很多静态博客系统。但不管怎样，大多数博客搭建方案还是通过传统的云主机等进行的，如何在 Serverless 架构下开发、部署自己的博客系统，目前来说还是比较新颖的。

本节通过一百余行代码，基于 Django 框架，快速地开发了一个博客系统，并将其部署到了 Serverless 架构上，使其成为一个 Serverless 博客 APP。同时发散思维，将传统的基于 PHP 的 Zblog 博客系统也通过同样的方法部署到了函数计算上。通过本节的学习，希望读者能够对 Serverless 架构有更深的理解，并获得更多的启发，能够将更多更有趣的应用部署到 Serverless 架构上，为业务赋能。

11.2　基于 Serverless 架构的人工智能相册小程序

11.2.1　项目背景

小程序的生态有趣且繁荣，将 Serverless 架构的技术红利发挥在小程序生态上，可以让本来就开发效率极高的小程序变得效率更高、性能更强、系统更稳、维护成本更低。本节将基于 Serverless 架构，开发一个人工智能相册系统。通过该系统的开发，我们可以对以下内

容有更深入的理解:

- 如何低成本、高效率地开发一个 Serverless 应用;
- 如何将一个传统框架(Bottle、Flask 等)快速迁移部署到 Serverless 架构上;
- 在 Serverless 架构上如何更科学地上传文件;
- 在 Serverless 架构上如何降低冷启动带来的影响;
- 如何优化 Serverless 项目,让其成本更低;
- 如何将深度学习与 Serverless 架构进行有机结合;
- 函数计算如何与云硬盘、对象存储等产品相结合;
- 在 Serverless 架构下如何进行用户登录、鉴权等。

11.2.2 需求分析

在本案例开始之前,需要先明确一下基于 Serverless 架构的人工智能相册小程序的需求来源:以笔者为例,我是一个喜欢旅行的人,在每次和朋友一起旅行的时候,我喜欢用手机拍照片。每次旅行结束之后,我就会遇到两件事情:

- 我和朋友手机中都有一些照片,需要把这些照片合并到一起。通常是我把我拍的传给他们,他们再把他们拍的传给我;
- 过了很久之后,我想找某张照片,我需要不断地翻相册查找,要先找到大概的拍摄时间范围,再逐步地确定具体的照片。

所以,能不能开发一个小程序相册系统,可以满足这样几个需求,如图 11-30 所示。

图 11-30　人工智能相册小程序功能流程简图

具体解释如下所示。

- 创建相册、上传图片:这部分比较容易理解,是一个相册工具的基础能力。
- 共享相册、共建相册:使用者在创建相册时,可以决定相册的权限,分为私有相册,只能自己查看和上传;共享相册,自己可以查看和上传,别人只可以查看,不可以上传;共建相册,自己和别人都可以查看和上传。
- 可以通过搜索找到目标图片:这部分涉及人工智能领域的图像描述 / 理解(Image Caption),即图片上传之后,系统会自动将其转换为文本并存储,在搜索的时候是可以通过搜索文本找到对应的图片,如图 11-31 所示。

这个项目中存在的难点是:

- 这个相册相对来说是一个低频工具,而购买服务器、租用云主机以及购买数据库等需要持续支出费用,因此我们要考虑如何让项目成本降低,并且能在需要的时候高性能地运作;

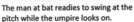

图 11-31　Image Caption 效果简图

- 由于一般的云厂商提供的运行时的整体空间只有 500MB 左右，因此如果项目使用了 Serverless 架构，我们需要考虑如何在函数计算上使用一个较大的人工智能模型；
- 如果使用了 Serverless 架构，我们需要思考如何在本地调试，以及如何将传统框架部署到线上；
- 由于 Serverless 中的计算平台通常都由事件驱动，而一般情况下云厂商对这个事件的大小进行了一定的限制，通常在 6MB 左右，如果直接上传图片，显然会出现大量的事件体积超限问题，因此我们需要考虑在 Serverless 架构下，如何安全、高性能地上传文件。

11.2.3　整体设计

根据对需求的分析，我们将要实现的功能制成简单的用例图，如图 11-32 所示。

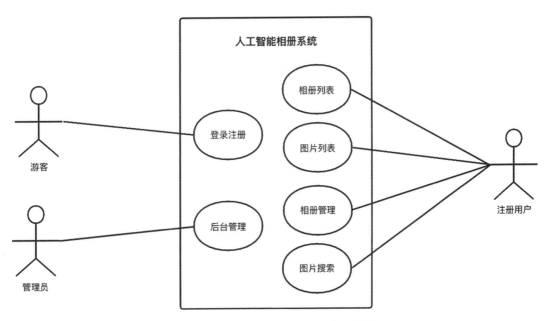

图 11-32　人工智能相册小程序用例图

该案例中存在三种角色。

- 游客：只能访问注册页面和登录页面。
- 管理员：可以通过电脑端访问后台管理系统。
- 注册用户：可以进行相册管理（包括增删改查等）、图片管理（包括增删查等）。

对需求进一步细化，将这个项目分为三个主要部分。

- 小程序端：即客户端。
- 服务端：即小程序交互所需要的 API 系统。
- 管理系统：即管理员可以对全局进行观测和查看等操作的系统。

整个项目的结构大致如图 11-33 所示。

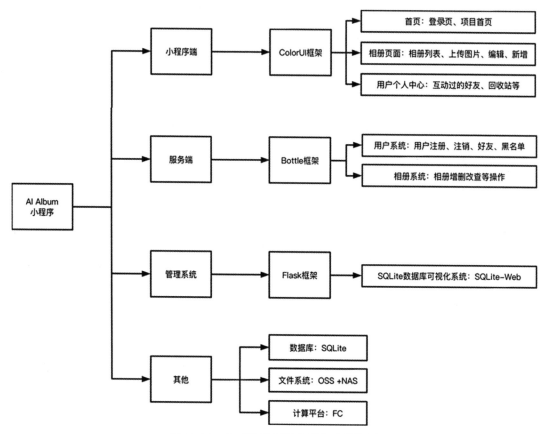

图 11-33　人工智能相册小程序功能简图

1. 数据库设计

针对上图中功能，可以对数据库进行设计，如图 11-34 所示。

详情如表 11-5 ～表 11-11 所示。

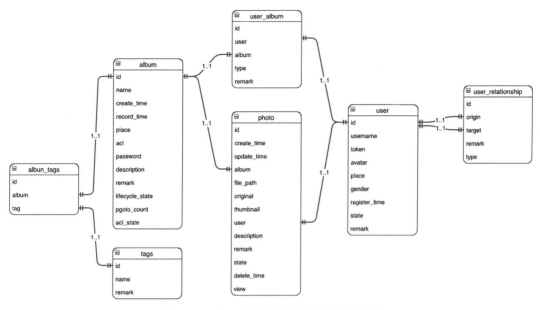

图 11-34　人工智能相册小程序数据库设计

表 11-5　相册（Album）详情表

字段	类型	描述
id	int	主键，相册 id
name	varchar	相册名
create_time	date	创建时间
record_time	date	记录时间
place	varchar	地点
acl	int	权限（0 私密，1 共享，2 共建）
password	varchar	密码
description	text	描述
remark	text	备注（可选）
lifecycle_state	int	生命状态（1 正常，0 删除）
photo_count	int	图片数量（默认 0）
acl_state	int	权限状态

表 11-6　标签（Tags）详情表

字段	类型	描述
id	int	主键，标签 id
name	varchar	相册名
remark	text	备注（可选）

表 11-7 相册标签关系（Album_Tags）详情表

字段	类型	描述
id	int	主键，相册标签关系 id
album	外键	相册
tag	外键	标签

表 11-8 用户（User）详情表

字段	类型	描述
id	int	主键，用户 id
username	varchar	用户名
token	varchar	用户 Token
avatar	varchar	头像地址
place	varchar	地区
gender	int	性别
register_time	date	注册时间
state	int	用户状态（1 可用，2 注销）
remark	text	备注（可选）

表 11-9 用户相册关系（User_Album）详情表

字段	类型	描述
id	int	主键，用户相册关系 id
user	外键	用户
album	外键	相册
type	int	关系类型
remark	text	备注（可选）

表 11-10 图片（Photo）详情表

字段	类型	描述
id	int	主键，图片 id
create_time	date	创建时间
update_time	date	升级时间
album	外键	相册
file_path	varchar	图片地址
original	varchar	图片原图
thumbnail	varchar	图片压缩图
user	外键	用户
description	text	描述
remark	text	备注（可选）
state	int	图片状态（1 可用，−1 删除，−2 永久删除）
delete_time	date	删除时间
views	int	查看次数

表 11-11　用户关系（User_Relationship）详情表

字段	类型	描述
id	int	主键，用户关系 id
origin	外键	用户关系源
target	外键	用户关系目标
remark	text	备注（可选）
type	int	用户关系状态（1 好友，–1 黑名单）

2. 原型图设计

项目的设计草图如图 11-35 所示。

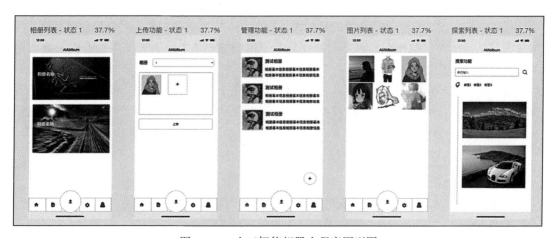

图 11-35　人工智能相册小程序原型图

3. 细节设计

（1）图像压缩：更快速、更省流量

根据需求分析，我们即将要做的相册小程序实际上包含两个部分：图片列表、图片详情。

如果在每个环节都加载原图，一方面对用户流量、网络质量，以及小程序客户端的性能是一个考验，另一方面对于服务端的流量费用支出，也是一个非常严峻的考验。所以，我们可以使用压缩图与原图组合使用来进行优化。例如：所有的列表页加载的图片均是压缩图，点击查看详情时加载的是原图。这样，不仅保证了性能、成本，也进一步提高了整体效率和体验。

（2）状态设定：让复杂的权限变得清晰

为了更好地管理用户和相册的关系及用户和用户的关系，我们额外引入了用户相册表和用户表，来进行相关权限的控制。

用户之间的关系包括：自我关系、好友关系、黑名单关系、无关系。

用户和相册关系包括：自己的相册、别人分享的相册（分为有、无查看权限两种）、别人共建的相册（分为有、无查看权限两种）。

相册自身的状态包括：私密相册、共享相册、共建相册。

此外，还要将增量用户设置为私密状态。

这些复杂的权限和状态设计，将会是构成用户与用户关系、用户与相册关系的重要组成部分。

（3）资源评估：让资源分配更加合理

资源分配是一个老生常谈的问题。在云主机时代，如果想要上线一个项目，必然离不开资源的评估，例如需要购买带宽为多少的产品或服务，而决定这个资源限制的可能是对业务体积和用户体积的评估。如果整个业务采用了 Serverless 架构，那么是否要对所使用的实例规格进行评估？如何评估才会更合理？所有接口是否都要放在一起？

这里我们的做法是：拆分资源消耗较大的接口，并按照业务、场景进行接口分类。

例如，相对简单的接口，可能只存在对数据库的增删改查及部分简单地逻辑，那么这类的接口可以按照业务分类、场景分类进行一个整体的划分，这类接口所使用的函数规格基本一致；还有一部分相对复杂的接口，例如对图片进行描述等，这一部分的接口所需要的资源是相对巨大的，所以这一部分接口要单独放在某些函数中。通过对资源的评估，可以细化实例的规格，进一步地节约成本。

4. 架构设计

Serverless 架构相对传统架构，具有以下优点：

- Serverless 架构的维护成本极低，可以支出更少的精力；
- Serverless 架构采用按量付费的模式，可以更加节约成本。

所以，为了提升开发效率，并且降低整体成本，这个项目将会基于 Serverless 架构来开发。Serverless 的优势，尤其是降低成本、按量付费，是促使该项目使用 Serverless 架构的一个非常重要的因素。由于该项目涉及深度学习、图像压缩转换等逻辑，可能在某些时间点服务器的压力会比较大，当图片上传完成之后，服务器的压力又减小很多，所以在资源评估时就会产生非常大的"歧义"。而 Serverless 架构的按量付费模式，与各种 BaaS 产品的触发器等相结合，不仅能很好地解决成本问题，也可以解决部分运维问题，可谓是一举多得。

基于 Serverless 的项目架构设计如图 11-36 所示。

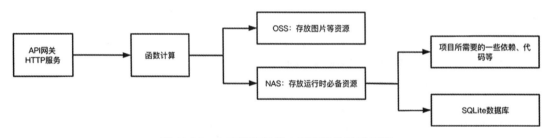

图 11-36　人工智能相册小程序架构设计简图

整个项目会用到函数计算、HTTP 触发器、对象存储、NAS 等服务。

- HTTP 触发器解决传统服务器中 Nginx 相关的设置问题。
- 函数计算为项目提供足够的算力。
- 对象存储将存放用户上传的照片等资源。
- NAS 将负责两部分工作：
  - 一些代码包或模型比较大的项目，可以通过将依赖等文件放置在 NAS 中，来确保在 500MB 的实例中，有空间做更多的事情；
  - 为了进一步降低成本，使用 SQLite 数据库作为该项目的数据库，并将其存放在 NAS 中。

同时，为了更贴近传统架构的开发习惯和提升开发效率，也为了在开发期间可以在本地有一个更加便利的调试环境、方案，该项目会采用传统 Web 框架来直接进行开发，最后再通过工具推送到线上的环境中，如图 11-37 所示。

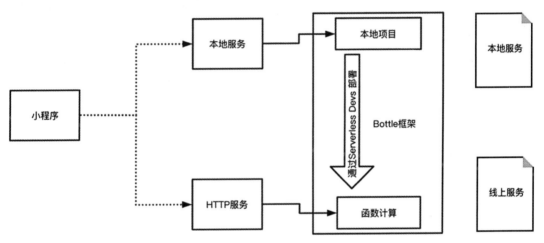

图 11-37　人工智能相册小程序项目部署流程简图

该项目的技术选型如下所示。

- 客户端：微信小程序，使用 ColorUI，如图 11-38 所示。
- 服务端：后台接口采用 Bottle 框架。Bottle 是一个非常简洁、轻量的 Web 框架，与 Django 有着明显的区别。Bottle 框架只由一个单文件组成，文件总共只有 3700 多行代码，依赖只有 Python 标准库。但是麻雀虽小五脏俱全，基本的功能 Bottle 框架都能实现，很适合开发一些小型 Web 应用。
- 管理系统：采用 Flask 框架，使用 SQLite-Web 来直接实现。SQLite-Web 是用 Python 语言编写的基于 Web 的 SQLite 数据库浏览器。
- 存储系统：采用 OSS 对象存储作为相册存储，采用 NAS 作为依赖、数据库等存储。
- 计算平台：全部采用函数计算（FC）。

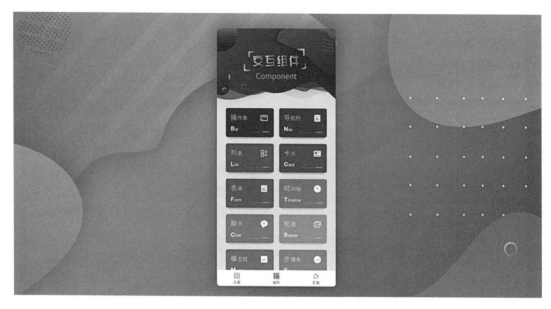

图 11-38 ColorUI 交互组件

服务端主要由同步任务、异步任务两部分组成，如图 11-39 所示。

图 11-39 服务端接口组成类型

同步任务中有一个请求是增加图片，本项目所采用的是直传 OSS+ 异步处理的方法，即当用户本地上传图片的时候，系统请求后台增加图片，系统增加图片数据之后会返回上传地址，客户端将图片直接上传，然后异步触发修改图片状态、图像压缩、图像理解等任务，如图 11-40 所示。

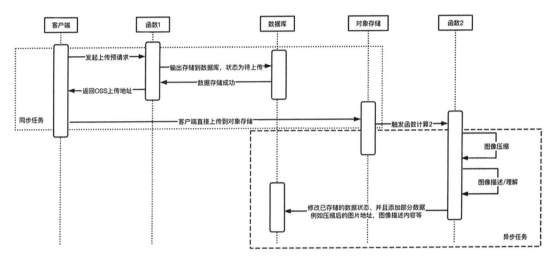

图 11-40　Serverless 架构下文件上传方案简图

由于 Serverless 架构存在较为严重的冷启动问题，因此很多厂商也都推出预留实例，但是实际上我个人更加偏向于自制预热方案，如图 11-41 所示。

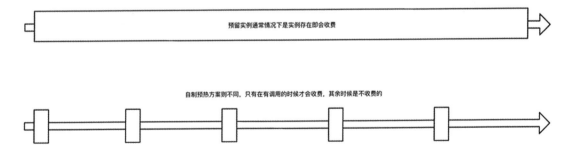

图 11-41　Serverless 架构下函数预热效果简图

所谓的自制预热方案就是编写一个函数定时触发器，请求要被预热的函数。

例如，预热的函数中有一个方法如下：

```
@bottle.route('/prewarm', method='GET')
def preWarm():
    time.sleep(3)
    return response("Pre Warm")
```

预热函数可以针对这个方法进行请求：

```python
# -*- coding: utf-8 -*-
import _thread
import urllib.request
import time

def preWarm(number):
    print("%s\t start time: %s"%(number, time.time()))
    url = "http://www.aialbum.net/prewarm"
    print(urllib.request.urlopen(url).read().decode("utf-8"))
    print("%s\t end time: %s" % (number, time.time()))

def handler(event, context):
    try:
        for i in range(0,6):
            _thread.start_new_thread( preWarm, (i, ) )
    except:
        print ("Error: 无法启动线程")


    time.sleep(5)

    return True
```

接下来，定时触发预热函数（例如每 3 分钟触发一次），这样目标函数就可以确保 6 个实例的预热了。

11.2.4　项目开发

1. 项目初始化

（1）数据库初始化

项目初始化中最重要的就是数据库初始化，代码分别如下。

相册：

```sql
CREATE TABLE Album  (
    id                  INTEGER PRIMARY KEY autoincrement        NOT NULL,
    name                CHAR(255)                                NOT NULL,
    create_time         CHAR(255)                                NOT NULL,
    record_time         CHAR(255)                                NOT NULL,
    place               CHAR(255),
    acl                 INT                                      NOT NULL,
    password            CHAR(255),
    description         TEXT,
    remark              TEXT,
    lifecycle_state     INT,
    photo_count         INT                                      NOT NULL,
    acl_state           INT,
```

```
    picture                 CHAR(255)
)
```

图片:

```
CREATE TABLE Photo  (
    id                      INTEGER PRIMARY KEY autoincrement    NOT NULL,
    create_time             TEXT                                 NOT NULL,
    update_time             TEXT                                 NOT NULL,
    album                   CHAR(255)                            NOT NULL,
    file_token              CHAR(255)                            NOT NULL,
    user                    INT                                  NOT NULL,
    description             CHAR(255)                            NOT NULL,
    remark                  TEXT,
    state                   INT                                  NOT NULL,
    delete_time             TEXT,
    place                   TEXT,
    name                    CHAR(255),
    views                   INT                                  NOT NULL,
    delete_user             CHAR(255),
    "user_description" TEXT
)
```

标签:

```
CREATE TABLE Tags  (
    id                      INTEGER PRIMARY KEY autoincrement    NOT NULL,
    name                    CHAR(255)                            NOT NULL UNIQUE,
    remark                  TEXT
)
```

用户:

```
CREATE TABLE User  (
    id                      INTEGER PRIMARY KEY autoincrement    NOT NULL,
    username                CHAR(255)                            NOT NULL,
    token                   CHAR(255)                            NOT NULL UNIQUE,
    avatar                  CHAR(255)                            NOT NULL,
    secret                  CHAR(255)                            NOT NULL UNIQUE,
    place                   CHAR(255),
    gender                  INT                                  NOT NULL,
    register_time           CHAR(255)                            NOT NULL,
    state                   INT                                  NOT NULL,
    remark                  TEXT
)
```

用户关系:

```
CREATE TABLE UserRelationship  (
    id                      INTEGER PRIMARY KEY autoincrement    NOT NULL,
```

```
    origin              INT                                 NOT NULL,
    target              INT                                 NOT NULL,
    type                INT                                 NOT NULL,
    relationship        CHAR(255)                  NOT NULL UNIQUE,
    remark              TEXT
)
```

相册标签关系：

```
CREATE TABLE AlbumTag (
    id              INTEGER PRIMARY KEY autoincrement     NOT NULL,
    album           INT                                    NOT NULL,
    tag             INT                                    NOT NULL
)
```

相册用户关系

```
CREATE TABLE AlbumUser (
    id              INTEGER PRIMARY KEY autoincrement      NOT NULL,
    user            INT                                    NOT NULL,
    album           INT                                    NOT NULL,
    type            INT                                    NOT NULL,
    album_user      CHAR(255)                     NOT NULL UNIQUE,
    remark          TEXT
)
```

（2）存储桶初始化

数据库初始化完成之后，还需要创建一个存储桶，例如在 OSS 中创建一个存储桶如图 11-42 所示。

图 11-42　阿里云对象存储创建存储桶

2. 小程序开发

（1）页面开发

小程序的开发，主要包含两部分，一部分是页面布局，另一部分是数据的渲染。

页面布局部分主要是使用 ColorUI 组件，例如规定一个页面的整体样式如图 11-43 所示。

图 11-43　微信小程序开发 IDE

然后根据设计的页面及现有的组件，进行灵活地拼装，如图 11-44 所示。

图 11-44　ColorUI 原型图还原效果

（2）公共方法

完成小程序页面的开发之后，开始对小程序的数据进行统一的抽象，例如请求后端的方法：

```
//统一请求接口
doPost: async function (uri, data, option = {
    secret: true,
    method: "POST"
}) {
    let times = 20
    const that = this
    let initStatus = false
    if (option.secret) {
        while (!initStatus && times > 0) {
            times = times - 1
            if (this.globalData.secret) {
                data.secret = this.globalData.secret
                initStatus = true
                break
            }
            await that.sleep(500)
        }
    } else {
        initStatus = true
    }
    if (initStatus) {
        return new Promise((resolve, reject) => {
            wx.request({
                url: that.url + uri,
                data: data,
                header: {
                    "Content-Type": "text/plain"
                },
                method: option.type ? option.type : "POST",

                success: function (res) {
                    console.log("RES: ", res)
                    if (res.data.Body && res.data.Body.Error && res.data.
                        Body.Error == "UserInformationError") {
                        wx.redirectTo({
                            url: '/pages/login/index',
                        })
                    } else {
                        resolve(res.data)
                    }
                },

                fail: function (res) {
                    reject(null)
```

```
                    }
                })
            })
        }
    }
```

登录模块:

```
login: async function () {

    const that = this
    const postData = {}
    let initStatus = false
    while (!initStatus) {
            if (this.globalData.token) {
                postData.token = this.globalData.token
                initStatus = true
                break
        }
        await that.sleep(200)
}

            if (this.globalData.userInfo) {
                postData.username = this.globalData.userInfo.nickName
                postData.avatar = this.globalData.userInfo.avatarUrl
                postData.place = this.globalData.userInfo.country || "" + this.
                    globalData.userInfo.province || "" + this.globalData.user
                    Info.city || ""
                postData.gender = this.globalData.userInfo.gender
}

    try {
      this.doPost('/login', postData, {
        secret: false,
        method: "POST"
      }).then(function (result) {
        if (result.secret) {
          that.globalData.secret = result.secret
        } else {
          that.responseAction(
            "登录失败",
            String(result.Body.Message)
          )
        }
      })
    } catch (ex) {
      this.failRequest()
    }
  }
```

（3）核心页面的部分方法

在将图片上传到阿里云对象存储的时候，会遇到一个问题：

- 直接通过密钥上传不是很安全；
- 通过预签名上传很安全，但是小程序和对象存储之间有一些冲突（小程序的 uploadFile 方法只支持 POST；对象存储的 SDK 预签名只支持 PUT 与 GET。

最终我们的解决方案是，服务端通过对象存储的 SDK 生成临时地址：

```
uploadUrl = "https://upload.aialbum.net"
replaceUrl = lambda method: downloadUrl if method == "GET" else uploadUrl
getSourceUrl = lambda objectName, method="GET", expiry=600: bucket.sign_url(method,
    objectName, expiry)
SignUrl = lambda objectName, method="GET", expiry=600: getSourceUrl(objectName,
    method, expiry).replace(sourcePublicUrl, replaceUrl(method))
# 使用方法：
returnData = {"index": index, "url": SignUrl(file_path, "PUT", 600)}
```

小程序本身有一个上传文件的 API，其描述文档如图 11-45 所示。

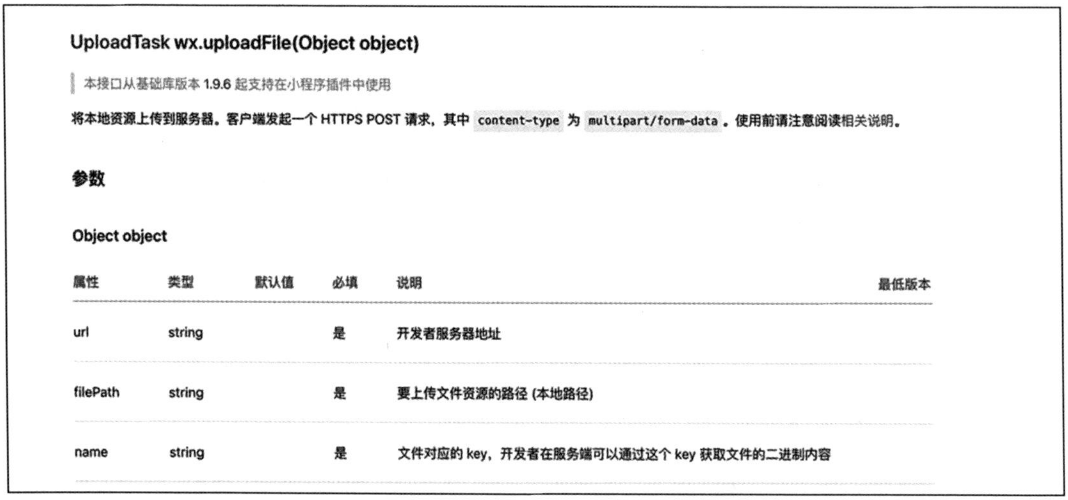

UploadTask wx.uploadFile(Object object)

本接口从基础库版本 **1.9.6** 起支持在小程序插件中使用

将本地资源上传到服务器。客户端发起一个 HTTPS POST 请求，其中 `content-type` 为 `multipart/form-data`。使用前请注意阅读相关说明。

参数

Object object

属性	类型	默认值	必填	说明	最低版本
url	string		是	开发者服务器地址	
filePath	string		是	要上传文件资源的路径 (本地路径)	
name	string		是	文件对应的 key，开发者在服务端可以通过这个 key 获取文件的二进制内容	

图 11-45　小程序上传文件 API 文档

文档中有一句"客户端发起一个 HTTPS POST 请求"，而在使用阿里云对象存储服务时，使用的预签名能力仅支持 GET 方法和 PUT 方法，所以这里无法通过预签名 +wx.upload-File(Object object) 的方法来上传文件。

此时我们需要：

- 读取文件；
- 通过 wx.request(Object object) 指定 PUT 方法来进行上传。

基本的实现过程为：

```
uploadData: function () {
    const that = this
    const uploadFiles = this.data.imageType == 1 ? this.data.originalPhotos : this.
        data.thumbnailPhotos
    for (let i = 0; i < uploadFiles.length; i++) {
        if (that.data.imgListState[i] != "complete") {
            const imgListState = that.data.imgListState
            try {
                app.doPost('/picture/upload/url/get', {
                    album: that.data.album[that.data.index].id,
                    index: i,
                    file: uploadFiles[i]
                }).then(function (result) {
                    if (!result.Body.Error) {
                        imgListState[result.Body.index] = 'uploading'
                        that.setData({
                            imgListState: imgListState
                        })
                        wx.request({
                            method: 'PUT',
                            url: result.Body.url,
                            data: wx.getFileSystemManager().readFileSync
                                (uploadFiles[result.Body.index]),
                            header: {
                                "Content-Type": " "
                            },
                            success(res) {
                            },
                            fail(res) {
                            },
                            complete(res) {
                            }
                        })
                    } else {
                    }
                })
            } catch (ex) {
            }
        }
    }
}
```

为了让这个工具更加符合常见的相册系统，提升图片列表的多样性，可以通过屏幕操作来对列表进行部分操作，即可以通过双指进行放大缩小的操作来实现相册每行显示的数量如图 11-46 所示。

图 11-46 小程序相册列表页样式

这一部分的实现方案是：

```
/**
  * 调整图片
  */
touchendCallback: function (e) {
    this.setData({
        distance: null
    })
},

touchmoveCallback: function (e) {
    if (e.touches.length == 1) {
        return
    }
    //监测到两个触点
    let xMove = e.touches[1].clientX - e.touches[0].clientX
    let yMove = e.touches[1].clientY - e.touches[0].clientY
    let distance = Math.sqrt(xMove * xMove + yMove * yMove)
    if (this.data.distance) {
        //已经存在前置状态
        let tempDistance = this.data.distance - distance
        let scale = parseInt(Math.abs(tempDistance / this.data.windowRate))
        if (scale >= 1) {
            let rowCount = tempDistance > 0 ? this.data.rowCount + scale :
                this.data.rowCount - scale
```

```
            rowCount = rowCount <= 1 ? 1 : (rowCount >= 5 ? 5 : rowCount)
            this.setData({
                rowCount: rowCount,
                rowWidthHeight: wx.getSystemInfoSync().windowWidth / rowCount,
                distance: distance
            })
        }
    } else {
        // 不存在前置状态
        this.setData({
            distance: distance
        })
    }
},
```

通过确定屏幕触点的数量及勾股定理，来确定两个手指之间放大和缩小的距离。

3. 服务端开发

服务端的开发主要包含 Bottle 的同步接口和异步功能的函数两个函数。

其中 Bottle 的同步接口，主要是数据库的增删改查，以及权限的校验操作。

（1）数据库统一处理方法

数据库的统一处理方法如下：

```
# 数据库操作
def Action(sentence, data=(), throw=True):
    '''
    数据库操作
    :param throw: 异常控制
    :param sentence: 执行的语句
    :param data: 传入的数据
    :return:
    '''
    try:
        for i in range(0,5):
            try:
                cursor = connection.cursor()
                result = cursor.execute(sentence, data)
                connection.commit()
                return result
            except Exception as e:
                if "disk I/O error" in str(e):
                    time.sleep(0.2)
                    continue
                elif "lock" in str(2):
                    time.sleep(1.1)
                    continue
                else:
                    raise e
    except Exception as err:
```

```
        print(err)
        if throw:
            raise err
        else:
            return False
```

（2）登录注册功能
登录注册功能：

```python
# 登录功能
@bottle.route('/login', method='POST')
def login():
    try:
        postData = json.loads(bottle.request.body.read().decode("utf-8"))
        token = postData.get('token', None)
        username = postData.get('username', '')
        avatar = postData.get('avatar', getAvatar())
        place = postData.get('place', "太阳系地球")
        gender = postData.get('gender', "-1")
        tempSecret = getMD5(str(token)) + getRandomStr(50)
        if token:
            # 如果数据在数据库，则更新并且登录，否则进行注册
            print("Got token.")
            dbResult = Action("SELECT * FROM User WHERE `token`=?;", (token,))
            user = dbResult.fetchone()
            if user:
                print("User exists.")
                tempSecret = user[4]
                # 判断数据是否一致，并决定是否启动更新工作
                if not (username == user[1] and avatar == user[3] and place ==
                    user[5] and gender == user[6]):
                    # 更新操作
                    print("User exists. Updating ...")
                    updateStmt = "UPDATE User SET `username`=?, `avatar`=?,
                        `place`=?, `gender`=? WHERE `id`=?;"
                    Action(updateStmt, (username, avatar, place, gender, user[0]))
            else:
                print("User does not exists. Creating ...")
                # 未搜索到数据，数据入库
                insertStmt = ("INSERT INTO User(`username`, `token`, `avatar`,
                    `secret`, `place`, `gender`, "
                             "`register_time`, `state`, `remark`) VALUES (?,
                                ?, ?, ?, ?, ?, ?, ?, ?);")
                Action(insertStmt, (username, token, avatar, tempSecret, place,
                    gender, str(getTime()), 1, ''))
            # 完成之后，再查一次数据
            print("Getting user information ...")
            userData = getUserBySecret(tempSecret)
            return userData if userData else response(ERROR['SystemError'], 'System
                Error')
```

```
        else:
            return response(ERROR['ParameterException'], 'ParameterException')
    except Exception as e:
        print("Error: ", e)
        return response(ERROR['SystemError'], 'SystemError')
```

（3）全局定义

为了让一些操作更简单，我们抽象出来了一些 Lambda 方法，并且定义了一系列的全局变量等：

```
# oss bucket 对象
bucket = oss2.Bucket(oss2.Auth(AccessKeyId, AccessKeySecret), OSS_REGION_ENDPOINT
    [Region]['public'], Bucket)
# 数据库连接对象
connection = sqlite3.connect(Database, timeout=2)
# 预签名操作
ossPublicUrl = OSS_REGION_ENDPOINT[Region]['public']
sourcePublicUrl = "http://%s.%s" % (Bucket, ossPublicUrl)
downloadUrl = "https://download.aialbum.net"
uploadUrl = "https://upload.aialbum.net"
replaceUrl = lambda method: downloadUrl if method == "GET" else uploadUrl
getSourceUrl = lambda objectName, method="GET", expiry=600: bucket.sign_url
    (method, objectName, expiry)
SignUrl = lambda objectName, method="GET", expiry=600: getSourceUrl(objectName,
    method, expiry).replace(sourcePublicUrl, replaceUrl(method))
thumbnailKey = lambda key: "photo/thumbnail/%s" % (key) if bucket.object_
    exists("photo/thumbnail/%s" % (key)) else "photo/original/%s" % (key)
# 统一返回结果
response = lambda message, error=False: {'Id': str(uuid.uuid4()),
                                         'Body': {
                                             "Error": error,
                                             "Message": message,
                                         } if error else message}
# 获取默认头像
defaultPicture = "%s/static/images/%s/%s.jpg"
getAvatar = lambda: defaultPicture % (downloadUrl, "avatar", random.choice(range
    (1, 6)))
getAlbumPicture = lambda: defaultPicture % (downloadUrl, "album", random.
    choice(range(1, 6)))
# 获取随机字符串
seeds = 'abcdefghijklmnopqrstuvwxyzABCDEFGHIJKLMNOPQRSTUVWXYZ' * 100
getRandomStr = lambda num=200: "".join(random.sample(seeds, num))
# md5 加密
getMD5 = lambda content: hashlib.md5(content.encode("utf-8")).hexdigest()
# 获取格式化时间
getTime = lambda: time.strftime("%Y-%m-%d %H:%M:%S", time.localtime())
```

（4）用户与相册权限确定方法

这个项目会经常性地判断用户和相册之间的关系，所谓的用户和相册的关系在该项目中是相对复杂的，所以要有一个较为烦琐的流程，如图 11-47 所示。

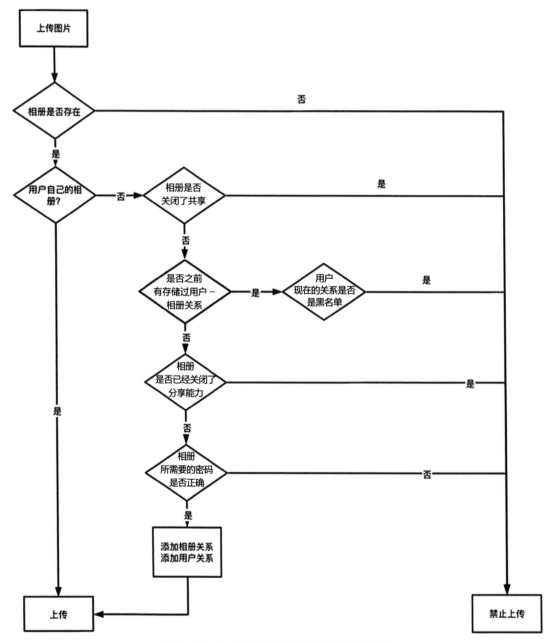

图 11-47　小程序用户与相册权限确定流程图

所以此时也可以添加一个通用方法，用来鉴定相册与用户之间的权限：

相册权限鉴定

```python
def checkAlbumPermission(albumId, userId, password=None):
    '''
    :param albumId: 相册 ID
    :param userId: 用户 ID
    :param password: 密码，默认为空
    :return:
        -1: 需要密码
         0: 无权限
         1: 可查看
         2: 可编辑
         3: 自己的相册
    '''

    deleteAlbumUser = lambda user, album: Action("DELETE FROM AlbumUser WHERE
        album=? AND user=?", (album, user), False)

    album = Action((("SELECT albumUser.id albumUser_id, album.id album_id, * FROM
        AlbumUser AS albumUser "
                    "INNER JOIN Album AS album WHERE albumUser.`album`=album.`id` "
                    "AND albumUser.`album`=? AND albumUser.`type`=1;"), (albumId,)).
                        fetchone()

    # 相册不存在
    if not album:
        return 0

    # 有相册关系，且是自己的
    if album['user'] == userId:
        # 自己的相册，最高权限，直接返回
        return 3

    # 如果相册已经关闭了共享
    if album['acl'] == 0:
        # 相册已经转为私有权限
        deleteAlbumUser(userId, albumId)
        return 0

    tempAlbum = Action("SELECT * FROM AlbumUser WHERE user=? AND album=?;",
        (userId, albumId), False).fetchone()
    # 没有相册关系，且不再提供额外授权
    if not tempAlbum and album["acl_state"] == 1:
        return 0

    # 相册未关闭共享，但是有密码
    if album['password'] and album['password'] != password:
        # 需要密码，但是密码错误
        return -1

    # 如果用户在黑名单中，则无权限
    searchStmt = "SELECT * FROM UserRelationship WHERE `origin`=? AND `target`=?;"
    userRelationship = Action(searchStmt, (album['user'], userId)).fetchone()
```

```
    if userRelationship and userRelationship['type'] == -1:
        deleteAlbumUser(userId, albumId)
        return 0

    if not userRelationship:
        # 添加用户关系
        insertStmt = ("INSERT INTO UserRelationship (`origin`, `target`, `type`,
            `relationship`, `remark`) "
                      "VALUES (?, ?, ?, ?, ?)")
        Action(insertStmt, (userId, album["user"], 1, "%s->%s" % (userId, album
            ["user"]), ""), False)
        Action(insertStmt, (album["user"], userId, 1, "%s->%s" % (album["user"],
            userId), ""), False)

    if not tempAlbum:
        # 添加相册关系
        insertStmt = "INSERT INTO AlbumUser(`user`, `album`, `type`, `album_user`,
            `remark`) VALUES (?, ?, ?, ?, ?);"
        Action(insertStmt, (userId, albumId, 2, "%s-%s" % (userId, albumId), ""),
            False)

    return album['acl']
```

当需要判定用户和相册之间的关系时，可以直接调用该方法，根据获取的返回值进行下一步操作。

（5）上传图片

用户指定一个相册后，可获取用于判断相册和用户之间关系的参数。当用户有权限上传图片到该相册时，可以进行下一步操作：

```
# 图片管理：新增图片
@bottle.route('/picture/upload/url/get', method='POST')
def getPictureUploadUrl():
    try:
        # 参数获取
        postData = json.loads(bottle.request.body.read().decode("utf-8"))
        secret = postData.get('secret', None)
        albumId = postData.get('album', None)
        index = postData.get('index', None)
        password = postData.get('password', None)
        name = postData.get('name', "")
        file = postData.get('file', "")

        tempFileEnd = "." + file.split(".")[-1]
        tempFileEnd = tempFileEnd if tempFileEnd in ['.png', '.jpg', '.bmp', 'jpeg',
            '.gif', '.svg', '.psd'] else ".png"

        file_token = getMD5(str(albumId) + name + secret) + getRandomStr(50) +
            tempFileEnd
        file_path = "photo/original/%s" % (file_token)
```

```
# 参数校验
if not checkParameter([secret, albumId, index]):
    return False, response(ERROR['ParameterException'], 'ParameterException')

# 查看用户是否存在
user = Action("SELECT * FROM User WHERE `secret`=? AND `state`=1;", (secret,)).
    fetchone()
if not user:
    return response(ERROR['UserInformationError'], 'UserInformationError')

# 权限鉴定
if checkAlbumPermission(albumId, user["id"], password) < 2:
    return response(ERROR['PermissionException'], 'PermissionException')

insertStmt = ("INSERT INTO Photo (`create_time`, `update_time`, `album`,
    `file_token`, `user`, `description`, "
              "`delete_user`, `remark`, `state`, `delete_time`, `views`,
                 `place`, `name`) "
              "VALUES (?, ?, ?, ?, ?, ?, ?, ?, ?, ?, ?, ?, ?)")
insertData = ("", getTime(), albumId, file_token, user["id"], "", "", "",
0, "", 0, "", name)
Action(insertStmt, insertData)
return response({"index": index, "url": SignUrl(file_path, "PUT", 600)})
except Exception as e:
    print("Error: ", e)
    return response(ERROR['SystemError'], 'SystemError')
```

（6）异步操作

针对异步方法，需要使用 OSS 触发器，如图 11-48 所示。

图 11-48　异步操作触发器配置

该函数未使用框架，是由函数计算原生开发的。其中主要包括如下几部分。

图像格式转换：

```
def PNG_JPG(PngPath, JpgPath):
    img = cv.imread(PngPath, 0)
    w, h = img.shape[::-1]
    infile = PngPath
    outfile = JpgPath
    img = Image.open(infile)
```

```
img = img.resize((int(w / 2), int(h / 2)), Image.ANTIALIAS)
try:
    if len(img.split()) == 4:
        r, g, b, a = img.split()
        img = Image.merge("RGB", (r, g, b))
        img.convert('RGB').save(outfile, quality=70)
        os.remove(PngPath)
    else:
        img.convert('RGB').save(outfile, quality=70)
        os.remove(PngPath)
    return outfile
except Exception as e:
    print(e)
    return False
```

图像的压缩：

```
image = Image.open(localSourceFile)
width = 450
height = image.size[1] / (image.size[0] / width)
imageObj = image.resize((int(width), int(height)))
imageObj.save(localTargetFile)
```

图像的理解，涉及深度学习相关知识，通过 image-caption 技术来实现。这一部分的详细代码可以参考附录中关于本章代码的仓库。

此外，该项目还需要将生成的图像描述转为中文，因为训练集是图片转为英文，所以我们需要将图片转为英文再转为中文。这一部分为了方便，我们可以直接使用阿里巴巴达摩院的机器翻译 API 接口，如图 11-49 所示。

图 11-49　阿里云机器翻译页面

（7）搜索方法

当用户进行搜索的时候，可以直接通过文本相似度进行相关能力的搜索：

```
# 搜索图片
@bottle.route('/picture/search', method='POST')
def searchPicture():
    print("PATH: /picture/search")
    try:
```

```
# 参数获取
postData = json.loads(bottle.request.body.read().decode("utf-8"))
print("PostData: ", postData)
secret = postData.get('secret', None)
keyword = postData.get('keyword', None)
page = postData.get("page", None)
try:
    page = int(page)
except:
    page = 1

# 参数校验
print('Check parameter')
if not checkParameter([secret, ]):
    return False, response(ERROR['ParameterException'], 'ParameterException')

# 查看用户是否存在
print("Check User Information")
user = Action("SELECT * FROM User WHERE `secret`=? AND `state`=1;", (secret,)).
    fetchone()
if not user:
    return response(ERROR['UserInformationError'], 'UserInformationError')

getPhotos = lambda photos: [{
    "id": evePhoto['photo_id'],
    "pictureThumbnail": SignUrl(thumbnailKey(evePhoto['file_token']), "GET",
        600),
    "pictureSource": SignUrl("photo/original/%s" % (evePhoto['file_token']),
        "GET", 600),
    "date": evePhoto['update_time'].split(" ")[0][2:],
    "location": evePhoto['album_place'] or " 地球 ",
    "album": evePhoto['album_name'],
    "owner": True if evePhoto['type'] == 1 else False
} for evePhoto in photos]

if not page or page == 1:
    print("Get Photo")
    searchStmt = ("SELECT photo.description photo_description, photo.user_
        description photo_user_description, "
                  "album.name album_name, album.place album_place, album.
                      description album_description, "
                  "photo.id photo_id, * FROM Photo AS photo INNER JOIN Album
                      AS album INNER JOIN AlbumUser AS "
                  "album_user WHERE album.`id`=photo.`album` AND album_
                      user.`album`=photo.`album` AND "
                  "album.`id`=photo.`album` AND album_user.`user`=? AND
                      photo.`state`=1 ORDER BY -photo.`id`;")
    photos = Action(searchStmt, (user["id"],)).fetchall()
    resultDict = {}
    searchKeyword = keyword.split(" ")
    resultTemp = {}
```

```python
documents = []
print("Format Photo Information")
for evePhoto in photos:
    if not (len(evePhoto["password"]) >= 0 and evePhoto['type'] != 1):
        tempSentence = ("%s%s%s%s%s" % (evePhoto["photo_description"],
                evePhoto["photo_user_description"],
                evePhoto['album_name'],
                evePhoto["album_place"],
                evePhoto["album_description"])).replace(" ", "")
        resultTemp[tempSentence] = evePhoto
        tempNum = 0
        for eveWord in searchKeyword:
            if eveWord in tempSentence:
                tempNum = tempNum + 0.05
        resultDict[tempSentence] = tempNum
        documents.append(tempSentence)

print("Photo Prediction")

texts = [[word for word in document.split()] for document in documents]
frequency = defaultdict(int)

for text in texts:
    for word in text:
        frequency[word] += 1
dictionary = corpora.Dictionary(texts)
new_xs = dictionary.doc2bow(jieba.cut(keyword))
corpus = [dictionary.doc2bow(text) for text in texts]
tfIdf = models.TfidfModel(corpus)
featureNum = len(dictionary.token2id.keys())
sim = similarities.SparseMatrixSimilarity(tfIdf[corpus], num_features=
    featureNum)[tfIdf[new_xs]]
resultList = [(sim[i] + resultDict[documents[i]], documents[i]) for i in
            range(0, len(documents))]
resultList.sort(key=lambda x: x[0], reverse=True)
result = []
for eve in resultList:
    if eve[0] >= 0.05:
        photo = resultTemp[eve[1]]
        result.append({"photo_id": photo['photo_id'],
                        "file_token": photo['file_token'],
                        "update_time": photo['update_time'],
                        "album_place": photo['album_place'],
                        "album_name": photo['album_name'],
                        "type": photo['type']})

if not os.path.exists(searchTempDir):
    os.mkdir(searchTempDir)

# ROW 转 JSON
with open(searchTempDir + secret + getMD5(keyword), "w") as f:
```

```
            f.write(json.dumps(result))
        return response(getPhotos(result[0:51]))
    else:

        with open(searchTempDir + secret + getMD5(keyword), "r") as f:
            result = json.loads(f.read())
        return response(getPhotos(result[page * 50:page * 50 + 51]))

except Exception as e:
    print("Error: ", e)
    return response(ERROR['SystemError'], 'SystemError')
```

4. 管理系统开发

管理系统主要采用 SQLite-Web 项目直接实现。通过 Github 寻找到 SQLite-Web 项目的仓库地址，如图 11-50 所示。

图 11-50　SQLite-Web 项目仓库

并在 sqlite_web 目录下，安装相关的依赖：flask、pygments、peewee。

安装之后，直接上传项目，如图 11-51 所示。

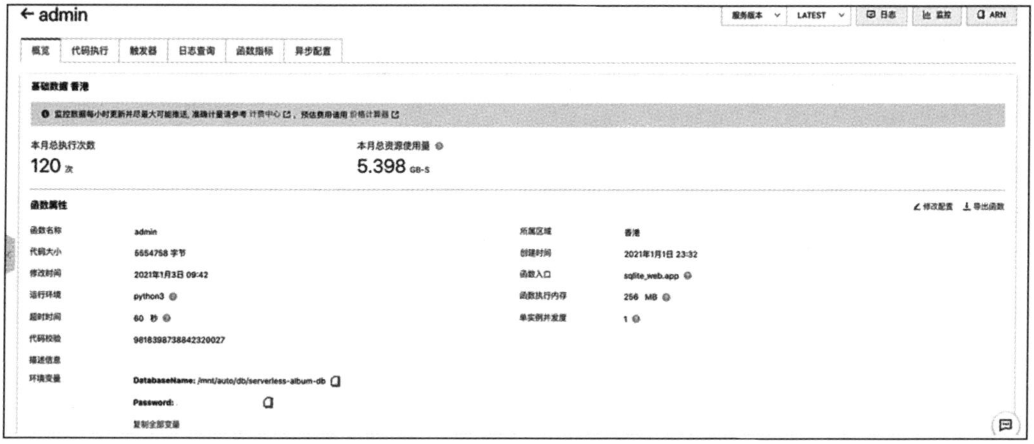

图 11-51　将 SQLite-Web 项目部署到阿里云函数计算

11.2.5 项目预览

完成上述所有步骤之后，项目基本可以使用了，现在可以预览整个项目。

该项目目前已经发布在微信小程序"一册时光"中。

1. 小程序端

登录注册页面如图 11-52 所示。

图 11-52　人工智能相册小程序注册登录页面

相册预览，图片查看和上传页面如图 11-53 所示。

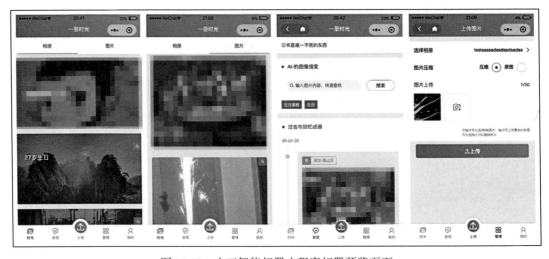

图 11-53　人工智能相册小程序相册预览页面

相册管理与个人中心页面如图 11-54 所示。

图 11-54　人工智能相册小程序相册与个人中心页面

2. 管理页面

登录页如图 11-55 所示。

Login

Password

Login

Web-based SQLite database browser, powered by Flask and Peewee. © 2021 Charles Leifer

图 11-55　后台系统登录页面

首页如图 11-56 所示。

serverless-album-db　　　　　　　　　　　　　　　new_table_name　Create

table name...		
Album	Sqlite	3.8.7.1
AlbumTag	Filename	/mnt/auto/db/serverless-album-db
AlbumUser		
Photo	Size	94.2 kB
sqlite_sequence	Created	Monday January 04, 2021 at 06:26:AM
Tags	Modified	Monday January 04, 2021 at 06:26:AM
User		
UserRelationship	Tables	8
Toggle helper tables	Indexes	5
Log-out	Triggers	0
	Views	0

Web-based SQLite database browser, powered by Flask and Peewee. © 2021 Charles Leifer

图 11-56　后台系统登录首页

数据库页如图 11-57 所示。

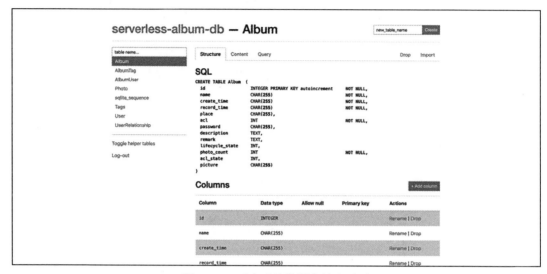

图 11-57 后台系统数据库处理页面

11.2.6 经验积累

1. Web 框架与阿里云函数计算

由于阿里云函数计算拥有 HTTP 函数的优势，传统的 Web 框架部署到阿里云函数计算是非常方便的。

对于 Bottle 和 Flask 这类的框架，从用户请求到框架本身，可以分为三个过程，分别是 Web Server、Wsgi，以及开发者所实现的方法，如图 11-58 所示。

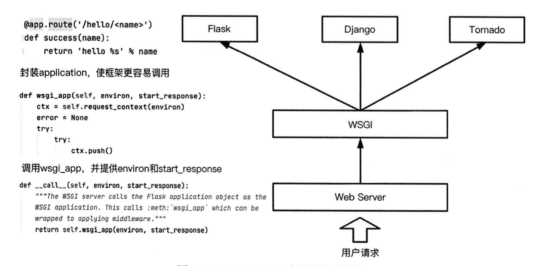

图 11-58 WSGI Web 框架原理简图

针对 Bottle 和 Flask 等框架，可以进行如下的操作，以 Flask 代码为例：

```python
# index.py
from flask import Flask
app = Flask(__name__)
@app.route('/')
def hello_world():
    return 'Hello, World!'
```

函数计算的配置如图 11-59 所示。

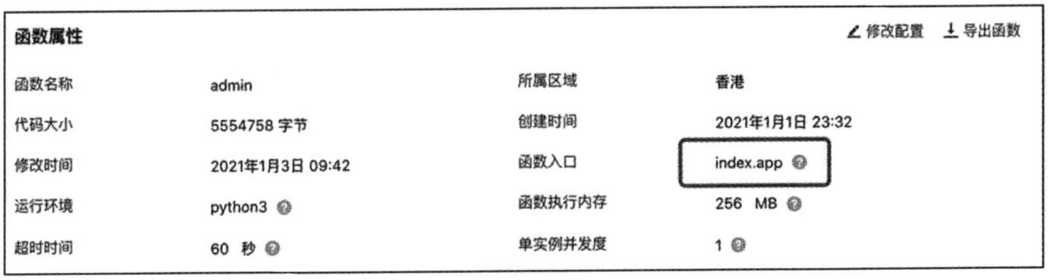

图 11-59　阿里云函数计算配置页面

也就是说，只需要把函数入口写成：文件名 .Flask 对象的变量名。

同理，当有一个 Bottle 项目时，也可以用类似的方法：

```python
# index.py
import bottle
@bottle.route('/hello/<name>')
def index(name):
    return "Hello world"
app = bottle.default_app()
```

此时，函数入口只需要是：文件名 . 默认 App 的变量名，即 index.app。

正是由于这种设计，该项目的管理系统（基于 Flask 的项目）的部署非常轻松。

2. 如何进行本地调试

Serverless 架构有一个备受争议的问题：如何进行本地调试？

其实在这个项目开发过程中，我们的调试方案是比较简单直接的，虽然不一定适用于所有场景，但是在大部分场景中都值得一试。

对于 Web 框架的项目，调试方法就是直接把框架在本地启动，然后进行调试。例如在本项目中，同步接口直接通过 Bottle 的 run 方法来进行的调试，即在本地启动一个 Web 服务。

对于非 Web 框架，调试方法则是在本地构建一个方法，例如要调试对象存储触发器，调试方案是：

```python
import json


def handler(event, context):
    print(event)


def test():
    event = {
        "events": [
            {
                "eventName": "ObjectCreated:PutObject",
                "eventSource": "acs:oss",
                "eventTime": "2017-04-21T12:46:37.000Z",
                "eventVersion": "1.0",
                "oss": {
                    "bucket": {
                        "arn": "acs:oss:cn-shanghai:123456789:bucketname",
                        "name": "testbucket",
                        "ownerIdentity": "123456789",
                        "virtualBucket": ""
                    },
                    "object": {
                        "deltaSize": 122539,
                        "eTag": "688A7BF4F233DC9C88A80BF985AB7329",
                        "key": "image/a.jpg",
                        "size": 122539
                    },
                    "ossSchemaVersion": "1.0",
                    "ruleId": "9adac8e253828f4f7c0466d941fa3db81161****"
                },
                "region": "cn-shanghai",
                "requestParameters": {
                    "sourceIPAddress": "140.205.***.***"
                },
                "responseElements": {
                    "requestId": "58F9FF2D3DF792092E12044C"
                },
                "userIdentity": {
                    "principalId": "123456789"
                }
            }
        ]
    }
    handler(json.dumps(event), None)


if __name__ == "__main__":
    print(test())
```

这样，我们在实现 handler 方法的时候，通过不断地运行该文件来进行调试，也可以根据自身的需求对 Event 等内容进行定制化的调整。

11.2.7　总结

随着 Serverless 架构的发展，Serverless 可以在更多的领域发挥出更重要的作用。本文将自身的需求转换为项目开发，将传统框架迁移到 Serverless 架构，通过对象存储、云硬盘等产品与函数计算的融合，实现了一个基于人工智能的相册小程序。由于小程序本身的优势，以及 Serverless 架构的技术红利，该项目的研发效率飞速提升，并且具有极致弹性、按量付费、服务端免运维等优点。

未来和朋友外出游玩时，可以共同维护一个相册。即使时光荏苒、岁月如梭，若干年后，我们也可以通过搜索"坐在海边喝酒"，来找回自己的青葱岁月。

Serverless 正当时

近年来，Serverless 架构着实火热，关注这个领域的人也越来越多。笔者邀请了来自阿里巴巴、华为、京东等多个企业的一线工程师以及开源社区的爱好者，来分享下大家对 Serverless 架构的看法，以及对 Serverless 的未来的期盼。

阿里云云原生 Serverless 研发负责人杨浩然

阿里云 Serverless 计算负责人，2010 年加入阿里云，深度参与了阿里云飞天分布式系统研发和产品迭代的全过程。对大规模分布式计算、大规模数据存储和处理有非常深入的理解。

近十年来，云已经深刻地改变了 IT 的形态。今天的开发者已经很难想象完全脱离云来开发和运行应用，但是我们构建弹性、高可用的云原生应用的方式仍与十年前相似。开发者首先面对的是服务器、集群这些底层资源，自下而上地构建应用，要解决容错、弹性、安全隔离、系统升级、服务集成等一系列烦琐的问题。

回顾计算发展的历史，任何一种成功的计算形态，经过十年的发展，都会出现新的开发模式，充分发挥平台的威力。PC 时代，出现了 C++、Java 等高级语言，以及基于高级语言的、可复用的框架和库，这使得软件开发的效率提高了好几个数量级。同样，在互联网和移动互联网时代，JavaScript、Swift 等新兴语言及成熟的框架和库也大幅提高了 Web 和移动应用的研发效率。因此我们相信，云也将遵循同样的发展规律，以 Serverless 为代表的新的开发运维模式将充分发挥云原生应用研发效率高的优势，成为用户使用云的最短路径，如图 A-1 所示。

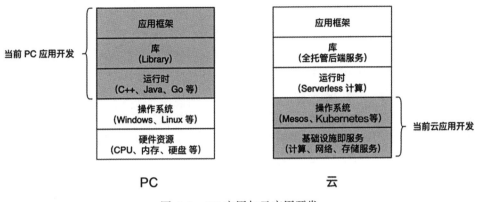

图 A-1　PC 应用与云应用开发

实际上，Serverless 并非一个新鲜的概念，阿里云的第一个云服务对象存储（OSS）就是一个 Serverless 存储服务，用户通过 API 即可完成对象的读写，无须关注数据在服务器上的分布。用户能够以弹性、按需付费的方式进行海量数据的存储和读写。

在过去的十年中，云的产品体系一直在向 Serverless 演进。我们能看到在中间件、大数据、数据库等领域，越来越多的服务都是全托管的、Serverless 形态的。当今对于任何一家主流的云服务商，Serverless 形态的云服务在其业务中的占比都要超过 80%。绝大多数的 SaaS 服务也都是通过 API 提供服务的。因此云的产品体系及其生态已经几乎实现了 Serverless 化。丰富的全托管后端服务为开发者提供了可复用的"库"，成为构建云原生应用的基石。

因此，Serverless 是云计算的未来。这不是对未来的预测，而是正在发生的事实。但是，这一过程并非一蹴而就。云及其生态将持续扩展 Serverless 的产品体系，研发运维工具将更好地支撑 Serverless 架构的应用。从运维自动化，到海量数据处理，再到位于业务关键链路的微服务应用，Serverless 计算的边界将不断拓展，帮助开发者充分发挥云的威力，加快创新的步伐。

阿里云云原生前端负责人寒斜

阿里云智能云原生中间件前端负责人，2016 年加入阿里中间件，从事云产品企业控制台研发工作，目前带队负责中间件 20 多款云产品的前端研发工作，主要技术栈为大前端通用技术，包括 Node.js、TypeScript、React、Electron、ReactNative 等。在前端研发效能提升，前端数字化体验管理体系建设方面有多年的实践经验，目前专注于 Serverless 开发者工具链的建设，是云原生 Serverless Dev 研发负责人。关注前端最新技术动态，关注云原生技术对前端群体的影响，致力于向前端群体推广和普及云原生理念。

不敢妄言 Serverless 架构在未来将给前端带来什么样的影响，仅从我多年从事前端工作的经验与感受，以及当下接触到的一些案例数据，来跟大家聊一聊我对 Serverless 架构的想法。

回想一下，大概五年前我主要从事 H5 营销页面开发的工作，结合 Node.js 技能开发一些服务端应用，用现在的话说属于"全栈开发"。一次，公司要与一个热门综艺做一次联合推广活动，只给了大约两天的时间，工作内容涵盖前端视觉交互、后端逻辑判断、数据库设计开发等。公司为此投入了大量资金，必须按时上线，可谓"工期紧任务重"。因为有些技术沉淀，自己非常自信地接下了这个任务。开发的部分还比较顺利，可到上线就遇到了很大的问题。上线前技术总监直接过来问我：这个活动看起来很有热度，你写的服务能够承受多大的并发量？有没有做过性能压测？是否有容量规划？需要多少台机器？如果出现问题有没有排查和应对的办法？有没有相关的监控告警？当时我被问得哑口无言，这些东西是前端需要考虑的吗？一开始的自信荡然无存，只能找个借口搪塞，说自己主要做的是页面交互，不太懂这些。后来，我找了质量保障的同事帮我测试了系统并发，并做了一些简单的性能调优。之后，我又向技术总监解释说这个活动本身的大部分处理逻辑在浏览器端侧，在服务端的逻辑并不多，他才好不容易同意项目上线。接下来，运维人员又帮我找机器、适配操作系统、配置网络等，终于在截止时间前 2 小时才完成发布上线。

这件事情给我留下了很深刻的印象，经过这件事我终于明白，前端能触及的服务端部分，跟真正的企业级实战比起来还存在很大的差距，小规模服务跟大规模并发处理服务在技术上隔着一条巨大的技术鸿沟，一般开发者很难达到。

幸运的是，随着云计算的发展，容器、Kubernetes、Serverless、中间件等云原生技术及相关产品的出现修筑了一条从业务功能到非功能特性（弹性、韧性、安全、可观测、灰度）的桥梁，让普通的开发者也有了解决复杂业务的可能性。其中，Serverless FaaS 对前端 JavaScript 开发者尤为适用，可以使用 Express、Koa、Egg、Midway 等前端框架构建完整的应用并将其托管到 Serverless 平台上，也可以为某个功能模块比如 PDF 转化、音视频转码等，单独写几个函数，并将其托管到 Serverless 平台上运行。平台能够帮我们解决弹性、韧性、安全、可观测、灰度等比较棘手又必须解决的问题。同时，运维相关的安装操作系统、配置网络、选择 CPU 等工作也不再需要做了。这意味着利用 Serverless，五年前我遇到的问题基本上可以轻松解决，我可以更加自信地回答技术总监的提问，甚至可以补充说明本次活动所需的成本，让他去向更高层汇报。同时，我也无须叨扰我们的运维同事，只需要专注于业务功能开发，然后快速交付上线即可。

根据 CNCF（云原生计算基金会）2019 年的国内市场调研，超过 78% 的企业已经将应用托管到 Serverless 平台，或者计划使用 Serverless 技术，这意味着 Serverless 技术已经成为一种趋势。

Serverless 的确具有非常高的使用价值，但从目前来看也存在着诸多问题：

- 对于前端而言，自建 Serverless 平台的成本较高，而使用云厂商服务又存在厂商锁定的问题，每家云厂商的 Serverless 服务有着自己的一套规范，一旦更换就意味着重新学习一下，对开发者来说学习成本太高；

- 研发全生命周期的配套工具链不够完善，没有一个能完整覆盖从脚手架开发，到构建部署，再到调试运维的实现方案；

- 需要进一步明确 Serverless 架构的落地规范，目前 Serverless 的应用场景虽然多种多样，比如小程序、音视频编解码、图像处理，但没有一个通用的可以把整个前端开发场景都覆盖的 Serverless 架构方案；

- 容器化的 Serverless 化技术方案虽然更能通用地适配不同语言，但对于前端而言，只需要针对 JavaScript 语言做优化就足够了，基于 V8 Isolate 的方案在成本和效率上都更有优势，但目前相应的产品和平台都比较缺乏。

基于以上的问题，我们展望未来，猜想一下 Serverless 接下来在面向前端方面会有哪些发展与改进。

- 应用开发框架都会向 Serverless 方向升级，先行者有 Midway、Malagu，接下来 Express、Koa 等应用开发框架会进一步跟进，以便在 Serverless 架构下取得更多市场份额。开发和构建分离将会是主要的改进方向，在保持现有的开发范式和习惯不变的情况下，增加专门针对 Serverless 部署平台的支持，例如多函数聚合、改进内服务的路由通信方式、增加冷启动优化等。

- 类似《云原生架构白皮书》，统一的 Serverless 架构规范会到来，会明确地对 Serverless 架构的使用进行指导，比如 Serverless 架构设计准则、注意事项、平台建设需知等。此外，还有可能出现通用的部署运维工具。大家可以关注一下 Serverless Devs，一个无厂商锁定的统一开发部署方案。

- Serverless 架构应用场景会不断增多，也会越来越聚焦，基本上会集中在事件驱动型场景和 CPU 密集型场景上。此外，由于事件驱动本身的灵活性，Serverless 架构的组合方案也会更加多样。

　　你可以一开始就把自己的核心应用都构建在 Serverless 架构上，可以非常快速地完成上线部署，且有着极高的稳定性，比如世纪联华的双十一大促，阿里云 Serverless Devs 服务的开发构建，拉勾教育的在线编程系统等；

　　也可以将部分能力抽离出来使用 Serverless 架构开发，然后通过事件跟主系统进行交互，比如新浪微博的个性化图片处理，语雀的 CPU 密集型任务处理，阿里云 PTS 的压测报告导出功能等。

最后总结一下，Serverless 架构在未来前端领域有着非常重要的位置，与每一位从事前端工作的人都息息相关。它会深入我们的工作生产，也会使前端的职能变得更加广泛。

如果你是一位普通的前端开发者，通过 Serverless 你可以独立负责公司重要的活动推广，进一步提升自己的价值；如果你是一位自由职业者，使用 Serverless 架构方案意味着你可以让自己拥有更多喝咖啡的时间，并获得更多的利润；如果你是一位团队带头人，使用 Serverless 可以进一步激活团队的创新力，引导团队在技术和业务上有更多的突破；如果你是企业的决策者，选用 Serverless 的商业化方案，可以帮助企业节省成本，更快速地推进重要业务活动的落地。

阿里巴巴高级前端技术专家秦粤

蒲松洋，花名秦粤，前百度国际化前端组组长，现任阿里巴巴高级前端技术专家。目前负责公司对应业务的 Node.js 应用治理和微服务架构设计，在微服务、Serverless 及中台方面有着丰富经验。

Serverless 无疑是近几年的热门话题。对云服务商而言，在 CNCF 抹平云服务商的差异化后，Serverless 是云服务商的服务差异性的关键。对研发人员而言，Serverless 为前端人员抹平了后端服务器运维的鸿沟，也为后端人员带来了 BaaS（后端即服务）和 Serverless 化的服务思想。

目前，云服务商都在加大在 Serverless 方向上的投入，在可以预见的未来，Serverless 函数计算和 Serverless 化云服务，都将普及各个领域。

很多朋友经常问我："什么是切入 Serverless 的最佳时机？"我的回答永远都是"现在"！

阿里巴巴前端高级技术专家张挺

陈仲寅，花名张挺，阿里巴巴前端高级技术专家，阿里巴巴 Serverless 标准化规范负责人，长期耕耘于 Node.js 技术栈，为淘宝和阿里其他业务单元提供框架和中间件解决方案，也负责 MidwayJs 系列开源产品的开发、维护等工作。

如今的 Serverless，不只是一套基建和一个部署方式。Serverless 除了能减少用户的运维成本之外，更是开发人员实现自我价值的契机。配合云厂商最近在 Serverless 上的宣传和投入，让年轻一代拥有了站在巨人的肩膀快速实现梦想的机会。

作为一种新型的互联网架构，Serverless 直接推动了云计算的发展。随着 Serverless 体系的不断完善，整个前端开发的边界也变得更大。过去，我们只能利用身边的资源进行突破和创新，而如今，全新的 Serverless 技术的出现，无论是全栈，还是边缘计算、AI、3D 等，都可以与 Serverless 相结合。传统的端与面向未来的云结合，一定能使整个行业发生巨大的变革。

Serverless 开源社区贡献者方丁坤

前腾讯云 Serverless 高级产品经理，开源社区贡献者，《Serverless 从入门到进阶：架构、原理与实践》作者。

在云计算的大背景下，Serverless 引发开发方式的变革可以说是一种必然。无论是在通用的 Serverless 应用场景（如 API 集成、定时任务等），还是在一些垂直的领域中（如机器学习、人工智能和数据分析等），Serverless 都发挥了越来越重要的作用。由于 Serverless 易用性、弹性、低成本等特点，相信未来 Serverless 会获得更多开发者的青睐，前景广阔。

如果你看到了 Serverless 的弹性、易用性和节约成本等优势，并开始在 Serverless 架构上构建业务，那么在恭喜你的同时也要提醒你，你的 Serverless 探索升级之路才刚刚开始。

我平时会比较关注国外围绕 AWS 体系的 Serverless 爱好者和社区的动态。其中有一个我很喜欢的播客频道，名为 "Real-world Serverless"，即 "现实世界中的 Serverless"。这个频道会邀请一些 Serverless 的真实用户讲讲自己的应用场景，以及在 Serverless 架构转型过程中踩到的 "坑" 和解决的方案。频道中常常讨论的话题，例如 Serverless 平台的诸多限制、状态性和网络连通性的处理、冷启动和性能瓶颈、已有架构迁移过程中需要改造和适配等，都是当前在 Serverless 架构落地时会遇到的真实问题。有一些问题可以通过解决方案或工具在一定程度上解决，而另一些则需要底层技术的进一步优化。

我始终认为，任何一个技术都不是完美的，它只能提供当前基础设施限制下的局部最优解。理想与现实之间总会存在一定的差距，因此需要根据自身的业务情况具体评估，选出最适合的方案。由于云计算、虚拟化等大趋势的推动，相信 Serverless 技术将会不断地迭代和优化，成为更加完善和主流的技术方案。

如果你希望对真实世界中的 Serverless 有一个更加全面的了解，那么这本书是不二之选。这本书对主流云厂商、开源 Serverless 平台均有详细的对比和介绍，辅以大量实战案例，深入浅出，值得所有 Serverless 使用者阅读和收藏。

京东前端研发工程师龚震

龚震，拥有 10 年互联网研发经验，曾先后在人人网、阿里、京东从事客户端及大前端研发工作，持续关注泛前端及大前端技术发展，在数据业务领域摸爬滚打多年。

随着现代 UI 框架、搭建系统、智能化等技术的不断完善与成熟，前端这一角色变得越来越资源化。究其本质，前端还是离业务及数据太远。2009 年，Node.js 的诞生似乎让这一现状迎来了转机，Common.js、npm 结合 Webpack 等构建工具促进了前端的工程化，让 JavaScript 具备了开发大型应用的能力，使前端从和传统软件工程格格不入的部署方式，发展为接近传统应用的研发模式。另一方面，Node.js 为前端提供了用 JavaScript 快速开发服务的能力，让前端可以跨进 BFF 层，为表现层封装 API、转换数据、校验权限等，让前端离业务更进了一步。

但是，Node.js 发展至今，往往还只是被应用在一些流量较小的内部系统上，真正大体量的企业级应用寥寥无几。造成这一现象的原因，我个人认为是前端人员对服务器和运维知识的缺乏，如进程暴增、CPU 占用飙升、内存泄漏、负载均衡、扩缩容、高并发低延迟等知识。我个人将 "Serverless" 理解为 "Opsless"，轻运维或许是解决前端问题的终极答案，开发人员不再需要关心流量与机器的问题，实现自动扩缩容，让业务开发专注于业务逻辑，回归云计算的本质。Serverless 注定会成为前端领域继 AJAX、Node.js、React 之后的又一重大技术变革，继续扩展 JavaScript 的能力边界。

华为 Serverless 研发工程师西北以北

华为云 Serverless 研发工程师。

在我看来，Serverless 是在容器与容器编排基础上的一种扩展能力，表现在它可以使容器实现从 0 到 n 再到 0 的扩缩容。这就决定了 Serverless 的一些特点。

- Serverless = FaaS + BaaS：函数即服务（FaaS），即每个函数作为一个基础单元去接收事件，处理逻辑。由于 Serverless 扩缩容的特点，要求函数无状态，那么就需要 BaaS 为其提供存储、消息队列等服务。
- 函数或者说是微服务，其生存环境是一个可以随时扩缩容的负载均衡，甚至是可以缩零的容器环境。这有助于帮助用户理解程序的运行行为。
- 事件触发：由于函数平时是不分配资源的，需要一个激活手段来使它扩出来，因此函数是通过事件来触发的，触发后根据其使用情况产生和扩缩容，来消费事件。

Serverless 的出现带来了如下改变：

- 弱化了存储与计算的联系，存储不再是服务的一部分，而演变为独立的云服务，这使得计算无状态化，更容易调度和扩缩容，同时也降低了数据丢失的风险；
- 代码执行不再需要手动分配资源，只需要提供一份代码，剩下的交由平台去做，平台会根据服务的使用情况分配容器资源，并自动完成扩缩容；
- 按使用量计费，而不是按传统的按使用的资源计费。

最后，Serverless 作为一项新兴的技术，正在改变程序员的编码方式。与此同时，Serverless 本身也在快速迭代发展，那么让我们期待一下，未来 Serverless 将能够覆盖完整的使用场景，作为云服务的重要一环而存在。

Wuhan2020 发起人 Frank

开源社区长期正式成员，InfoQ2020 年度十大杰出开源贡献人物，同济大学在读博士，Wuhan2020 发起人。

纵观人类社会的发展历程，基础设施的建设对于产业发展起着至关重要的作用。健壮高效的基础设施不仅可以促进产业的高速发展，而且对于产业创新有着巨大的推动作用。

在数字化时代，数字基础设施的发展带来的规模效应尤为突出，而 Serverless 将这种效应发挥到极致。在 Serverless 理念之下，开发者可以从繁杂的运维工作中彻底解放出来，完全专注于业务创新。这种快速上线、验证和开展业务的开发模式，不仅是技术上的进步，更是数字化创新的巨大福音。

全民编程与规模化开放式协作的时代正在加速到来，在可预见的未来，数字化创新将不再是互联网公司的特权，在这个人人编程的时代，每个人都可以充分利用数字化基础设施构建自己的数字业务。这些创新都离不开背后的数字基础设施的强力支撑，而 Serverless 作为数字业务降本提效的排头兵，必将在其中扮演重要的角色。因此，了解、学习 Serverless 正当时！

本书作者从长期深耕 Serverless 技术领域，横跨技术产品双重身份，对 Serverless 有着深刻的理解与把握。本书更是由浅入深，从 Serverless 的基础概念到各个垂直领域的应用均有涉及，是入门 Serverless 的佳作。

卓罗网络 CEO 刘文超

卓罗网络 CEO，致力于打造基于云计算的创新产品，创业前负责 AI 人机交互公司 Rokid 的云服务。

Serverless 是目前云计算领域发展最快的一种通用计算方式，它在降低成本、弹性资源调度和免维护方向都有明显的优势。随着开发者在各个领域的应用实践，Serverless 会逐渐成为云计算的主力。对于基础架构和中间件开发者来说，在 Serverless 方向的投入会迎来海量的应用场景；对于应用开发者和架构师来说，掌握 Serverless 技术如同拥有了最先进的武器，可以更加高效地实现业务价值；对于云计算生态来说，Serverless 使研发的门槛进一步降低，创新应用和配套服务都会有令人期待的蓬勃发展。

部分代码汇总

- 通过 Serverless 架构实现监控告警能力
  - https://github.com/Serverless-Book-Anycodes/Website-Monitor
- 钉钉 / 企业微信机器人："GitHub 触发器"与"Issue 机器人"
  - https://github.com/Serverless-Book-Anycodes/Github-Issue-Robot
- 触发器和函数赋能自动化运维
  - https://github.com/Serverless-Book-Anycodes/DevOps
- Serverless CI/CD 实践案例
  - https://github.com/Serverless-Book-Anycodes/Serverless-CICD
- Serverless 架构下的图片压缩与水印
  - https://github.com/Serverless-Book-Anycodes/Image-Compress-WaterMark
- Serverless 架构下的音视频处理
  - https://github.com/Serverless-Book-Anycodes/fc-oss-ffmpeg
  - https://github.com/Serverless-Book-Anycodes/fc-fnf-video-processing
- Serverless：让图像合成更简单
  - https://github.com/Serverless-Book-Anycodes/Image-Synthesis
  - https://github.com/Serverless-Book-Anycodes/Add-Christmas-Hat
- ImageAI 与图像识别
  - https://github.com/Serverless-Book-Anycodes/Image-Prediction
- Serverless 与 NLP：让我们的博客更有趣
  - https://github.com/Serverless-Book-Anycodes/NLP-Text-Summary

- https://github.com/Serverless-Book-Anycodes/NLP-Poem
- 基于 Serverless 架构的验证码识别功能
  - https://github.com/Serverless-Book-Anycodes/Image-Captcha
- 函数计算与对象存储实现 WordCount
  - https://github.com/Serverless-Book-Anycodes/BigData-MapReduce
- Serverless 与 WebSocket 的聊天工具
  - https://github.com/Serverless-Book-Anycodes/Websocket-ChatApp
- Serverless 与 IoT：为智能音箱赋能
  - https://github.com/Serverless-Book-Anycodes/IoT-SmartSpeaker
- 用手机写代码：基于 Serverless 的在线编程能力探索
  - https://github.com/Serverless-Book-Anycodes/Online-Programming
- 基于 Serverless 架构的博客系统
  - https://github.com/Serverless-Book-Anycodes/Serverless-Blog-Django
  - https://github.com/Serverless-Book-Anycodes/Serverless-Blog-Zblog
- 基于 Serverless 架构的人工智能相册小程序
  - https://github.com/Serverless-Book-Anycodes/AIAlbum